Das Weltgebäude

Europäische Hochschulschriften
Publications Universitaires Européennes
European University Studies

Reihe XXVIII
Kunstgeschichte

Série XXVIII Series XXVIII
Histoire de l'art
History of Art

Bd./Vol. 382

PETER LANG
Frankfurt am Main · Berlin · Bern · Bruxelles · New York · Oxford · Wien

Werner Bornbaum

Das Weltgebäude

Zur kosmologischen Architekturkonzeption in Symbolismus und Expressionismus und zu ihrer Vorgeschichte

PETER LANG
Europäischer Verlag der Wissenschaften

Die Deutsche Bibliothek - CIP-Einheitsaufnahme

Bornbaum, Werner:

Das Weltgebäude : zur kosmologischen Architekturkonzeption in Symbolismus und Expressionismus und zu ihrer Vorgeschichte / Werner Bornbaum. - Frankfurt am Main ; Berlin ; Bern ; Bruxelles ; New York ; Oxford ; Wien : Lang, 2001
(Europäische Hochschulschriften : Reihe 28, Kunstgeschichte ; Bd. 382)
Zugl.: Düsseldorf, Univ., Diss., 2000
ISBN 3-631-38376-2

Gedruckt auf alterungsbeständigem, säurefreiem Papier.

D 61
ISSN 0721-3557
ISBN 3-631-38376-2

Printed in Germany 1 2 4 5 6 7

www.peterlang.de

Meinen Eltern gewidmet

„Alle Wissenschaft hieroglyphisch, rätselnd, symbolisch: gewiß nicht bloß um den Augen des Volks verborgen zu werden, es ist ursprüngliche, tiefeingedrückte Form.“

Johann Gottfried Herder

Vorwort

Zu Beginn der hier vorliegenden Studien steht die Frage, inwiefern die Architektur des späten 19. und des frühen 20. Jahrhunderts von symbolistischer Kunsttheorie beeinflußt wurde. Die Symbolfunktion von Architektur, welche von den Vertretern symbolistischer Theorien insbesondere in der Widerspiegelung des Weltaufbaus und der Weltgesamtheit gesehen wurde, läßt sich im englischen und französischen Symbolismus sowie im deutschen Expressionismus ermitteln, wobei ein gewisser geistiger Eklektizismus auf Vorläufer des späten 18. Jahrhunderts hinweist. Das kosmologische Architekturverständnis wurde nicht selten in ungeahnter Intensität auf das zeitgenössische Architekturschaffen übertragen.

Als wichtigste Schriftquellen des ausgehenden 18. Jahrhunderts dienen Herders Abhandlung „Älteste Urkunde des Menschengeschlechts“ und die Architekturbriefe von Jean-Louis Viel de Saint-Maux. Herder hielt die Formen Herme, Obelisk und Pyramide für dreidimensionale Hieroglyphen und interpretierte sie als Zeichen für die Weltgesamtheit. Viel de Saint-Maux sah den Ursprung von Architekturformen in einem rituellen Ackerbau. Solche Theorien scheinen für das Verständnis der Revolutionsarchitektur von Bedeutung. Étienne-Louis Boullée wird insbesondere wegen seiner konzeptionellen Beschäftigung mit Weltall und Unendlichkeit vor dem Hintergrund der Emblematik herangezogen.

In der deutschen Architektur nach dem ersten Weltkrieg wurde das kosmologische Architekturverständnis in ungeahnter Intensität auf die Moderne übertragen. Die Beschäftigung mit dem Weltaufbau konnte mit allgemein-religiösen Vorstellungen (Bruno Taut) oder mit der christlichen Heilslehre (Otto Bartning, Rudolf Schwarz) in Verbindung treten und zu eigenwilligen Architekturvorstellungen und Architekturformen beitragen. Bei allen behandelten Beispielen deutscher Architektur spielt das Motiv des Sterns eine überragende Rolle.

Abschließend soll eine Art Auflösungsprozeß der traditionellen „Architekturkosmologie“ geschildert werden, welcher sich durch die sogenannte „organische“ Architektur ereignete. Die geometrischen Formen der Architektur sollten durch weiterentwickelte Formen, die ihrerseits als kosmologisch empfunden wurden, ersetzt werden. Rudolf Steiner, Hermann Finsterlin und Hugo Häring werden als beispielhafte Vertreter behandelt.

Nicht nur im Bereich der organischen Architektur sah sich der Autor gezwungen, eine beispielhafte Auswahl in der Vielfalt des Themenfelds vorzunehmen. So gilt Prof. Dr. Körner mit seiner liberalen und anregenden Betreuung mein besonderer Dank. Meiner Frau, meinem Schwiegervater Dieter Lang und meinem Neffen Christian Schwab danke ich für Korrekturen und die Beratung bei der Textverarbeitung vor der Drucklegung.

Inhaltsverzeichnis

Einleitung

Die hier vorliegende Dissertation wurde durch das Buch „Architecture, Mysticism and Myth“ des englischen Architekten, Architekturhistorikers und Theoretikers William Richard Lethaby (1857-1931) angeregt, das 1891 in einer Hochphase des europäischen Symbolismus erschien.[1] Dieses Werk wurde eingeleitet durch ein Kapitel über Frühformen der Weltmodelle mit dem Titel ”The World Fabric”. Diesem Kapitel über das „Weltgebäude“ verdankt die Dissertation ihren Namen. Lethaby bemühte sich um den Beweis für eine Wechselwirkung zwischen den jeweiligen Vorstellungen über den Aufbau der Welt und der Architektur, insbesondere, wenn es sich um Tempelbau handelt. Der Weltaufbau wurde als Prototyp der von Menschenhand geschaffenen Bauwerke dargestellt. Während die Vorstellungen der Geschichte über den Weltaufbau als Urform der Architektur betrachtet wurden, wurde die Bedeutung der Architektur als Anschauungsmaterial für die Entwicklung von Weltmodellen festgestellt. Diese Entwicklung war, so ist Lethabys Buch zu entnehmen, maßgeblich an der Formbildung von Architektur beteiligt, und erst die Verbreitung des heliozentrischen Weltbilds führte zur Aufhebung dieser Analogie. Die Tradition der kosmologischen Architektur betrachtete Lethaby als abgeschlossenen Prozeß, da sich das Weltbild vom mythischen zum naturwissenschaftlichen gewandelt hatte und seiner Meinung nach mit Zielen einer sozialen Gesellschaft unvereinbar war. Lethaby irrte sich hierin, und eine Fülle von theoretischem Material befaßte sich nunmehr mit dem Thema der Kosmologie, um es für die Moderne zu affirmieren. Von dieser Wiedereinführung und Aktualisierung der Kosmologie als Kategorie der Architektur blieben damalige und spätere Entwürfe und Bauten nicht unberührt. Die kosmologischen Vorstellungen der Architekturgeschichte wurden für die Moderne nutzbar gemacht und einem aktuellen Ausdrucksbedürfnis angepaßt.

Die hier zu behandelnden Fragen des Symbolismus und Expressionismus gehen meist indirekt aus theoretischen und künstlerischen Vorläufern des ausgehenden 18. und frühen 19. Jahrhunderts hervor, welche Kenntnisse über das kosmologische Formenrepertoire erarbeiteten. Nach dem ausgehenden 18. Jahrhundert ergab sich eine neue Situation der kosmologischen Architektur, die unter anderem durch gesellschaftliche Wandlungsprozesse bedingt war. Vor der französischen Revolution konnte, wie Karl Möseneder darstellte, unter dem Einfluß der Emblematik Architektur zum besonderen Sinnträger und zu einer Alternative zum „Grundvokabular“ der Säulenordnung werden.[2]

Die Emblematik entstand aus der frühneuzeitlichen Verwertung der Hieroglyphe, insbesondere der „Hieroglyphica“ des Horapoll, die in der ersten Hälfte des 15. Jahrhunderts nach Italien gelangte. So wurden daraus entnommene Formen ins Architektonische übertragen, dem somit eine abbildende Komponente verliehen werden konnte. So konnte in bestimmten Fällen, wie Möseneder zeigt, etwa der Obelisk im ikonographischen Zusammenhang der Sonnenthematik eine bildhafte Qualität erlangen.[3] (Abb. 1) Auch durch den Rundbau kann diese Thematik berührt werden, wie Möseneder feststellt.[4] Die Übertragung der Devise, das heißt der moralischen Anweisung an eine gesellschaftlich hochgestellte Person, war eine wesentliche künstlerische Aufgabe der Architektur des 18. Jahrhunderts. In Fällen der Verherrlichung des absolutistischen Herrschers spielten kosmologische Sinnzusammenhänge dann eine besondere Rolle.[5] Zu den Elementen der Hieroglyphik konnte bei diesen Aufträgen im Sinne der Gestaltung die Säulenordnung wieder hinzutreten. Bei Nicodemus Tessin und Fischer von Erlach wird sie wieder zum bestimmenden Motiv, ohne daß die Komponente der Devise mit dem kosmologischen Hintergrund verloren ginge.[6] So kann etwa die Innenarchitektur der Wiener Hofbibliothek von Fischer von Erlach, wie Möseneder darlegt, als Anspielung auf die Devise Karls VI. gelten, obgleich die formale Verwandtschaft zur Hieroglyphik reduziert ist.[7]

Der Zweck kosmologischer Zusammenhänge, der darin bestand, die Person eines Herrschers zu verherrlichen, entfiel im ausgehenden 18. Jahrhundert ein für allemal. Die Architektur behielt jedoch in verschiedenen Fällen die kosmologische Repräsentanz. Bereits Hanno-Walter Kruft wies auf eine inhaltliche Übereinstimmung zwischen Lethabys umfassender kosmologischer Deutung und einer am Ende der 70er und zu Beginn der 80er Jahre des 18. Jahrhunderts herausgegebenen architekturtheoretischen Quelle hin. Es handelt sich hierbei um Briefe des französischen Malers und Architekten Jean-Louis Viel de Saint-Maux, in denen dieser nicht mit Polemik in Bezug auf die Tradition des Vitruvianismus spart. Viel de Saint-Maux spricht sich nachdrücklich für eine kosmologische Interpretation des Tempels und der Pyramide aus.[8] In seinen ersten beiden von insgesamt acht Briefen soll, wie darzustellen sein wird, insbesondere ein Zusammenhang zwischen Architektur und Ackerbau als Ursprung der frühen Kosmologien bewiesen werden. Viel de Saint-Maux versucht, die Kosmologie als neuen Maßstab für die Interpretation von Architekturformen einzuführen.[9]

Mit der sich Viel de Saint-Maux anschließenden Revolutionsarchitektur wurde durch die Kosmologie häufig das verherrlicht, was durch Leistung und Befähi-

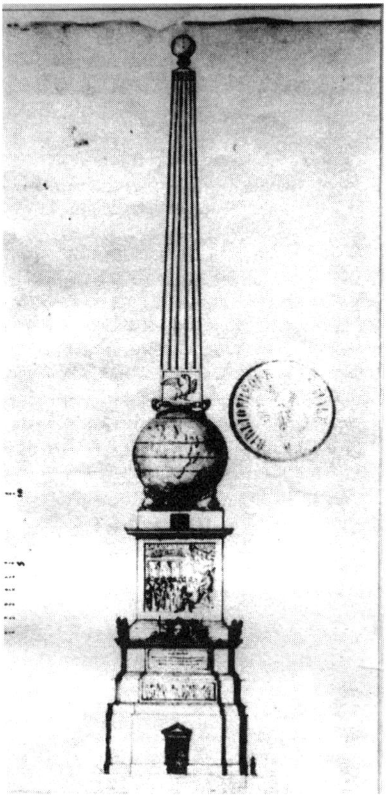

◄Abb. 1: Claude Perrault, Zeichnung für ein Denkmal in Gestalt der Devise Ludwig XIV. (Paris, Bibliothèque National)

▼Abb. 2: Accille Bocchi, „Heroi Merito“ Symbolicarum Qaestionum Liber, Bologna 1555

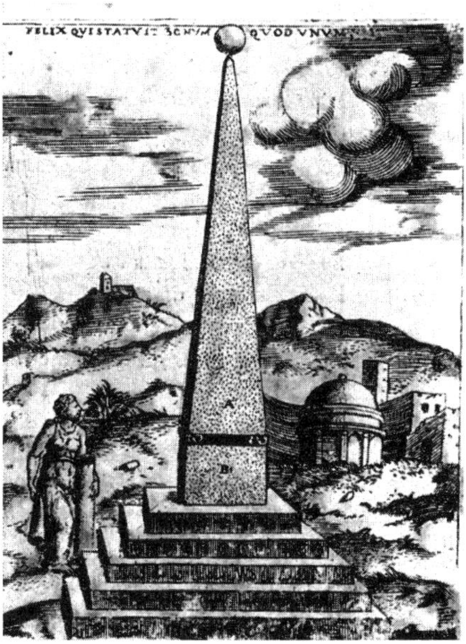

gung zu einer gesellschaftlichen Sonderstellung führte. Ein herausragendes Beispiel hierfür ist der Newton-Kenotaph von Etienne-Louis Boullée. (1784) (Abb. 10, 11) Gegenüber der Devise gewann das Emblem als Vokabular der Architektur die Oberhand, da nun der moralische Aufruf an die Allgemeinheit im Vordergrund stand. Nicht zuletzt war die Kosmologie Selbstzweck, das heißt, sie diente nun dazu, Wissen und Ahnungen über Zusammenhänge, die die Welt und ihren Aufbau betreffen, zu transportieren.

Ein weiterer geistesgeschichtlicher Zusammenhang steckt den zeitlichen Rahmen ab, der für die moderne Architekturkosmologie relevant ist: mit dem Einfluß der frühen Altertumsforschung, insbesondere derjenigen Herders, wird die Klärung und Unterscheidung von abbildenden Merkmalen und nichtabbildenden Symbolen von Architektur notwendig. Unterschieden wird die an Naturformen angeglichene Architektur von einer anderen, deren Bedeutung durch abstrakte Eigenschaften sinnfällig wird. In letzterer besteht eine Verwandtschaft zu Schriftzeichen, die in keinem abbildenden Verhältnis zur Natur stehen. Wie bei der geschriebenen Sprache ist die Angleichung an Naturformen nicht zwingend, damit Architektur eine die Natur betreffende Bedeutung tragen kann. Die ikonographische Ebene ist für die Ebene des Inhalts und die narrative Qualität ebenfalls nicht in jedem Fall erforderlich. Vielfach ergibt sich, wie dies in der Emblematik üblich war, der Inhalt aus den evidenten Charakteristika der Form, so etwa der trägen Unbeweglichkeit des Kubus und der Bewegungsfähigkeit der Kugel. Die gezielte Anwendung dieser Charakteristika kann zu tiefsinnigen Architekturschöpfungen führen. Im Rahmen der Kunstgeschichtsforschung der Antike und des Mittelalters schien diese Unterscheidung zwischen abbildenden und nichtabbildenden, aber symbolischen Qualitäten bislang untergeordnet.[10] Im Hinblick auf die Architektur nach dem späten 18. Jahrhundert, die von Emblematik und Hieroglyphik beeinflußt war, erscheinen Unschärfen dieser Art für die Kunstgeschichtsforschung nicht mehr legitim, da in jener Zeit selbst in dieser Hinsicht unterschieden wurde.

Die Moderne bietet eine Bandbreite an Möglichkeiten zum kosmologischen Ausdruck, der mit bewußten oder unbewußten Mitteln angestrebt wird. Die Architektur kann einen Teil der Weltgesamtheit darstellen, oder aber sie kann ohne die Mittel der Darstellung die Welt oder einen Teil davon durch ein oder mehrere Zeichen repräsentieren. Eine besondere Rolle in der symbolischen Architektur spielen die architektonischen Grund- oder Kernformen, das heißt, man hat es häufig mit einer Symbolik geometrischer Figuren und deren Kombinationen zu tun, die entweder einer Tradition entsprechend gebraucht werden oder deren Sinn neu und subjektiv definiert wird. Eine bedeutungsträchtige Form wie der Kubus, die Pyramide, der Stern oder der Kristall kann herausgegriffen werden und als monistisches Gestaltungsprinzip das gesamte Erscheinungsbild prägen und durchdringen. Im anderen Fall werden verschiedene Formen angesammelt, wodurch die Architektur narrativen Charakter erhält. Meistens dienen die Grundformen eher der Zusammenfassung im Gegensatz zur aufspaltenden und gliedernden Abbildung. Zu bestimmten Zeiten von bestimmten Interpreten wurden jedoch auch abstrakte Formen als Abbildungen verstanden. Dann wurde das Prinzip der Zusammenschau wieder fallengelassen, und der Blick wurde wieder auf das unterscheidbare Einzelobjekt gerichtet.

So findet die Architektur auch in der Moderne, wo Abstraktion eine so große Rolle spielt, immer wieder zur abbildenden Charakteristik zurück. Dieses Phänomen kann spontan und losgelöst von traditionellen Gesichtspunkten auftreten. So werden häufig technisch notwendige Formen in einen vom Zweck völlig unabhängigen Zusammenhang gebracht. Ikonographische Elemente treten dann hinzu, wie dies bereits in der Zeit davor in seltenen Fällen zu beobachten war. Ein solches Beispiel bietet der barocke Orgelprospekt, der die Labien der Pfeifen durch aufgemalte Gesichter zu beim Singen geöffneten Mündern umgestaltet, obgleich nur eine terminologische (Labium) und höchstens eine entfernte physiologische Übereinstimmung zwischen Gesicht und Pfeifenkehle besteht und es in der jahrtausende alten Geschichte der Orgel eine solche Bemalung zuvor nie gegeben hatte.[11] Diese von Traditionen unabhängigen Vorstellungen manifestieren sich im Spiel freier Assoziationen. Im Grunde sind sie unabhängig davon, ob sie anschließend durch ikonographische Zutaten verdeutlicht werden oder in der Vorstellung des Architekten bleiben. Umdeutungen einer technisch-tektonischen Form zu einer abbildenden, wie etwa, in einem extremen Fall bei Lethaby, einer Stuhllehne zur Landschaft, sind jedoch immer wieder zu beobachten. (Abb. 48) Auf diese Weise gibt der Künstler seine Assoziationen an die Außenwelt weiter.

Die Charakteristika der im Zusammenhang mit kosmologischen Inhalten vereinfacht als symbolisch zu bezeichnenden Architektur, das heißt, Architektur mit inhaltstragender Form, die nicht abbildend sein will, werden besonders im Vergleich mit der vitruvianischen Tradition deutlich, da hier die eigentlichen abbildenden Komponenten von Architektur zu finden sind. Die entwicklungsgemäße Verwurzelung in der Naturform bestätigt, so wird sich zeigen, insbesondere die neuzeitliche Anwendung der Säulenordnung und Illusionistik. Das rein symbolische Formverständnis geht größtenteils auf die Erkenntnisse der Altertumsforschung zurück, welche frühgeschichtliche Zeichensysteme erklärt und das Bauschaffen für sich entdeckt. Architekten, so zum Beispiel Lethaby, schlüpften in Ausnahmefällen sogar selbst in eine solche Rolle. Die meisten der in dieser Arbeit berücksichtigten Architekten ließen sich indessen von bestehenden Ergebnissen anregen. So gibt es eine auffällige Parallele zwischen den Projekten von Étienne-Louis Boullée und den Ergebnissen der zeitgleichen Altertumsforschung, die eigenartigerweise insbesondere in Deutschland Züge trägt, die mit der Revolutionsarchitektur verwandt sind. Hier ist ein gemeinsames Erbe zu vermuten, das in Hieroglyphik und Emblematik besteht und sich in jeweils unterschiedlichen Disziplinen niederschlägt. Aufgrund des Zeitgeistes werden hier artverwandte Ergebnisse erzielt. Die Architekturtheorie nähert sich der wissenschaftlichen Diskussion an, begnügt sich jedoch letztendlich mit einer künstlerischen Verwertung, der die historische Wahrheit untergeordnet bleibt. Die philologisch korrekte und die Symbolforscher ernüchternde Entzifferung der Hieroglyphen eines Champollions mit Hilfe des Steins von Rosette bleibt zwangsläufig ohne jede deutliche Wirkung auf die Architektur, die sich eine kosmologische Aussage zur Aufgabe gestellt hat. Frühformen der Hieroglyphendeutung eines Athanasius Kircher oder Herders Anknüpfung an die Hieroglyphik sind, was die Architektur betrifft, weiterführend. Die Hieroglyphik, die von einer Symbolsprache mit spirituellem Gehalt ausgeht, führt inhaltlich nahtlos zum Architekturschaffen, da man annahm, daß in der Frühgeschichte eine Verwandtschaft zwischen Schrift und Architektur existierte. Bei der Verwertung historischer Formen, über die sich ein wissenschaftlicher Kenntnisstand und Mythen gebildet haben, wird Architektur hinsichtlich des inhaltlichen und zeremoniellen Ausdruckswerts gesteigert.

In der Architektur der Moderne können kosmologische Konzeptionen durch traditionelle Formen oder Neuschöpfungen, die auf subjektive Anschauungen zurückzuführen sind, angestrebt werden. Im letzteren Fall bedeutet dies, daß mit einem von der Architekturgeschichte weitgehend unabhängigen Formenrepertoire traditionelle Inhalte mit eigenständigen Formen ausgedrückt werden sollen. So wird der Bereich des Allgemeinverständlichen zugunsten eines subjektiven Zeichensystems verlassen, und der Kunstgeschichtsforscher ist, sofern er nicht fehlgehen will, erst recht auf architekturtheoretische Verständnishilfen angewiesen. Dies trifft insbesondere für die deutsche Architektur der ersten Hälfte des 20. Jahrhunderts zu.

Die Frage, ob die theoretische Absicht in einer nachvollziehbaren Architekturkonzeption verwirklich wurde, gilt es, in jedem einzelnen Fall zu untersuchen. Bei einigen Beispielen ist ein Zwiespalt zwischen Theorie und Praxis erkennbar, der wiederum die Unzulänglichkeit der Theorieforschung als alleinige Methode vor Augen führt. Es soll also, trotz der Beschränkung auf den Gegenstand der Kosmologie, auch gezeigt werden, wo andere Forschungsansätze erforderlich sind, auch wenn die Architekturtheorie diese außer Betracht läßt. In Fällen ungünstiger Quellensituation werden Disskussionsbeiträge angeboten, die Spielraum für die Entfaltung persönlicher Anschauungen offenhalten. Da dem modernen Architekten eine Vielzahl von Möglichkeiten zur Verfügung stehen, um Architektur einen kosmologischen Gehalt zu verleihen, bestimmt das Quellenmaterial in seiner Vielfalt den Forschungsgegenstand, der durch die Konzentration auf einzelne Begriffe wie etwa „abbildende Architektur" nicht hinreichend abzudekken wäre. Es soll auch nicht, wie Werner Müller es in seiner stringenten Arbeit „Die heilige Stadt" in anderem Rahmen völlig zu Recht tat, ein spezielles Teilgebiet der architektonischen Kosmologie herausgegriffen und in zeitlicher und topographischer Ausdehnung ausgelotet werden.[12] Ausgehend vom römischen Vermessungswesen mit seiner Nomenklatur des „kardo et decumanus" und dem römischen Augurenwesen untersucht Müller Verbreitung und Herkunft des viergeteilten Quadrats beziehungsweise des Kreises in antiken und mittelalterlichen Stadtgrundrissen. Die Stadtgrundrisse, die aus einem orthogonalen System mit zwei sich im Mittelpunkt schneidenden Hauptachsen bestehen, dürfen nach den Ergebnissen Müllers als „Duplikat der Weltachse, die ihren nördlichen Drehpunkt am Polarstern hat", gelten. Das System ist daher, wenn es in der Architekturgeschichte auftritt, ein „Archaismus", der als Modell der Himmelsbewegung zu verstehen ist.[13] Müller weist die Unzulänglichkeit der Vorbildfunktion römischer und indogermanischer Städte anhand von afrikanischen Beispielen nach und kommt schließlich zu weit älteren Ursprüngen der kosmologischen Symbolik im Städtebau bis hin zur megalithischen Frühkultur. Als gesichert erscheint es, daß die architektonischen Kosmologien in diese Frühzeit zurückreichen, in der die Menschen, wie der Epochenname besagt, große Steine bewegen konnten.[14]

In der modernen Architektur wird häufig ein Zwiespalt zwischen kosmologischem Anspruch und der Leistung der Architektur evident. Daher erschien es als nicht weiterführend, den Forschungsgegenstand auf einzelne Begriffe oder ein einziges Sachgebiet einzuschränken. Der Begriff der Kosmologie dient daher auch lediglich als Überbegriff differenzierter Themenfelder. Es ergibt sich ein uneinheitliches Bild hinsichtlich der architektonischen Kosmologie, über die die hier behandelten Architekten im Gegensatz zu den Kulturen der Vergangenheit keine endgültigen Übereinkünfte zu Grunde legen konnten. Übereinstimmung bestand jedoch in fast allen Fällen darüber, was die Arbeit Müllers gezeigt hat, daß nämlich die als kosmologisch geltenden Formen weit in die Menschheitsgeschichte zurückreichen, in Zeiten, als die Menschen noch in staunender Verehrung vor dem Naturschauspiel standen, Menschen deren Relikte Zeugnis dieser Verehrung ablegen.

I. Die kosmologische Deutung der Architekturform. Die Vorläufer im ausgehenden 18. Jahrhundert

I.1. Neuzeitliche Tradition der abbildenden Architektur und Herders „Forsch-Zeit-Zahl-Weltdenkmal"

Von den Anfängen bis zur Neuen Sachlichkeit wendet sich die Architekturtheorie der Beziehung zwischen Architektur und Natur zu. Ebenso zahlreich wie ihre Vertreter sind die Verschiebungen hinsichtlich Definition und Gewichtung innerhalb dieser Beziehung. Maßgeblich sind zeitgenössische Bedingungen, das Verhältnis des Architekten zur Tradition und subjektive Einflüsse. So kann die Formensprache der Architektur durch Naturabbildung, aber auch durch komplexere Analogien bestimmt werden. Joachim Gaus hat in seinem Aufsatz über die vitruvianische „Urhütte", jenen sagenhaften Anbeginn des Bauens, allein im Hinblick auf die Epoche der Renaissance die Vielschichtigkeit des Verhältnisses zwischen Natur und Architektur festgestellt. Dieses Verhältnis lautet frei zusammengefaßt: 1. eine aus Naturelementen zusammengesetzte Form 2. Nachahmung des produzierenden Prinzips und Vermögens 3. Darstellung von Naturvorgeprägtem 4. Bereicherung, Vervollkommnung, Idealisierung des Naturgegebenen.[1] Durch Nachahmung bestimmter Naturformen können ebenso architektonische Formen hervorgebracht werden, wie durch die künstlerische Vervollkommnung eines Naturvorbilds. Das Prinzip, Naturformen anzusammeln und zu sublimieren, bestimmt Bereiche der Architekturtheorie. Ein mythischer und gleichzeitig der wohl bekannteste Vorgang der Übernahme einer zufälligen Erscheinung, an deren Entstehung Mensch und Natur gleichermaßen beteiligt waren, ist die Erfindung des korinthischen Kapitells nach den Beschreibungen Vitruvs.[2]

Die Architektur kann Eigenschaften besitzen, die in der Natur vorgefunden werden und sich als für den Menschen vorteilhaft erwiesen haben. Da das natürliche Blätterdach nur unzureichend Schutz bietet, wählte der Mensch zunächst die Höhle als Wohnung, die jedoch seinem Lichtbedürfnis nicht entsprach. Er erfand daher die Hütte, um eine Behausung zu erhalten, die sowohl Schutz als auch Licht bietet. Äste wurden als erstes geeignetes Baumaterial gefunden. Vitruv beschrieb die Entwicklung des Bauens, die mit den „Spuren über die Urerfindung des Hausbaus" („signis de antiquis inventionibus aedificiorum")[3] beginnt und sich bis hin zum griechischen Tempel entfaltet, den er von der Zimmermannskunst ableitet. So waren es besonders die Theoretiker des 17. und 18. Jahrhunderts, die in Anlehnung an Vitruv den Ursprungszustand einer durch die Natur legitimierten Architektur in der „Urhütte“ sahen, die gewissermaßen die Ausgangssituation des Zimmermannshandwerks sei.[4] Solche, in Abhängigkeit von Vitruv stehenden Überlegungen über die Entstehung der Architektur dienten als Argumente für die jeweiligen künstlerischen Gesichtspunkte des Bauens. Der Urhüttengedanke wird besonders in der Neuzeit vordringlich, doch besteht von Anfang an, das heißt seit den Beschreibungen Vitruvs, ein Bewußtsein der wesensgemäßen Beziehung zwischen Architekturschaffen und Natur.

Vitruv leitet, wenn er im vierten Buch seines Architekturtraktats von „den Alten“ berichtet, die „Tempel in Stein und Marmor“ von der Zimmermannskunst ab und weist auf die traditionelle Gewohnheit hin, bauliche Anordnungen mit Hilfe von Naturvorbildern zu begründen: „So glaubten sie, daß das, was in Wirklichkeit (am Holzbau) nicht entstehen kann, auch nicht, wenn es an den Nachbildungen (am Steinbau) gemacht ist, seine Berechtigung haben kann. Sie übernahmen nämlich (nur) das in der Ausführung ihrer (steinernen) Bauwerke, was von einer bestimmten Eigenart war und sich aus wirklichem Vorkommen in der Natur ableiten ließ, und erkannten nur das an, dessen Ausführung bei Erörterungen als der Wirklichkeit entsprechend begründet werden kann.“[5] In der Logik Vitruvs bedeutet „Wirklichkeit“ von Bauen das, was am Holzbau entstehen kann. Das „Vorkommen in der Natur“ ist zwangsläufiges Richtmaß beim Holzbau, offenbar weil Material und Konstruktion diese Entsprechung gewährleisten. Zimmermannshandwerk repräsentiert daher per se Natur, die in der griechischen Baukunst auch verbindlich für den steinernen Tempel war.[6]

In der Tradition vitruvianischer Architekturtheorie wurden naturgemäße Eigenschaften eines Gebäudes bereits in seinem Nutzwert gesehen, da der Antrieb für das Bauen darin besteht, lebensfreundliche Gegebenheiten, die in der Natur vorgefunden werden, wie die schützende Höhle und das lichtspendende „Blätterdach“, in einer Behausung zusammenzufassen. Formale Charakteristika des Gebäudes werden nicht zuletzt in Abhängigkeit von den Anforderungen gesehen, denen durch geschlossene Mauern, Dach und Fenster nachgekommen wird. Besonders eindrucksvoll schildert Laugier in seinem Architekturtraktat, wie die Vorzüge des Waldes und der Höhle durch die Baukunst zur Synthese geführt wurden. Durch diese Synthese wurden die Nachteile der natürlichen Schutzbehausungen getilgt. Für Laugier beruhen die ästhetischen Vorzüge der Architektur auf der „einfachen Natur“ und ihren lebensunterstützenden Eigenschaften. Einfachheit ist dann auch Argument für sein ästhetisches Urteil, das insbesondere zu einer Bevorzugung der Kolonnade als Idealform führt.[7]

Durch Wegfall solcher Erfordernisse ändert sich die Situation der Mimesis. So verfügen die Brücke, das Freilichttheater und der Triumphbogen beispielsweise nicht über jene Schutzbedingungen, sondern sie sind den jeweilig anders gearteten Erfordernissen angemessen. Die Grundlage „Natur“ muß also auch in einzelnen Baugliedern und Bauformen vorhanden sein. Bereits vor Laugier wurden Vergleiche zwischen einzelnen Baugliedern und Naturformen gezogen. Die Bogenkonstruktion als Reproduktion gebogener Äste etwa ist ein Thema von Filarete.[8] Die Säule konnte aufgrund ihrer Form und Tragfähigkeit vom Baum(stamm) abgeleitet werden. Wie weitreichend das Prinzip der Mimesis gerade die Gestaltung dieses Bauglieds bestimmen kann, zeigt etwa die Säulenlehre von Philibert de l'Orme.[9] Das Prinzip, Naturformen künstlerisch zu reproduzieren, prägt sich in den Baugliedern und Ornamenten aus. Das Naturvorbild lenkt die Baustruktur wie auch die „genormte“ Gestaltung von Baugliedern, so zum Beispiel die des korinthischen Kapitells. Das an sich schon durch die Natur begründete Bauglied wird im zweiten Schritt durch die Sublimierung von Naturelementen kunstvoll bereichert.

Naturabbildung diente nicht zuletzt der antiken Kategorisierung, die eine der Bestimmung angemessene Auswahl schmückender Naturformen vorsah. Es ist hinreichend bekannt, daß nach Vitruv für die klassischen Säulenordnungen Zuordnungen zu bestimmten Gottheiten gültig waren. Die Decorum-Theorie mit ihren Aussagen über die Verwendung von ausgewählten Naturformen nach Regeln der Schicklichkeit und über die künstlerische Rhetorik war im 18. Jahrhundert geläufig, nachdem diese Theorie seit dem 16. Jahrhundert insbesondere durch Lomazzo und Serlio zu noch komplexeren Systemen weiterentwickelt worden war.[10] „Decor“ ist laut Vitruv „die Befolgung von Satzungen, die die Griechen Thematismos nennen, oder wird durch Befolgung von Gewohnheiten oder durch Anpassung an die Natur erreicht.“[11] Bei einer Formensprache, bei der Pflanzen- und Tiermotive oder dem menschlichen Körper entlehnte Proportionen maßgebend sind, ist die Bedeutung durch traditionelle Verhältnisse zwischen Mensch und Natur vorgeprägt. Manchmal genügt bis heute, den Zuordnungen Vitruvs zu folgen, die etwa darin bestanden, die karge dorische Ordnung bei Tempeln zu verwenden, die männlichen Gottheiten oder Minerva geweiht sind, und dagegen die reicher verzierte korinthische Ordnung bei Tempeln für Göttinnen und Quellnymphen anzuwenden. Die Zuordnungen eines natürlichen Repertoires folgen der

„consuetudo“ und der „dignitas“.[12] Die Evidenz des Inhalts ergibt sich aus der Möglichkeit, zwischen verschiedenen Kategorien zu unterscheiden, welche allgemeingültigen Erfahrungen entsprechen, das heißt durch den allgegenwärtigen Kontakt mit der Natur geprägt sind. Die Unterschiede werden durch schmuckvolle Abbildung von Dingen, die den Menschen umgeben, hervorgerufen.

Bei dem Versuch, die Proportionen der Architektur von den Körpermaßen des Menschen herzuleiten, wie es unter anderen Alberti und Filarete unternahmen, wurde ein „Anthropomorphismus“ in der neuzeitlichen Architektur eingeführt, der das Bezugssystem zwischen Mensch, Natur und Architektur vervollständigte. Das Resultat ist immer eine formale Angleichung an die äußere Erscheinung der Naturform.[13]

Die für das Bauen unabdingbare Geometrie entstammt nach dem Verständnis der Renaissance nicht etwa einer abstrakten mathematischen Disziplin, sondern sie wird als direkte Entlehnung von Naturformen verstanden. So begründete bereits Alberti seine Vorliebe für den Zentralbau damit, daß die Natur selbst alles Kreisrunde liebe: „Daß sich die Natur vor allem am Runden erfreut, geht schon aus den Gebilden hervor, die sie selbst zeugt, hervorbringt und schafft. Der Erdball, die Gestirne, die Bäume, die Tiere, deren Nester, und was soll ich sonst noch aufzählen, das alles wollte sie rund haben; daß sich die Natur auch am Sechseckigen erfreut, sehen wir gleichfalls.“[14] Geometrie ist hier also Übernahme konkreter Naturbeispiele, die im Bauwerk bis hin zur Kernform vertreten sind. Das 16. Jahrhundert veranschaulichte die naturgegebene Geometrie in Bezug zum menschlichen Körper durch die berühmten Proportionsfiguren Leonardo da Vincis und Cesare Cesarianos nach dem vitruvianischen Menschen, wo Quadrat und Kreis als „Symbol mathematischer Sympathie zwischen Mikrokosmos und Makrokosmos“ gezeigt werden. Dadurch ist das Bezugssystem von Naturform und „Anthropomorphismus“ bis hin zur Geometrie geschlossen.[15]

Gegenüber der Renaissance vollzog die ornamentale Auffassung des Barock eine Wandlung in der architektonischen Verwertung von Naturelementen besonders durch eine veränderte Meinung über das Verhältnis zwischen Geometrie und Natur. Das Barock bevorzugte bekanntlich Gestaltungen, die sich trotz Beibehaltung des antiken Repertoires weit von klassischen Vorbildern und der Betonung rechter Winkel und des Kreisrunden entfernten. Gegenüber Viereck und Kreis wird etwa die Ellipse als komplexere Form mit doppeltem Brennpunkt bevorzugt. Die Komplexität war bis zum Organisch-Unregelmäßigen im Rahmen der künstlerischen Möglichkeiten steigerungsfähig. Geometrie, die sich aus dem handwerklichen Aufbau tragender und lastender Bauglieder ergab, galt es zu verschleiern. So konnten Säule und Pfeiler nicht nur im Sinne komplexer Plastizität nebeneinander stehen, sondern das Gebälk, das ursprünglich als Bauglied starr und gerade gezimmert war und nur rechte Winkel aufwies, konnte runde und geschwungene Formen sowie spitze und stumpfe Winkel annehmen. Die statische Wirkung wich der Dynamik. In dieser Entwicklung, bei der das Unregelmäßige über die lineare Symmetrie die Oberhand gewonnen hatte, konnte es in der Wandgliederung zu einer Preisgabe der Säulenordnung zugunsten eines die Wand beherrschenden Ornaments, etwa der Rocaille, kommen.[16]

Was jedoch beibehalten und sogar intensiviert wurde, waren darstellerische Momente von Architektur, die sich im Innenraum akkumulierten. Im Kirchenraum wird durch künstlerische Anordnung und Sublimierung eine Illusion diesseitiger und himmlischer Wirklichkeit erreicht. Friedrich Piel hat an den Beispielen von St. Kajetan in München und der Klosterkirche in Banz festgestellt, daß die Architektur in das Bildgeschehen eines barocken Kirchenraums eingreifen kann. Das heißt, Architektur und Bild verschmelzen zu einer untrennbaren Einheit: „In St. Kajetan in München kommt die Geometrie des Systems klar zum Ausdruck, und mit ihr wird der Bau als Bauwerk anschaulich, dem die Werke der Bildnerei und des Ornaments in eben dem geometrisch übersichtlichen Verhältnis eingefügt sind, das ihren Ort im System definiert. In Banz hingegen werden die Elemente der Bildnerei umgeformt, womit sie zugleich an deren Sinn partizipieren: die solchermaßen in die Qualität der Bildnerei umgesetzten Elemente der Baukunst erfahren einen Bedeutungszuwachs, der sich dem Ganzen mitteilt.“[17] Sicherlich läßt sich der Vergleich Piels an zahlreichen Beispielen von Il Gèsu bis zum süddeutschen und österreichischen Spätbarock mehr oder weniger ausgeprägt ziehen. Während etwa in der Wallfahrtskirche Vierzehnheiligen die untere Zone mit vegetabilem Ornament reich gestaltet ist und durch Deckenmalerei Illusion hervorgebracht wird, ist diese Konzeption im französischen Kirchenbau dieser Zeit weit weniger feststellbar. Hier überwiegen rein architektonisch gegliederte Innenräume. Die Verschiebung des Abbildungscharakters scheint aber nur graduell, da die Anbindung an die Tradition mit ihren Abbildungsvorstellungen besteht. Die Unterschiede ergeben sich durch die Verinnerlichung des Naturvorbilds durch den Künstler, welche sich in einer mehr oder weniger entfernten Angleichung äußert. Die durch sie erzielte Konzeption fordert zum Nacherleben auf: der Gläubige bleibt dem unteren, irdischen Bereich verhaftet und gewinnt vom irdischen Standpunkt aus Einblick in eine himmlische Szenerie. Jenseitiges bleibt nicht im

Mystisch-Unbestimmbaren, sondern wird durch Offenbarung sichtbar. Reinhard Steiner stellte auf der Grundlage der Ergebnisse Piels und an Beispielen von Tiepolo, Piazzetta und C.D. Asam fest: „Sie [die wirklichkeitsnahe Sensualisierung der Erscheinung] erscheint nicht als eine in spiritueller oder mystischer Erfahrung fraglos akzeptierte „andere“ oder „höhere“ Realität, sondern als materialisierter Einbruch des Göttlichen im - malerisch imaginierten - Realraum.“[18] Die „andere oder höhere Realität“ greift in den erfahrbaren Raum ein. Die Konzeption widerspricht einer kontemplativ-mystischen Auffassung, die in späterer Zeit aktuell wird.

Eine der typischen Paradoxien des Rokoko ist, wie Hermann Bauer zeigte, die Tatsache, daß die unterschiedlichen Zonen ineinander übergreifen können. So kann der Freskorand oberhalb des Gesimses als gemalter Erdboden gestaltet sein. Der Logik der barocken und klassischen Illusionistik entsprechen im Himmel dargestellte Seestücke ebensowenig.[19] Die Krise solcher Parodoxien und ein Bedürfnis nach Übereinstimmungen, die der Wirklichkeit mehr entsprechen, ließen sich in der Kunstliteratur durch jene bekannte Stelle aus der „Anweisung zum Plafond- und Freskomalen“ Werners von 1781 dokumentieren.[20] Werner sieht die Aufgabe der Deckenmalerei darin, eine Illusion des Himmels schaffen. Was er jedoch an dieser Stelle ablehnt, sind „Historien, die sich auf der Erde zugetragen haben, Bäume, ganze Landschaften, oder wol gar Seestücke“. Er fordert stattdessen die Darstellung von „Handlungen“, die sich „in der Luft zugetragen haben“, das heißt die Darstellung tatsächlicher Eindrücke, die der reale Himmel bietet. Diesen Rückzug auf die Darstellung realer Erfahrung in der Deckenmalerei sieht beispielsweise Etienne-Louis Boullée für die Gestaltung des Kuppelraums in der „Métropole“ vor. (Abb. 9) Der Entwurf der „Métropole“ wird im Zusammenhang mit Boullée noch eingehender zu behandeln sein.

Die durch Malerei hervorgerufene Scheinrealität führt in der Ausmalung des Treppenhauses von Schloß Rosenau in Niederösterreich zu einer fast merkwürdigen Ausnahmesituation der Raumgestaltung. Die Form des Treppenkörpers ist durch eine verwinkelte Illusionsarchitektur in ihrer ursprünglichen Wirkung völlig umgewandelt. Die Gegebenheiten des architektonischen Raums sind durch Freskotechnik negiert. Die Architektur ist dadurch als nicht mehr abbildend zu bezeichnen, sondern lediglich Träger einer durch Malerei erzeugten Abbildung ohne Eigenwert.[21]

Über die Anwendung der Säulenordnung und ihren Bezug zur Natur bestand, wie gesehen, noch im frühen 18. Jahrhundert, trotz einsetzender Vitruv-Kritik, etwa durch Laugier, der auch die Urhütte beschreibt, kein Zweifel.[22] Ebensowenig zweifelte man noch in der Mitte des 19. Jahrhunderts an der die Naturformen abbildenden Architektur. So ist John Ruskin der Meinung, daß die Kanneluren der Säule „das griechische Symbol der Baumrinde" darstellten.[23] Alle nichtabbildenden, das heißt keiner Naturform entsprechenden Elemente, wie den Mäander, empfindet Ruskin als „gräßlich", da sie sich mit keiner Naturform in Verbindung bringen lassen. Die Regelmäßigkeit der Form ist in der von Vitruv geprägten Ästhetik als idealisierte Naturform zu verstehen. Sie ist teleologische, die Unregelmäßigkeit hingegen disteleologische Erscheinung der Natur.

Berührungspunkte zwischen Architektur und Natur bestehen jedoch auch in Werken, die sich der Säulenordnung entledigen und für die Moderne bedeutsam sind. Die Kunstgeschichtsforschung hat den Abbildungsbegriff über die neuzeitliche Tradition hinaus weit ausgedehnt. Dieser wird dann häufig mit dem Symbolbegriff vermischt, und zwar im Zusammenhang mit Werkbeispielen, die räumlich und zeitlich sehr unterschiedlich angesiedelt sind. Diese Tatsache gilt zunächst für mittelalterliche und fernöstliche Architektur. Das Thema der „darstellenden" Architektur wird dann wieder im Zusammenhang mit der Revolutionsarchitektur brisant.[24] Verfolgt man den Abbildungsbegriff als alleinige Kategorie für die Moderne weiter, so ergeben sich interpretatorische Unschärfen besonders in Fällen, in denen die Grundlage des architektonischen Naturbegriffs bis zur Gegensätzlichkeit von bisherigen Theorien verschieden ist. Ein Beispiel eines Erneuerers ist Étienne-Louis Boullée in Entwürfen und in der Theorie. Wie wenig mag angesichts der langen Tradition einer darstellerischen Architektur die Abbildung des Himmels als Neuerung durch Boullée erscheinen.[25] Worin bestehen dann jedoch die Neuerungen der im ausgehenden 18. Jahrhundert auftretenden Architekturideen, deren gemeinsames Erkennungsmerkmal eine Vereinfachung von Form ist? Besteht sie bei Boullée etwa allein in der Vergrößerung, also darin, einfache Körper, wie etwa die Kugel, auf riesige Dimensionen zu übertragen? In diesem Fall würde, gegenüber dem Globus, statt eines qualitativen lediglich ein quantitativer Unterschied bestehen.[26]

Wie sich zeigen wird, scheiden bei Boullée Abbildung, die Reproduktion des wissenschaftlichen Modells und Hypertrophie als Kunstleistungen aus. Astrakte Übereinstimmungen zwischen Architektur und Natur erweitern das Verfahren der Abbildung durch spekulatives Formschaffen. Es wird der Versuch unternommen, den tellurischen Naturbegriff durch eine kalkulierte Konzeption zu erweitern oder zu verlassen. Die Architektur ist dann nicht mehr nur solar, lunar oder chthonisch, sondern entspricht auch einer kontemplativen Erfahrung. Spekulationen dieser Art sind insbesondere ab dem späten 18. Jahrhundert zu beobachten. Es gilt also zu untersuchen, inwieweit die Spur der architektonischen Ausdrucksfähigkeit, die die Auseinandersetzung des Architekten mit der Welt hinterläßt, über die Reproduktion der Naturform hinaus verfolgt werden kann. Was kann eine Architekturkonzeption, die mit Abbildung nicht in Verbindung gebracht wurde, über die Welt und die Vorgänge in der Natur ausdrücken, und wie kann sie dies tun? Bevorzugt werden häufig Inhalte, die eine Vorstellung von der „Weltgesamtheit" betreffen. Aus der Sicht einer Reihe von Architekten und Kunstgelehrten des späten 18. und 19. Jahrhunderts sind diese durch Abbildung nicht zu vermitteln. Dennoch besteht eine Auseinandersetzung mit der Welt mit den Mitteln der Architektur.

Im späten 18. Jahrhundert wird als Folge einer Revision der an der römischen Antike orientierten Ästhetik und der Gruppe barocker Ornamentstile und durch die Beschäftigung des Forschers mit frühgeschichtlichen Architekturformen eine neue Art der architektonischen Repräsentanz entdeckt. Eine Situation der Krise und Kritik, die im Architekturschaffen zunächst zum Klassizismus führte, erforderte neue Überlegungen über architektonische Möglichkeiten und die Beziehung von Form und Natur. Einerseits bestand das Bedürfnis nach dem Ursprünglichen. Der Weg führte dabei zunächst weg von komplexen hin zu einfachen Gefügen. Laugier argumentiert im Vorfeld mit „Einfachheit" und „Adel" der "Maison carée" in Nîmes.[27] In der Besinnung auf die griechische Baukunst wurde die Forderung erhoben, allein die Kolonnade anzuwenden, die Arkaden und Blendformen wurden nunmehr abgelehnt.

Der Aufruf des berühmten „Essai sur l'art" von Etienne-Louis Boulées am Ende des 18. Jahrhunderts zu einer Laugier verpflichteten Vereinheitlichung und Vereinfachung antikisierender Architektur ist leidenschaftlich. Nicht vielfältigen Gefügen wird Charakter von Erhabenheit zugesprochen, sondern der gegenüber der Arkade einfacheren Kolonnade. Die für die griechische Architektur typische Abfolge gleicher Bauglieder kam dem neuen Verständnis von schlichter Größe entgegen.[28] Andererseits aber lassen Entwürfe wie auch schriftliche Äußerungen von Boullée neben diesen klassizistischen Merkmalen auch eine Wiedergewinnung reiner Geometrie für die Architektur erkennen, die nach Äußerungen ihres Schöpfers von Vorbildern ägyptischer Baukunst angeregt wurde.[29] Der Weg führte weg vom architektonischen Gefüge und hin zum Block, zur reinen Kernform und zur Betonung architektonischer Maße. Die Flächengliederung hatte bei dieser Suche nach architektonischen Möglichkeiten, bei denen ein erhabener Eindruck entstehen sollte, keinen Platz. Die Ablehnung der vitruvianischen Architekturtheorie und der ornamentalen Auffassungen des Barock sowie die Hinwendung zur griechischen Klassik waren der Beginn auf diesem Weg. Es scheint, daß die parallele Anwendung verschiedenen Quellen entlehnter Prinzipien in gewisser Hinsicht einer analogen künstlerischen Motivation folgen konnte. Die Anwendung dieser Prinzipien scheint einer Grundvoraussetzung zu entsprechen, bei der Zäsuren und ornamentales Beiwerk in den Hintergrund treten oder preisgegeben werden. Entlehnungen verschiedener Herkunft konnten unmittelbar aufeinandertreffen, als ginge es im Entwurf darum, ein im 18. Jahrhundert bestehendes Geschichtsverständnis widerzuspiegeln, demzufolge die griechische Kultur auf der ägyptischen Weisheit beruhe. Diese Meinung kommt im biographischen Roman „Sethos“ (1731), der im Folgenden noch häufiger als Quelle herangezogen werden wird, zum Ausdruck. Griechische und ägyptische Motive können daher in der Revolutionsarchitektur unvermittelt in einem Bau zusammentreffen. Klassische und ägyptische Elemente leben autonom nebeneinander, ohne sich zu vermischen.[30] Die Architektur nimmt also definitiv ein seit der Renaissance und besonders seit dem 17. Jahrhundert bestehendes, sich stets erweiterndes Bewußtsein frühgeschichtlicher Formen an, als Alternative zur griechisch-römischen Antike und zur anschließenden Rezeption der Stile des Mittelalters. Dies bedeutet eine Steigerungsmöglichkeit hinsichtlich der formalen Einfachheit. Das Postulat der Kolonnade bewirkt eine Konzentration auf das orthogonale System. Die Wiederentdeckung von Herme, Pyramide und Obelisk bietet eine Steigerungsmöglichkeit der geometrischen Konzentration im Sinne der symbolischen Ausdrucksfähigkeit.

Die Denkmäler der frühen Hochkulturen wurden durch Reisende, Prähistoriker und Architekten, zum Beispiel durch Fischer von Erlach, und deren Illustrationen ägyptischer Kunst allgemein bekannt.[31] Die Ästhetik-Diskussion, die zuvor um die Säulenordnung kreiste, öffnete sich nun vielfältigeren Einflüssen. Es wurde dadurch ein oft beliebiger Stilpluralismus des 19. Jahrhunderts möglich, der in England vor der Jahrhundertmitte besonders von Augustus Welby Northmore Pugin in seinem Buch „The True Principles of Pointed Architecture“ (1841) angeprangert wurde. Die Gegenwelt zu Verflachungen bilden Versuche inhaltlicher Deutungen und Übertragungen von Inhalten alter Architektur auf die moderne Formensprache, die nunmehr von den klassischen Säulenordnungen unabhängig sein konnte. Ein gewichtiger Gegensatz zur klassischen Auffassung wurde zunächst in der am besten bekannten ägyptischen Architektur gesehen, die in erster Linie durch ihre abstrakt-geometrischen Elemente auffiel und sich hierin diametral von antiker und neuzeitlicher Architektur mit ihren abbildenden Elementen, dem vertrauten Repertoire des Ornaments und den Regeln des Decorums unterschied. Durch die Auseinandersetzung mit Geometrie und Architektur verlagerte sich das Verhältnis von Architektur und Natur. Die architektonische Verwertung des Wissensstands über die Bedeutung von Denkmälern in den frühen Hochkulturen setzte sich durch. Mit neu entdecktem Formenschatz setzte jene Spekulation an, von der der barocke Innenraum noch unberührt gewesen war. Objekte der Spekulation waren die Herme, die Pyramide und der Obelisk. Entscheidende Verständnishilfe ist hier Herders neuartige Interpretation von Herme und Pyramide. Mit seiner Hilfe kann der Begriff der abbildenden Architektur genauer eingegrenzt und von andersgearteten Repräsentanzen unterschieden werden.

Ein frühes und herausragendes Beispiel der exegetischen Beschäftigung mit frühgeschichtlicher Form wurde mit Johann Gottfried Herders Abhandlung „Älteste Urkunde des Menschengeschlechts" aus dem Jahre 1774 vorgelegt. Es handelt sich hierbei um ein Werk der Altertumsforschung, das weitreichende Interpretationsansätze zur Architektur vor der griechisch-römischen Epoche liefert. Herders Abhandlung kann in ihrem Quellenwert für diese Arbeit nicht hoch genug eingeschätzt werden, da sie am Anfang einer langen, sich stetig wiederholenden theoretischen beziehungsweise historischen Auseinandersetzung mit dem Weltgebäude als Kategorie von Architektur steht.[32] Das Werk „Älteste Urkunde des Menschengeschlechts" zeigt eine sich abzeichnende Verschiebung des Naturbegriffs auf, die eine Konstante in den relevanten Wandlungsprozessen bleiben sollte. Eigenartigerweise bleibt der Einfluß dieser Altertumsforschung auf die deutsche Architektur zunächst gering. In Frankreich treten die Übereinstimmungen durch die Revolutionsarchitektur fast zeitgleich auf. Wie noch gezeigt werden wird, werden ihre Inhalte durch den Architekturschriftsteller Jean-Louis Viel de Saint-Maux vorbereitet, der zu ähnlichen Ergebnissen kommt wie Herder. Die Leistungen der Altertumsforschung schlossen jedoch nicht aus, daß, wie wir bereits gesehen haben, Ästheten wie John Ruskin einige Zeit später ihren Schönheitsbegiff aus den Naturformen schöpften.

Herders Darlegungen zufolge kann an Stelle von Nachahmung eine metaphorische Qualität durch Architektur entstehen, die seiner Ansicht nach nichts Darstellerisches enthält. Da die Architektur dennoch inhaltsfähig ist, wird eine Unterscheidung zwischen Naturabbildung und Natursymbolik erforderlich. Erstere Eigenschaft trifft etwa für die ägyptische Papyrus-Bündelsäule zu, da hier ein formal eindeutiger Bezug zur Naturform besteht. Letztere kann in Formen ohne evidente darstellerische Ebene, beispielsweise der Pyramide, enthalten sein. Herder sind solche Unterscheidungen bewußt, als er sich im Jahr 1774 mit diesem, auch in späterer Zeit immer wieder auftretenden Interpretationsproblem frühgeschichtlicher, zunächst ägyptischer Kunst beschäftigt. Organische Formen wie etwa die Papyrus-Bündelsäule, die das „Egyptian revival" aufgreift, oder die Ikonographie ägyptischer Kunst sind nicht Gegenstand seiner Untersuchungen. Vielmehr wendet sich Herder jener reinen Baustruktur in Denkmälern früher Hochkulturen zu, die in Ermangelung jener eindeutigen darstellerischen Elemente keine evidente oder überlieferte Bedeutung aufweisen, sondern deren Sinn in zeichenhafter Geometrie verborgen zu sein schien. Sobald der Kontakt zum jeweiligen historischen und geistigen Kontext abgebrochen ist, sind die Vorstellungen, die ursprünglich mit der Form verbunden wurden, nicht mehr ablesbar. Die Form wird nicht mehr verstanden, da gleichsam das „Vokabular" nicht mehr beherrscht wird.

Zeitgleich zu Herder existierten jedoch konträre Erklärungen, die in Verwandtschaft mit der vitruvianischen Entwicklungslehre selbst die Pyramide auf lokale Urbehausungen zurückführten. Die Deutung von Quatremère de Quincy aus dem Jahr 1785, welche dieser anläßlich einer Preisfrage der Académie des Inscriptions entwickelte, folgt dem Gedanken einer sich selbst reproduzierenden Architektur. Das ägyptische Bauen verharrt diesem Verständnis zufolge im Ursprungszustand und ist weder wandlungs- noch entwicklungsfähig, wohingegen das griechische Bauen den Ursprungszustand überwand. Diese Meinung bedeutet eine Abwertung der ägyptischen Architektur und eine Aufwertung griechischer Kunst, die für den modernen Menschen für angemessener gehalten wurde.[33]

In Herders Darlegungen jedoch, die, den Theorien von Quatremère de Quincy und, wie sich zeigen wird, auch denen Winckelmanns widersprechend, eine Wertschätzung ägyptischer Kunst erkennen lassen, wird jener reproduzierende Charakter von Herme, Pyramide und Obelisk bestritten. Die vorherrschend reine Stereometrie ägyptischer Denkmäler, oder gar noch weiter in die Frühgeschichte zurückreichender, außerhalb des Wirkungskreises der Hochkulturen entstandener Zeugnisse, bedarf daher anderer und neuartiger Interpretationsansätze. Abbildende Bezüge zur Natur, die Unterscheidung zwischen Kategorien und feststehende Proportionslehren waren Anhaltspunkte, die etwas über Repräsentanz ausdrückten. Schieden diese jedoch aus, so schienen inhaltliche Momente verschlüsselt zu sein, und eine inhaltliche Bestimmung erforderte weniger den Ästheten als vielmehr den forschenden Wissenschaftler, der in der Lage war, Formen bestimmten uralten Vorstellungen zuzuordnen. Das von der Reproduktion unabhängige Verständnis wandelte die Vorstellungen über die Entstehung von Architektur, die sich dann stetig erweiterten und vertieften. In kunsthistorischem Zusammenhang muß nicht für den altertumswissenschaftlichen Wert dieser Wandlung Partei ergriffen werden. Das veränderte Bewußtsein hinterließ jedoch in der Folgezeit Spuren in Praxis und Theorie von Architektur. Bei den in den folgenden Kapiteln behandelten Beispielen wird häufig sogar eine von der Bedeutung der Kernform abgeleitete Konkretisierung des Inhalts vorgenommen, das heißt eine eigenständige ikonographische Ebene entwickelt, die sich von traditionellen Naturabbildungen unterscheidet.

Erste Interpretationen der Grundformen lieferte die spekulative Altertumsforschung, die mit Athanasius Kircher im 17. Jahrhundert besonders hinsichtlich der Hieroglyphendeutung begann und durch Herder auf Architektur bezogen wurde. Oder sie bestand in „Erratungen und Muthmassungen", wie Herder irrtümliche Überlegungen einiger, nicht namentlich genannter Zeitgenossen bezeichnete.[34] Da bei der Pyramide oder dem von Herder als Beispiel genannten geometrischen Hermen-Typus eine Formensprache ohne Naturnachahmung vorlag und sich dennoch bei ihrer Betrachtung der Wert inhaltlicher Mitteilungen aufdrängte, schien das bestimmende abstrakte und geometrische System wenn nicht auf Naturstudium, das heißt auf die Auseinandersetzung mit der äußeren Erscheinung des Naturgegebenen, so doch auf abstrakt Wissenschaftliches und Jenseitiges hinzuweisen. Daher wurden diese Formen mit astronomischem und eschatologischem Wissen ihrer Entstehungszeit, das einst noch eine Einheit bildete, in Verbindung gebracht. Den Grundformen unterstellte man die Aussage einer religiösen oder wissenschaftlichen Wahrheit. Herder sieht eine Übereinstimmung zwischen einer „Hieroglyphe", dem Zeichen des durch Radien viergeteilten Kreises, und architektonischen Formen, die im selben Maße wie ein Schriftzeichen eine Bedeutung verschlüsselte.

Durch die antiken Historiker, die zum Beispiel Terrasson als Quelle für die Lebensbeschreibung des „Sethos" heranzogen, erfuhr man, daß die frühen ägyptischen Tempel keinen Bildschmuck aufwiesen. Terrasson, dem es bereits um die Aufwertung Ägyptens als Mutter der Künste ging, merkt an: „Denn was Strabo von den Tempeln der Ägypter sagt, daß darin keine Statuen wären und sie höchstens nur in der Mitte eine Figur eines Tiers hätten, muß nur vor den Zeiten vor dem Einfall des Gambyses verstanden werden."[35]

Auch Herder stellt diesen grundlegenden Sachverhalt fest und fügt eine gegen zeitgenössische Deutungen gerichtete Kritik an: „Nach der Sage waren auch die ersten Ägyptertempel wie die heiligen Höhen und Haine aller Nationen, ohne Götterbilder und Statuen: Es heißt man verehrte Steine. Und warum man nun eben Stein? und fast allwege in der Urwelt Steine verehrte? da fangen die Systeme von Errathungen und Muthmassungen an. >Sie sollen Statuen vorstellen! die Erde vorstellen< und ich sage, sie sollen nichts vorstellen, als was sie waren, Steine, Denkmale, die ersten Denkmale der Welt.“[36]

Denkmäler frühgeschichtlicher Zeit erscheinen Herder als ausdrucksvolle Formen ohne reproduzierende Elemente („Denkmale“). Sie wurden durch Wissen und Vorstellungskraft einem Inhalt zugeordnet. Vorausgesetzt, der Inhalt wurde nicht mit den Mitteln der Abbildung vermittelt, die Vergleiche mit Naturvorbildern ermöglichen, so waren Zuordnungen nur durch wissenschaftliches Studium möglich. Interpreten, die Analogien zu konkreten Naturformen vermuten, lehnt Herder ab und zieht ihre Objektivität in Zweifel. Er spricht sich stattdessen für ein um den Denkmalbegriff kreisendes Verständnis aus und weist eine Deutung als Abbildung, die bei Herder untrennbar an den Kunstbegriff gebunden ist, zurück.

Das Beispiel der „Pelasgischen Hermen“, die bei vollständiger Abstraktion ohne ikonographisches Beiwerk aus einem quaderförmigen Block und einer darauf ruhenden Kugel zusammengesetzt sind, repräsentiert nach Herder ein „Denkmal“ mit bewußt reduziertem Abbildungscharakter. Das heißt, er führt diese Einfachheit nicht etwa auf ein Frühstadium künstlerischen Wirkens zurück, sondern auf eine gar nicht vorhandene künstlerische Absicht: „Daher verbanden sie so gern allewegen das Viereckte und Runde - und es war die bekannte Hermesfigur: Stein, worauf eine Kugel lag, das ist nach dem Auge der Griechen, und der Deutung der Ägypter Stein, mit einem Menschenkopf, darauf denn das ganze System des Ersten Kunstschrittes entstanden, was noch in allen Kunstgeschichten falsch ist: denn was hat dieser erste, rohe, viereckte, kugelbedeckte Stein mit einer menschlichen Statue als Kunst gemein.“[37]

Der Kunstkenner wird sich zunächst über die Tatsache wundern, daß Herder die Herme trotz anthropomorpher Elemente wie Kopf, Schultern oder Armstümpfen und Geschlechtsmerkmal nicht als „menschliche Statue“ anerkennt. Herder sieht aber vornehmlich die dem Typus zugrundeliegende geometrische Gestalt, der dann sekundäre Merkmale des menschlichen Körpers hinzugefügt wurden. Er wendet sich gegen eine Interpretation als Frühform der Darstellenden Künste, die durch Winckelmann geprägt wurde. In der „Geschichte der Kunst“ Winckelmanns hatte bereits eine Beschreibung und Interpretation der Herme vorgelegen: „Bei den Griechen hat die Kunst, obgleich viel später, mit der Einfalt ihren Anfang genommen [...] Denn es waren schon dreißig Gottheiten sichtbar verehrt, da man sie noch nicht in menschlicher Gestalt gebildet hatte und sich begnügte, dieselben durch einen unbearbeiteten Klotz durch viereckige Steine, wie die Araber und Amazonen taten anzudeuten [...] Auf besagte Steine wurden mit der Zeit Köpfe gesetzt.“[38]

Im Gegensatz zu Winckelmann, der ebenfalls die Herme nicht als „menschliche Gestalt“ ansieht, doch in ihr den Beginn der Kunst sieht, fordert Herder für das Kunstwerk die notwendige Reproduktion und Sublimierung des Naturvorbilds, die dem Symbolwert entgegengesetzt ist. Für den Kunsthistoriker ist es nur bedingt notwendig, hier Partei zu ergreifen. Vordringlich ist die jeweils konträre Auswirkung auf das Sinnverständnis von Form, die die formalen Konzeptionen in ein jeweils anderes Licht rückt. Herders Interpretation ist in diesem Zusammenhang insofern bedeutsam, als die Formen nicht als primitiv und entwicklungsbedürftig, sondern als Träger eines tiefgründigen Inhalts verstanden werden.

Da demzufolge „Verehrung von Steinen“ von der Entwicklung abbildender Künste zu trennen ist, versucht Herder die Formen Kubus und Kugel durch die geometrische Übereinstimmung mit der „Hieroglyphik“ zu erklären. Das ägyptische Schriftzeichen repräsentierte nach dem Wissensstand der Zeit vor Champollion und dessen Entzifferung nicht einen Laut, sondern einen Begriff. Die Hieroglyphen sind nach der Meinung Kirchers eine Symbolschrift, in denen das fundamentale Wissen der Ägypter über Religion und Philosophie verschlüsselt war. Den Griechen war dieses Wissen zwar bekannt, jedoch verfügten diese nicht über eine solche Symbolschrift.[39]

Die Planimetrie der Hieroglyphe war nach Herder ins Räumliche übertragen worden. So besteht Übereinstimmung zwischen dem Schriftzeichen und der räumlichen Form hinsichtlich des enthaltenen Begriffs: „Noch in Griechenland bestanden die alten Pelasgischen Hermen aus nichts als Stein, Kopf, (Kugel) und dem Symbol der Fortpflanzung: Allbekannter maassen bei den Aegyptern das herrschende Bild ihrer Weltkräfte, Götter und Schöpfung: nichts als Dekomposition der Hieroglyphe die eben aus Viereck, Mittelpunkt und Zirkel, den Bildern ihrer Welt bestand. Wir sehen also den Ursprung der Hieroglyphe in natürlichen Zeichen - die Hermesfigur des Steins.“[40]

„Steine“, die offensichtlich als Denkmäler errichtet wurden, mit Naturabbildung aber nichts zu tun zu haben schienen, werden hier mit frühester Spekulation des Menschen in Verbindung gebracht. Im Frühstadium der Kultur drückte sich der Mensch statt durch Reproduktion der einzelnen Naturformen, die die spätere abendländische Kunst bestimmte, durch einfachste Zeichen aus. Der Gegenstand ist nicht die Einzelform, sondern die Weltgesamtheit. Das dargestellte Geschlecht sieht Herder sozusagen als bildhafte Verdeutlichung eines schon in der Form enthaltenen Inhalts. Der Widerspruch, den man aufgrund Herders anfangs geäußerter Skepsis gegenüber den Interpretationen als Abbildung annehmen könnte, löst sich auf, wenn seine Auffassung zwischen Darstellung und „Denkmal“, das heißt Abbildung und Symbol für eine bestimmte Wahrheit, unterscheidet. Diese Unterscheidung zwischen konkreter Angleichung an Naturformen als künstlerischem Prozeß und der Bildung von Zeichen, die eine Vorstellung von der Welt und von Gott verschlüsseln, ist zum Verständnis dieser Interpretation notwendig.

Die Verschlüsselung von Wahrheiten durch Zeichen war nach Herder nicht Selbstzweck, sondern entstammt den Ursprüngen „symbolischer Kräfte“, die dem menschlichen Geist innewohnen: „Alle Wissenschaft hieroglyphisch, rätselnd, symbolisch: gewiß nicht bloß um den Augen des Volks verborgen zu werden, es ist ursprüngliche, tiefeingedrückte Form.“[41] Die regelmäßigen Körper werden als Zeichen für „Weltkräfte, Götter und Schöpfung“ enträtselt. Zur Darstellung der Wesensverwandtschaft zwischen Mensch, Welt und Gott konnten die elementarsten aller Formen, nämlich Kubus und Kugel, dienen.

Die Frühform der Wissenschaften als Ursache für die Entwicklung ägyptischer Formensprache kam im 18. Jahrhundert schon einmal zur Sprache. Jean Terrasson hatte in der ersten Jahrhunderthälfte durch sein Hauptwerk „Sethos“ Ägypten gegenüber Griechenland dadurch aufgewertet, daß er Ägypten als die eigentliche „Mutter der Wissenschaften und der Künste“ darstellte. So beschrieb er ausführlich und idealisierend seine Vorstellung ägyptischer Kultur durch Beschreibungen aller Bereiche des Wissens wie der Geometrie, der Chemie, der Medizin und der Astronomie als Quelle geistiger Verfeinerung.[42] Sehr früh in der Geschichte Ägyptens habe sich aufgrund der Wissenschaften auch ein Wertesystem entwikkelt. So trat in ägyptischer Kultur eine zweite gesellschaftliche Qualität, die der „Sitten“, hinzu, die Terrasson als unmittelbare Folge der Wissenschaften annimmt.[43] Das Wertesystem wirkte Terrasson zufolge unmittelbar auf die Architektur ein. Die Paläste seien nicht prächtig gewesen, sondern sie „hatten alles, was Kenntnis der Künste an die Hand geben kann.“[44] Auffällig an den Beschreibungen Terrassons ist eine Gleichsetzung von Wissenschaften und Kunst im alten Ägypten hinsichtlich der geistigen Voraussetzungen.

Diese Ableitung der ägyptischen Architektur von Kult, Wissenschaft und Sitten unterscheidet sich radikal von dem bereits erwähnten Erklärungsversuch, den Quatremère de Quincy 1785 anläßlich der Preisfrage der Académie des Inscriptions vorlegte. Die Frage lautete: „L'Architecture égyptienne considerée dans son origine, ses principes et son goût, et comparée sous les mêmes rapports à l'architecture grècque." Quatremère de Quincy, der Gewinner, übertrug vitruvianische Entwicklungsvorstellungen auf die Pyramide, deren Form er in Abhängigkeit von der lokalen Urbehausung sah. In Beantwortung des zweiten Teils der Frage, dem geforderten Vergleich mit der griechischen Architektur, konstatierte er einen Mangel an ästhetischen Qualitäten ägyptischer Architektur, die ein Verharren im Ursprungszustand und einen Mangel an Entwicklungsfähigkeit aufwies.[45] Schönheit habe sich erst in der griechischen Architektur entfaltet. Die Ansicht, Urbehausungen bestünden in hochentwickelten Bauwerken fort, scheint ihren Stellenwert im Denken des späten 18. und 19. Jahrhunderts trotz der deutschen Altertumsforschung, die mit Herder begann, beibehalten zu haben. So erwähnte noch Gottfried Semper eine These von Franz Gau über den Ursprung der Pyramide im „Troglodytenthum", zu deutsch in den Behausungen des Höhlenmenschen.[46]

Herder unterscheidet in den Beschreibungen der „Dekompositionen" nur wenig zwischen den kulturellen Frühstadien Ägyptens und Griechenlands. So setzt sich seiner Meinung nach das Prinzip der „Dekomposition", das von der Hieroglyphe zur Herme geführt hat, durch die Entwicklung der Pyramide fort, die dann ihrerseits „Dekomposition" der Herme ist.[47] Durch die Pyramide ist die Hieroglyphe gleichsam ans Tageslicht getreten, während sie sich vom Höhlenraum befreite, in dem sie laut Herder angebracht war. Herder deutete die Entstehung der Pyramide als Demonstration der geometrischen Wissenschaft, die das Problem bewältigte, aus den planimetrischen Grundformen Quadrat, Dreieck und Punkt einen Körper hervorzubringen: „In der Figur der Steine suchten sie ferner das Viereck, und das Rund mit der Spitze, dem Eins zu verbinden - das ist Inbegriff all ihrer Wissenschaften zu geben in einer Figur, in der aus Punkt, Rund und Viereck alles ward - und siehe da das höchste und simpelste Symbol, das es auf der Welt gab - Pyramiden und Obelisken! auf die simpelste Weise erklärt."[48]

Aufgrund geometrischer Entsprechungen zwischen ägyptischen „Denkmälern" konstatierte er bestimmte „Dekompositionen" einer „ursprünglichen Form". Es werden durch die „Dekompositionen“ auch inhaltliche Übereinstimmungen geschaffen, die nach Herder den „Mittelbegriff“ bilden: „Wenig ursprüngliche, simple Symbole, die wie in Sprache, so in Gestalt neu zusammengesetzt und buchstabiert werden, wo immer aber ein fester Mittelbegriff bleibt.“[49] Die Zeichen, die für Weltanschauung und Wissenschaft eingesetzt wurden, können also zu verschiedenen Formen „dekomponiert“ werden, ohne daß grundsätzliche Bedeutungsverschiebungen entstehen. Während das Auge des neuzeitlichen Menschen mit seinem begrifflichen Denken eher die Unterschiede sieht, steht nach Herder Einheitlichkeit und Übereinstimmung im Vordergrund des frühgeschichtlichen Denkens.

Die Weltdarstellung und gleichzeitig die Metapher für Gott finden nach Herder ihre Idealform in der Pyramide, die mittels geometrischer Wissenschaft, von der er annahm, daß sie an spirituelle Bedürfnisse gebunden war, hervorgebracht wurde. Die Pyramidenspitze wird mit „Eins“, das heißt Gott, und die Kugel mit der Welt identifiziert. Beides konnte laut Herder durch die Verbindung von Pyramide und Kugel symbolisiert werden: „Pyramide unten ein Viereck, und wenn oben die Kugel darauf ruhte, das Rund und Eins, Symbol Gottes und der Welt beisammen.“[50] (Abb. 1,2) Gemessen an antiken Beispielen ist die von Herder beschriebene Form selten. Bei dem als Obelisk geformten Schattenwerfer der Sonnenuhr, die Augustus auf dem Marsfeld errichten ließ, scheint die Funktion, und damit die Sonnenthematik, zur Ergänzung der Spitze ausschlaggebend gewesen zu sein. Dieser Obelisk wurde 1748 ausgegraben und auf der Piazza Montecitorio in der Nähe seines ursprünglichen Standorts wieder aufgerichtet.[51]

Bedient sich die Architektur der Neuzeit der Ausdrucksmöglichkeiten der Emblematik, so treten dagegen häufig Pyramiden oder Obelisken mit einer bekrönenden Kugel in Erscheinung. Die Intention scheint nicht eine genaue Wiedergabe ägyptischer Vorbilder zu sein. Eine Zeichnung für ein Denkmal in der Gestalt der Devise von Claude Perrault zeigt einen Obelisken, der mit Kanneluren profiliert ist und an der Spitze eine Kugel trägt. Zwischen dem architektonischen Sockel und dem Obelisk befindet sich eine Weltkugel. Die Kanneluren sind, wie Karl Möseneder gezeigt hat, als Sonnenstrahlen zu deuten, die die Erde bescheinen.[52]

Fehlt die Pyramidenspitze, wie es in Beispielen des 17. und 18. Jahrhunderts, so unter anderem bei Fischer von Erlach, Boullée und der Gebrauchsgraphik der Dollarnote, zu sehen ist, so fehlt die „Eins“ zugunsten einer nicht formulierten Stelle der Form, die für Gott steht. Bei der Dollarnote aus dem Jahr 1776 tritt eine Verdeutlichung des Sinns durch das im Dreieck erscheinende Auge Gottes hinzu, das den Platz der gekappten Pyramidenspitze schwebend einnimmt.[53] (Abb. 3)

Die Konnotation, die Pyramide und Obelisk im 18. Jahrhundert anhaftet, ist die eines kosmologischen Zeichens, das durch Ergänzungen und Weglassungen in seinem Sinn konkretisiert und erweitert werden kann. So lehnte Herder es ab, Entstehung und Ursprung der Pyramide durch ihre Funktion als „Begräbnis- oder Weihestätte“ zu erklären. Pyramide und Obelisk sind formal ähnlich aus quadratischem Grundriß und aufgehenden Dreiecken gebildet und seien daher als „zwei Zwillinge einer Mutter“ zu betrachten.[54] Herder ist der Verwendungszweck der Pyramide offenbar nicht bekannt. Der altertumswissenschaftliche Wert ist im kunsthistorischen Zusammenhang nicht von Interesse, vielmehr die Unterstellung der Ästhetik, derzufolge Formen, unabhängig von ihrer Verwendung, aus begrifflichen Vorstellungen heraus entwickelt worden sind. Daher bekräftigte Herder vorher beschriebene Sinnbildfunktionen und Wesensverwandtschaften, die zu einem Monismus der Formen führen: „Die Herme war Mikrokosmos: Hieroglyphe der Welt in Linie und Gestalt: die Menschenfigur Mikrokosmos: Bedeutungsvolles Bild der Welt und die Herme ihre einfältige Symbole...“ Ebenso gilt die Pyramide, so Herder, als „Bild des Menschen, hieroglyphisch, nicht in menschlicher Gestalt...“[55]

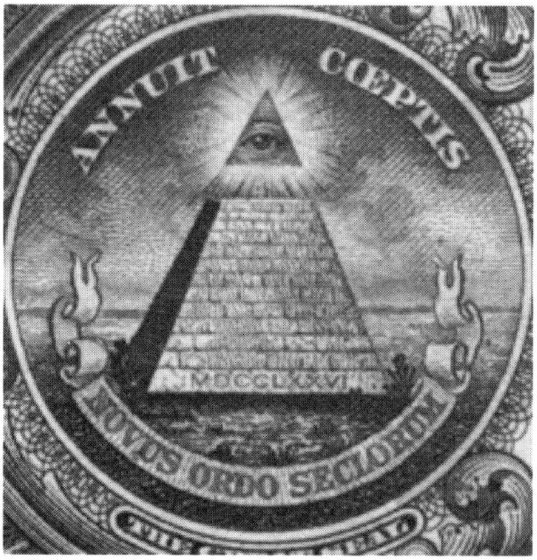

◀Abb. 3: Detail einer Dollarnote (1776)

▼Abb. 4: Theodorus Beza, Kreis, (Vézelay 1519)

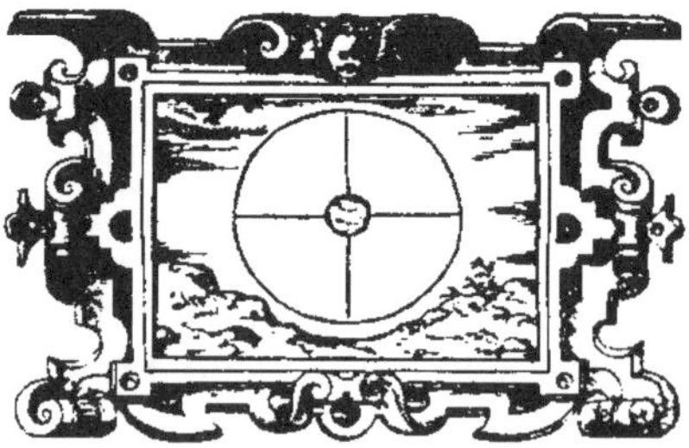

Osiris, dem „Weltzeitvater", sei die Pyramide geweiht, der einerseits als Weltprinzip schlechthin und als Zentralfigur des Weltgebäudes geschildert wird: „Nun konnte Pyramide (oder Piramide, wies wenigstens heißen sollte) Osiris gewidmet seyn..., die leuchtende Mittelfigur des Welturbildes. Wenn er ans Licht trat: siehe die heilige Figur des Dreyecks seiner Augen, wovon jede Pyramidenseite ein Bild ist."[56] Herder vermutete in architektonischen Formen ein Symbol für den Bau der Welt, den Mikrokosmos Mensch und dessen Ebenbildlichkeit zu Gott. Sie erscheinen als Chiffren einer Seins- und Weltvorstellung. Das 19. Jahrhundert machte sich solche Interpretationen zueigen. So führte etwa Semper die Formen Pyramide und Grabkegel zwar in ihrer Entstehung auf natürliche Vorbilder zurück und teilte nicht Herders Meinung von der abstrakten Formenbildung, doch hielt auch er diese für „Symbole des Alls". Er leitete sie von den Kristallen ab, was eine ganz und gar moderne Auffassung bedeutet, die auf den Expressionismus vorausweist. Nach der Hieroglyphe, der Urbehausung und dem „Troglodytenthum" ist der Kristall der vierte mögliche Ursprung der Pyramide. Semper bemerkte: „So ist bei gewissen Bauwerken die eurhythmische Abgeschlossenheit der Krystalle und andrer vollkommen regelmäßiger Formen der Natur vorzufinden. Beispiele die Grabkegel (tumuli), die ägyptische Pyramide und ähnliche Denkmäler; sie sind allseitig entwickelt, ohne eigentliche proportionale und direktionelle Gliederung, und gerade deshalb, als vollständig für sich bestehende Mikrokosmen, als Symbole des Alls das nichts außer sich kennt, auch als Denkmäler weltberühmter und weltbeherrschender Völkerführer, sehr eindrucksvoll."[57]

I.2. Emblematik, Hieroglyphik und Architektur

Ach wie flüchtig, ach wie nichtig/ist der Menschen Glücke!/Wie sich eine Kugel drehet/die bald da, bald dorten stehet/so ist unser Glücke, sehet!

Michael Franck (1652)

Herders Beschreibungen waren durch das neuzeitliche Denken vorbereitet worden. Ein frühes Beispiel des von Herder so ausführlich beschriebenen und gedeuteten Zusammentretens von Kubus und aufgesetzter Kugel findet sich auf dem Titelblatt des Emblembuchs von Picinelli, „Mondus Symbolicus" (1669). Der Sokkel, dessen Profil dem 17. Jahrhundert verpflichtet ist, trägt die Aufschrift des Buchtitels. Die Gesamtheit aller in der Emblemsammung enthaltenen Sinnbilder wird hier emblematisch durch ein einziges fundamentales Symbol repräsentiert. Alle komplexeren Formen können gleichsam auf grundlegende Formen zurück-

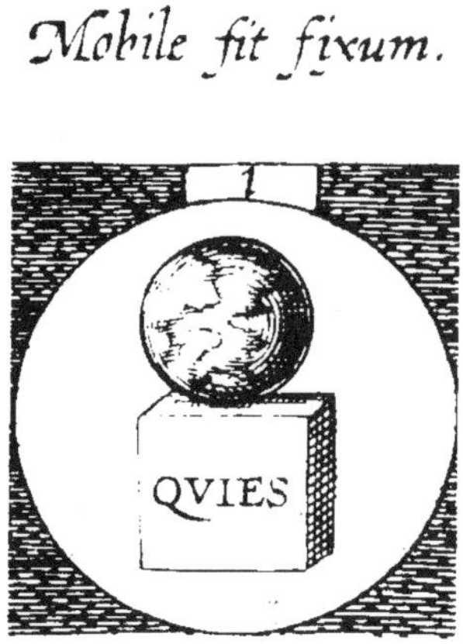

▲Abb. 5: Otto Vaenius, „Mobile fit Fixum“ aus: „Emblemata sive Symbola“ , Brüssel 1624

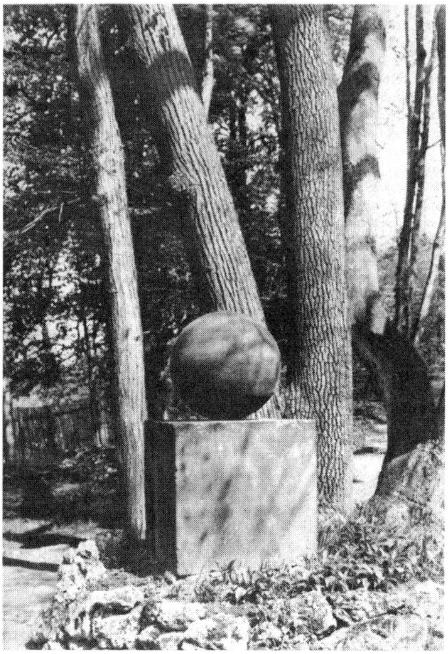

Abb. 6: Goethe: Altar der Aghate Tyche, Weimar 1777▶

zurückgeführt werden. Kreis und Quadrat bergen somit das Ausgangsmaterial der gesamten „Formenwelt“ in sich.[1]

Im 17. Jahrhundert konnte mit der Kugel auch eindeutig die Weltkugel wiedergegeben sein, wodurch die abstrakte Form wieder zu einer konkret abbildenden Form wurde. Das Emblembuch des Otto Vaenius „Emblemata sive Symbola“ enthält eine planiglobe Darstellung mit dem Titel „Mobile fit fixum“, bei der die Kugel dem Hermen-Typus entsprechend auf dem Kubus ruht und durch die Darstellung von Kontinenten als Abbildung der Erdkugel zu verstehen ist. Der Kubus bleibt jedoch auch hier ein abstraktes Symbol, dessen Sinn durch die Aufschrift „quies“ erklärt wird. (Abb. 5) Neben der bildhaften Verdeutlichung von Ruhe und Bewegung dienten Kubus und Kugel seit der Renaissance auch moralischen oder erbaulichen Hinweisen. Das Zeichen des Kreises mit Radien taucht bereits in Emblembüchern des 16. Jahrhunderts auf. Auch hier wird neben dem von ihm repräsentierten Begriff (zum Beispiel „quies“) von den Herausgebern der Emblembücher auch seine moralische Tragweite erklärt. Theodorus Beza (Vézelay 1519) beschreibt ein kreisförmiges Emblem als einfaches Modell von Erde und Firmament. Im zweiten Schritt beschreibt er die Eigenschaften des Weltmodells als Vorbild für die Lebensauffassung: „Siehst du, wie die Kreislinie von allen Seiten den Mittelpunkt umgibt und von ihm immer den gleichen Abstand hält? Sie zeigt, daß uns der Himmel von allen Seiten umgibt. Der Punkt, der die Mitte einnimmt, stellt die Erde dar. Warum also betrübst du dich, warum, sag bitte, leidest du, den die Liebe zur Frömmigkeit aus dem Vaterland vertrieben hat? Wenn du dich zum Himmel wendest, siehst du, wohin du auch gehst, den Himmel überall in gleicher Entfernung."[2] (Abb. 4)

Im späten 18. Jahrhundert zeichnet sich eine intensivierte Auseinandersetzung mit den fundamentalen Formen der Emblematik ab. Vor diesem Hintergrund brachte Heckscher Goethes erstes Denkmal im Garten am Stern (1777) mit der emblematischen Tradition in Verbindung.[3] Der „Altar der Agathé Tyche" ist aus einem ungegliederten Kubus und einer darauf ruhenden Kugel zusammengesetzt. (Abb. 6) Wenngleich Heckschers Bewertung als „Vorwegnahme des Kubismus" sicherlich zu weit geht, fällt auf, daß traditionelle Gliederungselemente fehlen und Flächen ungeschmückt bleiben, was durchaus erstaunlich und richtungsweisend ist. Allein diese formalen Eigenschaften - ungegliederte geometrische Körper waren zuvor bestenfalls in der Emblematik legitim - rechtfertigen die Deutungen Heckschers. Noch schlagender ist jedoch die Identifikation eines gegensätzlichen Paars, das im Denkmal eben dieser Gegensätzlichkeit wegen zusammengeführt wurde. Für den emblematischen Inhalt bedeutete dies das Zusammentreffen eines bewegten und eines ruhenden Körpers, welches, auf moralische Begriffe bezogen, wie Heckscher zeigt, als eine Gegenüberstellung von Labilität und Stabilität, von „sedes fortuna" und „sedes virtutis" verstanden werden kann. Diese Gegenüberstellung steht nach Heckscher in Zusammenhang mit der damaligen Lebenssituation Goethes, die von der Suche nach dem eigenen Lebensglück geprägt gewesen sei.[4] Geweiht ist das Denkmal der Glücksgöttin Tyche, was Heckschers Theorie möglicherweise bestätigt.

Doch erschien das singuläre Denkmal Goethes drei Jahre nach der Herausgabe von Herders „Älteste Urkunde des Menschengeschlechts". Es ist über die emblematische Deutung Heckschers hinaus nicht auszuschließen, daß das Denkmal direkt von dem dort beschriebenen Hermen-Typus angeregt worden war, zumal, wie selbst Heckscher berichtet, Goethe sich während der Planung des Denkmals in Herders Wohnung aufhielt und dort mit Herder und Christof Kaufmann zusammentraf.[5] Die Bezeichnung als „Altar" weist darauf hin, daß das „Denkmal" als Kultstätte im Sinne Herders und nicht als Abbild eines Menschen verstanden werden soll. Es scheint, als wollte Goethe mit dem Denkmal jenen „Weltkräften“ huldigen, die das menschliche Schicksal und Lebensglück bestimmen.

Herders Deutungsversuche beruhen nicht allein auf der emblematischen Tradition, sondern gleichzeitig auf einer im 17. Jahrhundert eingeleiteten, wissenschaftlichen Beschäftigung mit der Hieroglyphik. Um Wissenschaftlichkeit handelte es sich insofern, als keine Verwertung der Hieroglyphik im Sinne der Renaissance, sondern Deutungsabsichten verfolgt wurden.[6] Athanasius Kircher, der sich zu Beginn des Jahrhunderts der Enträtselung der ägyptischen Schrift verschrieb, gilt als eine hierfür wegbereitende Gestalt, als „Großvater der Ägyptologie“.[7] Winckelmann bewertete diese Anfänge im Rückblick wenig positiv: „Die Erklärung der Hieroglyphen ist zu unsern Zeiten ein vergeblicher Versuch, und ein Mittel lächerlich zu werden. Kircher lehret uns in seinem aegyptischen Oedipus voll tiefer Gelehrsamkeit fast nichts, was zur Sache gehört, et hunc tota armenta sequuntur.“[8] Winckelmanns geringschätzige Äußerung bezieht sich auf einen damaligen Forschungsgegenstand, dessen Vertreter die Lehrmeinungen Kirchers offenbar noch akzeptierten. Der Hieroglyphenforschung, deren Vertreter der Gefahr ausgesetzt waren als „Aegyptischer Oedipus lächerlich zu werden“, wurde durch die Entzifferungen Champollions auf der Grundlage des Funds von Rosette aus dem Jahre 1822 ein Ende bereitet. Die Einschätzung Winckelmanns hinsichtlich des sprachwissenschaftlichen Werts von Herders Deutung bestätigte sich. Die Identifikation der Hieroglyphe als Buchstabe widerlegte die seit der Renaissance geltende Meinung, wonach die Hieroglyphe für magische Begriffe und nicht für Buchstaben stünden.[9]

Der sprachwissenschaftlichen Auseinandersetzung, die Kircher einleitete, ging eine freie Verwertung der Hieroglyphe in der Reproduktionsgraphik der Renaissance voraus. Die Überlieferung der Hieroglyphik durch die griechischen Autoren der Antike bildete die erste humanistische Grundlage. Sie beflügelte die ihr eigenständige Phantasie und diente dem neuzeitlichen Ausdrucksbedürfnis als formale Kategorie.[10] Aus diesen Ansätzen entstand eine ganz eigenständige Hieroglyphik, deren frühestes, einflußreichstes und wohl bekanntestes Werk die „Hypnerotomachia Poliphili“ des Francesco Colonna war, die bereits 1499 in Venedig gedruckt wurde. Von ihr ausgehend entwickelte sich die Emblematik der Neuzeit mit ihren zahlreichen Beispielen, die hinsichtlich ihres Formenrepertoires und ihrer Sinnfälligkeit starke Übereinstimmungen aufweisen. DieVorgehensweise der Emblematik unterscheidet sich von der frühen Ägyptologie, die sich um objektive Erkenntnisse bemüht.

Die Kenntnis der Renaissance über Hieroglyphenkunde begründet sich auf den Überlieferungen der griechischen Klassiker. Der authentische Sinn der Hieroglyphen galt in der Renaissance, also zu Beginn der Hieroglyphendeutung, als verloren. So fiel Kircher als Professor in Würzbuch das Buch eines Naturheilers namens Michele Marchati (1541-1593) mit dem Titel „Degli Obelischi di Roma" in die Hände, dessen hauptsächliche Aussage darin bestand, daß die exakte Hieroglyphenbedeutung verlorengegangen sei. Zu Beginn des 17. Jahrhunderts, im Zuge der entstehenden Sprachforschung, lenkten die Gelehrten, allen voran Kircher, ihr Augenmerk auf koptische Quellen, da die koptische Sprache für verwandt mit dem Ägyptischen gehalten wurde.[11]

Kircher sah sich mit seiner nunmehr wissenschaftlichen Arbeitsweise als „zweiter Oedipus", der das Rätsel der Sphinx, die Hieroglyphen, lösen wollte. 1633 machte er in Avignon die Bekanntschaft des Humanisten Peiresc d'Aix, der einige koptische Manuskripte besaß und von einer in Rom befindlichen Handschrift wußte, die Piero della Valle aus Ägypten mitgebracht hatte. Dieser Quelle, der sich Kircher nun in Rom widmete, wo er bis zu seinem Lebensende blieb, galten nun seine Forschungen, da er neben der sprachlichen auch eine geistige Übereinstimmung zwischen dieser Handschrift und der ägyptischen Sprache sah. In den folgenden Jahrzehnten entstanden von seiner Hand neun Bände über die Hieroglyphenforschung, die von einer Symbolschrift ausgeht, bei der, wie wir bereits gesehen haben, jedes Zeichen einen Begriff repräsentiert.

Weit vor dem Beginn der künstlerischen Ausbreitung der Hieroglyphik war Wissen über das antike Ägypten, die „Urheimat tiefster Gelehrsamkeit und mystischer Weisheit", von mittelalterlichen Autoren aufgegriffen worden. Man wußte von mehreren, sich unterscheidenden Schrifttypen, die die Ägypter gekannt und benutzt hatten. Isidor von Sevilla wies unter Angabe einer Notiz des Herodot auf zwei Sprachen hin, eine „heilige" und eine „gemeine".[12] Die wohl ausführlichsten Angaben zu den Schriftkategorien sind in einer von Volkmann zitierten Passage aus dem fünften Buch des Clemens Alexandrinus enthalten: „Die Ägypter lassen die, welche sie unterrichten, zuerst vor allem diejenige Schreibweise lernen, welche Bilderschrift genannt wird, darauf als zweite die hieratische, deren sich die Schreiber bedienen, zuletzt von allen die hieroglyphische. Der sinnbildlichen Weise aber bedienen sie sich, indem sie nach einer gewissen Anpassung Gegenstände auf etwas anderes anwenden und übertragen, bald sie vertauschen, bald sie umgestalten."[13] Zur zweiten Kategorie ist offenbar die von Herder beschriebene Hieroglyphe zu zählen. Die Unterscheidung zwischen Schriftarten, das heißt zwischen dem Gegenstand angeglichenen und vom Gegenstand entfernten oder unabhängigen Zeichen, entspricht alten Überlieferungen. Die geometrischen Grundformen wurden gerade im 18. und frühen 19. Jahrhundert als Bestand der frühesten Schriftentwicklung vermutet. Dies zeigen die Schriften Herders und die noch zu behandelnden Beiträge Kannes, Greuzers und Schlegels.

Überliefert ist auch die priesterliche Verwendung bestimmter Schrifttypen. Nach Clemens Alexandrinus war dies nicht die Bilderschrift. Eine andere, spätantike Quelle, eine Passage in den Saturnalien des Macrobius, ordnet im Gegensatz dazu ein „sinnbildliches Zeichen" etwas Heiligem zu (Buch I, Kapitel 19): „Wenn sie den Osiris, den sie mit dem Sol gleichstellen, mit hieroglyphischen Buchstaben zum Ausdruck bringen wollen, so meißeln sie ein Zepter ein und stellen darauf ein Auge dar."[14] Auf diesen „Buchstaben" bezieht sich die Emblematik des 17. Jahrhunderts. So schreibt S. J. Ménéstrier in „L'Art des Emblèmes", Lyon 1662, erstes Kapitel, die Malerei sei keine bloße Nachahmung der Natur. Nach einer Aufzählung änigmatischer Hieroglyphen schreibt er: „So stellten sie die göttliche Vorsehung durch einen Stab dar, auf dem sich ein Auge befand."[15] Die Hieroglyphen treten unterschiedslos auch in christlichem Zusammenhang in neuzeitlicher Kunst in Erscheinung. So zeigt eines der Reliefs des nach 1710 entstandenen Chorgestühls von Notre-Dame in Paris (Südseite) die Himmelskönigin nicht in herkömmlicher Marienikonographie, sondern mit Zepter, an dessen Spitze sich das göttliche Auge befindet.[16]

Das „sinnbildliche Zeichen" wäre, in die abstrakte, architektonische Form übertragen, ein Zylinder, auf dem eine Kugel ruht. Ein entsprechender Kontext erlaubt die Zuordnung der Form zu Gott (Osiris), wobei gleichzeitig eine Repräsentanz der Sonne vorliegen kann. Bei der Symbolbildung wurde neben dem Walten der Gottheit, wie in der von Volkmann herangezogenen, von dem Neuplatoniker Jamblichus verfaßten Schrift über die ägyptischen Mysterien, auch ein Zusammenhang mit der Natur des Universums gesehen.[17] Das 16. Jahrhundert nutzt die Möglichkeit der Zusammenfassung einer Gesamtheit von Begriffen durch einfachste Grundsymbole. In Kirchers Manuskript „Novum hoc inventum quo omnia mundi idiomata ad unum reducuntur" werden drei Grundsymbole, die die Welt in ihrer Gesamtheit, nämlich das Göttliche, das Himmlische und das Irdische umfassen, vorgestellt:

Divine (Dreieck) Coelum (Kreis mit Mittelpunkt) Elementaria (Quadrat)[18]

Leipniz machte sich diese einfachen Zeichen für ein eigenständiges Schriftsystem zunutze und entwickelte daraus auf arithmetischer Grundlag eine Schrift für eine Universalsprachen-Konzeption. Ebenso wie die Schrift sollte auch die künstliche Sprache gegenüber natürlichen Sprachen strikt grammatikalisch vereinfacht werden. Die Vereinfachung dieser Schrift bestand in der Verwendung geometrischer Elemente, nämlich Geraden, deren Größenverhältnisse einen sprachlichen Sinn ergeben sollten, und Kreisen, die zur Sinngebung weitere Kreise enthielten. Das System war an keine natürliche Sprache gebunden und hätte überall auf der Welt verstanden werden können.[19] (Abb. 7)

Abb.7: Leipniz, „De Formae Logicae comprobatione“ ▶

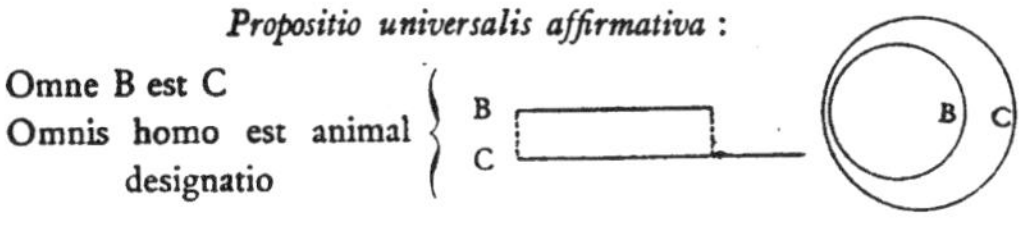

Während Leipniz über moderne Schriftsysteme spekulierte, jedoch keine Nachfolger fand, verfestigte sich in der Altertumsforschung des frühen 19. Jahrhunderts die Interpretation Herders von 1774 der Denkmäler als Überhöhung bestimmter Schriftzeichen. Ebenso vertiefte sich ein Bewußtsein hinsichtlich des Zwiespalts zwischen Kunst und Symbol. Ein Aufsatz von Bernhard Rupprecht widmete sich bereits diesem Thema.[20] Zunächst kommt hierin eine durch Herder achtzehn Jahre nach der Schrift „Älteste Urkunde des Menschengeschlechts“ verfaßte Bekräftigung einer Lehrmeinung zur Sprache, die den Zusammenhang zwischen Form und Symbol herstellt: „...ihre Götter entsprangen symbolischen Begriffen, die man auch in Denkmälern beibehielt, die aber deshalb die Kunst gewaltig einschränkten.“[21] Besonders in der griechischen Kultur sei die Entfaltung der „Kunst“ möglich gewesen, da sich hier im Gegensatz zu Ägypten die Kunst „ohne fremde Attribute, ohne Buchstaben der heiligen Sage“ ausdrückte“.[22]

Bernhard Rupprecht verdeutlichte in einem Aufsatz den Widerspruch zwischen „plastischem Ideal“ und „Symbol“, der in der Goethe-Zeit, insbesondere von Kanne, Greuzer und Schlegel, geäußert wurde. Der Aufsatz, der einen „letzten Ikonoklasmus“ feststellt, sieht einen Widerspruch zwischen Symbol und „sinnlicher Kunst“, der einen Konflikt zwischen autonomer und subjektivistischer Kunst und der historischen „sinnlichen Kunst“ heraufbeschwört.[23] Nach der Diskussion der Goethe-Zeit war die vollentwickelte Kunst, wie sie sich in Griechenland gebildet hatte, nicht befähigt, wahre Bedeutung hervorzubringen. Vielmehr hatten dies jene gestalterischen Formen geleistet, die die von Kanne beschriebene „Kinderwelt“ hervorgebracht hätten und insbesondere vom „Begriff der Gottheit“ durchdrungen gewesen seien.[24] Griechenland verließ nach der Meinung Kannes diese Kindlichkeit und drang „zu vollem Bewußtsein seiner Selbst vor“, so daß wir dort auch „keine Andacht und Religion“ mehr finden.[25] Kanne stellte eine Übereinstimmung in den frühen Kosmogonien fest, die darin bestand, daß das Göttliche bei der Schöpfung „Materie annahm“. Da Schöpfung als Wesensänderung des Göttlichen betrachtet wurde, war die Bildung des Kunstgegenstandes eine kultische Handlung, die in Analogie zum Schöpfungsakt stand: „Noch mit nichts mehr als mit dem Heiligen beschäftigt, übte sich spielend und ernst diese Kinderwelt, die Verwandlung des Urwesens, die Schöpfung der Dinge [...] in Gestalten darzustellen, und diese waren die ersten Hieroglyphenbilder. Das Urwesen selbst, sich in allgemeine Materie verkörpernd, bekam ein allgemeines Bild - den Lingamstein, den Kreis, das Dreieck, die in sich zurückkehrende Schlange [...]“[26] Die „Idee des Bildes“, also beispielsweise die Erinnerung an die Darstellung des Phallus durch den Lingamstein, war nicht zwingend für die „Göttlichkeit und Heiligkeit“ des Kultgegenstandes. Erhalten blieb das Bewußtsein des „Wilden“ hinsichtlich der Göttlichkeit des Gegenstandes, der sich jedoch nicht über die abbildende Qualität des Gegenstandes im Klaren war. Die Kultgegenstände wie etwa der Lingamstein erhielten keine kunstvolle Ausgestaltung „nicht aus Mangel an erster Bildnerkunst - denn welche bewundernswürdige Kunststücke macht mit den ärmsten Werkzeugen der Westindier“ – sondern aufgrund der unantastbaren Heiligkeit seiner Form.[27]

Kanne sah nicht nur, ganz in der Nachfolge Herders, eine Übereinstimmung zwischen Schrift und Götterbildern, sondern auch die Analogie zur Architektur. Die Architektur sei gebaute Hieroglyphe, wobei die Pyramide die Steigerung des Symbolcharakters und die Beschäftigung mit der Unendlichkeit bedeute: „Aber jene Kinderwelt schrieb nicht bloß Hieroglyphen und machte ihre Götter daraus, sondern baute sie auch [...] Fragt man nun, wozu Pyramiden? Die Ungeheuren mußten diesen Menschen noch ein zu kleines Bild sein von der Gottheit in der unendlichen Feuersäule.“[28] Ähnlich sind die Ausführungen Greuzers über die Frühzeit Griechenlands, über den Pelasgischen Urzustand.[29] Die Pelasger, so vermutete Greuzer, beteten „mit so dunkler Andacht zuvorderst Himmel und Erde“ an, was auch Platon von den ältesten Bewohnern von Hellas berichtet habe.[30] Greuzer berief sich auf nicht näher präzisierte christliche Quellen, wenn er annahm, daß es sich bei den griechischen Göttern um Repräsentanten von Gestirnen und Elementen handelte, also nicht um tatsächliche Personen.[31] Diese Voraussetzung führte zu Schlußfolgerungen mit Bezug zur Architektur. So vermutete Greuzer die modellhafte Darstellung des Weltgebäudes („Himmel und Erde“), was eine ganz und gar bildhafte Eigenschaft von Architektur bedeuten würde. Von „gebauten Hieroglyphen“, also nichtabbildenden Sinnträgern, ist hier nicht die Rede: „[...] so wäre es, meines Bedenkens des altertümlichen Denkens und Bildens ganz angemessen, wenn wir vermuten, dass auch jene primitive Architektur einen symbolischen Charakter gehabt, und dass jene Pelasgischen Baumeister in jenen Domen unter und über der Erde das Gewölbe des Himmels und vielleicht auch die Wölbung der Chthonischen Tiefe, den Schoos der Mutter Erde, haben nachahmen wollen [...]“.[32] Greuzer setzte also den symbolischen Charakter der frühgeschichtlichen Architektur mit darstellenden Eigenschaften gleich, das heißt, er trennt nicht wie Herder zwischen Denkmal und künstlerischer Abbildung. Dem von Rupprecht konstatierten „letzten Ikonoklasmus“ ist Greuzers Anschauung über den Kultbau offenbar nur entfernt oder gar nicht zuzuordnen.

Unter den Spekulationen über das „Symbolische“ nehmen diejenigen Schlegels eine besondere Stellung ein, da in ihnen nicht die Auslegung historischer Denkmäler, sondern die Definition eines neuen, auf Abstraktion gerichteten Kunstbegriffs angestrebt wird. Der „richtige Begriff von der Kunst“ sei die symbolische Bedeutung und Andeutung göttlicher Geheimnisse. Da dann alles übrige nur „Mittel, dienendes Glied und Buchstabe“ sei, könne absolute Originalität erreicht werden, mit deren Hilfe Hieroglyphen, „wahrhafte Sinnbilder“ geschaffen werden. Sie entstehen nicht etwa aus Naturabbildung, sondern, wie Schlegel erkennt, „mehr aus Naturgefühlen und Naturansichten oder Ahndungen“.[33] Auffällig sind die Ähnlichkeiten, die zwischen Interpretationen frühgeschichtlicher Kunst und den Ausblicken Schlegels bestehen. Sicherlich lassen sie eine umwälzende geistesgeschichtliche Situation erkennen, die das Architekturverständnis maßgeblich beeinflußte.

I.3. Jean-Louis Viel de Saint-Maux. Architektur und „le Poème parlant de «l'agriculture»“

Nahezu zeitgleich mit Herders „Älteste Urkunde des Menschengeschlechts“, nämlich ab 1779 und in Frankreich, war die Architektur des Altertums in inhaltlich überaus ähnlicher Weise als symbolischer Träger einer fundamentalen Bedeutung gedeutet worden. In den Architekturbriefen des Malers, Architekten und Architekturtheoretikers Jean-Louis Viel de Saint-Maux, der daneben noch das Amt eines „Avocat en Parlement" innehatte, wird die Interpretation einer symbolischen, dichterischen und emblematischen Qualität des griechisch-römischen Tempels sowie der Pyramide vorgelegt. Die nachdrücklich dargelegten Argumente werden hier bisweilen mit heftiger Kritik am Vitruvianismus verbunden.[1] Das Architekturtraktat Vitruvs hält Viel de Saint-Maux für widersprüchlich, obgleich er erkennt, welche große Wirkung es auf die Geschichte der Architektur ausübte.[2] Diese für ihn verheerende Wirkung bestand etwa darin, daß Architekturformen in Abhängigkeit von reproduzierenden Momenten, in Gleichsetzung von Architektur- und Naturform, insbesondere in dem, in seinem Augen überbewerteten Anthropomorphismus der Proportionen gesehen wurde. Diese Interpretation, die für Viel de Saint-Maux einen Irrtum des an Vitruv orientierten Architekturverständnisses der Neuzeit bedeutet, sieht er bis hin zu den zeitgenössischen Architekten verbreitet. Er beklagt die Entwicklungslehren, die von der Abbildung quasi beliebiger Naturformen zur Verschönerung und von menschlichen Maßverhältnissen ausgingen. Die Zeitgenossen hätten sie, wie Viel de Saint-Maux zu verstehen gibt, gewissermaßen als relevante Maßgaben seit dem Anbeginn des Bauens anerkannt. Denn sie, so meint er abfällig, die nichts anderes im Kopf gehabt hätten als die Maße von Palmen oder Füßen, hätten geglaubt, daß die Menschen der Antike, um die Stützen einer Hütte zu verschönern, kurzerhand den menschlichen Körper als Modell genommen hätten.[3]

In den Augen von Viel de Saint-Maux war es allein Delorme, der die „Heiligkeit" (sainteté) der Architektur vorangetrieben hat, doch der Tod des Architekten kam der Verwirklichung seiner Absichten zuvor.[4] Alberti dagegen trifft die härteste Kritik:..." in seiner Abhandlung über die Kunst des Bauens, in der er die Ethymologien über die Architektur sammelt, spricht er über den Tod der Ratten, das Geheimnis, Fieber zu heilen... mit einem Wort, seine Abhandlung ist eher etwas aus dem Karneval als ein Architekturbuch."[5]

Wie Herder es unternahm, so weist auch Viel de Saint-Maux Versuche zurück, die die Formen der Architektur mit einem mutmaßlichen Verwendungszweck in Verbindung bringen. So läßt er Rinderköpfe, die als Bildschmuck griechischer und römischer Tempel vorzufinden sind, nicht als Argumente dafür gelten, daß die Tempel als antike Opferstätten, als „heilige Schlachthäuser" („des boucheries sacrées"), wie er diese geringschätzig nennt, zu verstehen wären. Stattdessen weist er auf astronomische „Gegenstände" hin, die am selben Ort vorzufinden sind und denen er sehr viel mehr über den Sinn der Bauwerke entnimmt.[6] Die Darstellungen von Tieren dienen ihm als Hinweis darauf, daß die Architektur mit dem Ackerbau zusammenhing. Sie entstammen seiner Ansicht nach nicht dem Ritus des Schlacht- und Brandopfers, sondern sind Darstellungen „eines für die Arbeit nützlichen Tiers" („un animal utile au labourage").[7] Mit Arbeit ist hier eine heilige Handlung gemeint, wenn nämlich die Menschen ihre Felder bearbeiten und so in Kontakt mit den Naturkräften treten, von denen sie abhängen.

So hält Viel de Saint-Maux den Ackerbau („agriculture"), für den eigentlichen Anlaß zur Architektur und als Maßgabe für ihre Form, da diese Tätigkeit Konfrontation des Menschen mit den vergötterten Naturkräften bedeutet, die Lebensgrundlage und Lebensbedrohung zugleich sind. Aus dieser Konfrontation ergibt sich der Kult, dem die Tempel seiner Meinung nach geweiht sind. Der Architekt geht also von einer allgemein-religiösen Erfahrung als Grundlage für Kult und Tempelbau aus und übergeht Einflüsse entwickelter Religionen auf das Formenschaffen.[8] Solche entwickelten Religionen handelt er unter dem Begriff Götzendienst („l'idolâtrie") ab, und er lehnt eine Errichtung der Tempel zu Ehren von als Götter verehrten Menschen („des hommes déifiés) ab.[9] Die Künste, der Kult und der Ackerbau werden als untrennbare Einheiten betrachtet, die zu einem bestimmten Zeitpunkt von den urältesten Völkern hervorgebracht wurden. Die Griechen und Römer bewahrten dieses Erbe, dessen Wesenzüge von alters her festgelegt waren und sich nicht veränderten.[10]

Eine weitere Übereinstimmung mit Herder besteht in der in Brief II geäußerten Ansicht, daß in den antiken Bauformen eine Ähnlichkeit mit der Sprache zur Wiedergabe religiöser Vorstellungen bestand. Die Bauformen waren nicht „willkürliche Ornamente" („ornements arbitraires")[11], wie die Zeitgenossen der Neuzeit sie sahen, sondern sie sind in den Augen von Viel de Saint-Maux Bestandteile eines „sprechenden Gedichts" („le Poème parlant"), mit dessen Hilfe die Griechen und Römer religiöse Vorstellungen übermittelten. Zum Ausdruck gebracht wird durch sie die primitive Theogonie (die Lehre von der Abstammung der Götter) und Kosmogonie. Die Architektur der Antike wird in der Funktion von Allegorien oder Emblemen gesehen. Die Formen konnten daher in der Antike nicht mißverstanden werden.[12] An mehreren Stellen kommt der Charakter des Emblems zur Sprache, das sich auf den Ackerbau mit seiner kosmologischen Bedeutung bezog.[13] Als Grundlage dieser Symbolsprache nennt Viel de Saint-Maux die Durchdrungenheit des antiken Lebens mit Symbolen. Hierfür zählt er eine ganze Liste symbolischer Details auf, vom Kult und den Festen, Gebräuchen und Gegenständen des Lebens bis hin zu Kinderspielzeug und Dingen, die angeblich dieser symbolischen Kultur auf der Grundlage des Ackerbaus und der Fruchtbarkeit zuzuordnen sind.[14] Es wird nicht mit Metaphern für die Sprachähnlichkeit der antiken Architektur gespart. So nennt er die Denkmäler ein Buch, an dem man keinerlei Zweifel habe. Ihre Sprache würde eine fruchtbare Quelle der Lehre und des Vergnügens sein."[15] Er sieht sogar als zulässig an, die „Steine" als „Mütter der Wissenschaften und Künste" zu würdigen, da sie die ersten Hieroglyphen trugen, denen, seiner Meinung nach, die Ursprünge der Malerei und der Sprache zu verdanken sind.[16]

Einzelne Bauformen werden mit dieser der Antike unterstellten Naturreligion und ihrem Ursprung im Ackerbau in Verbindung gebracht. So konnte ein Gesims „die Geschichte von himmlischen Wohltaten und glücklichen Einflüssen der Sonne" auf die Fruchtbarkeit der Erde („l'histoire de bienfaits du Ciel & de heureuses influences du Soleil") wiedergeben. Die Menschen schufen diese „theologischen Bauwerke" („construction théologique"), um ihre Dankbarkeit auszudrücken. Überall entdecke man hier die großen Attribute der Göttlichkeit („les grands attributs de la Divinité").[17] Um seine These von der Agrikultur als Ursprung der Architektur zu stützen, weist Viel de Saint-Maux mehrfach auf die Existenz von Fruchtbarkeitssymbolen, insbesondere die der weiblichen Brust, hin. Die Triglyphen der dorischen Ordnung sieht er in Zusammenhang mit den drei Jahreszeiten „orientalischer Völker".[18]

Viel de Saint-Maux sieht nicht nur die religiösen Komponenten der Architektur, sondern ordnet sie auch der Physiologie der Erde und der Sonnenbahn zu. Er findet geographische Karten und Berichte über die Kulturen verschiedener Länder, die auf den Mauern der Tempel vermerkt gewesen sein sollen. Auch in diesem Zusammenhang lenkt er die Aufmerksamkeit auf den Ackerbau, wenn er diesen geographischen Zusammenhängen Informationen über Anbauarten der verschiedenen Regionen entnimmt.[19] Heilige Orte zeichnen sich für ihn dadurch aus, daß Abstände der Bauglieder und Bauten und sogar die Anzahl der zum Bauen verwendeten Steine kosmologischen Überlegungen folgen und der Zahl der Planeten, Monate des Jahres etc. entsprechen.[20]

Die auffälligste inhaltliche Parallele der Ausführungen Viel de Saint-Maux' und Herders besteht in der Feststellung der nicht mit den Mitteln der Darstellung zu erreichenden Repräsentanz des Göttlichen. Auch hier gelten die Grundformen als früheste Repräsentanten religiöser Inhalte. Erst in späterer Zeit etabliert sich das

Götterbild, nachdem einfachere Formen als hinreichende Attribute von Göttern oder des allgemein Göttlichen erschienen. Es erübrigt sich nahezu, auf die enge Übereinstimmung des folgenden Zitats mit den bereits zitierten Textpassagen von Herder hinzuweisen. Wir begegnen nämlich in der „göttlichen Flamme" einer fünften Variante der Pyramideninterpretation: „Tatsächlich, so sagen die Historiker, stellte die am weitesten zurückliegende Antike die Göttlichkeit und ihre Attribute nur durch unbehauene Steine dar, das heißt durch Steine ohne Skulpturen: die Form der Säule genügte, um mit Hilfe einiger Hieroglyphen die Wohltaten des Schöpfers zum Ausdruck zu bringen, Wohltaten, mit denen sie alles bezeichneten, was zur Fruchtbarkeit der Erde beiträgt. Ein Stein in Pyramidenform war das Emblem der göttlichen Flamme, wie dies Porphyrios beobachtet, und ein schwarzer Stein, so sagt er uns, drückte noch zu seiner Zeit aus, daß Natur und Göttlichkeit nicht von sinnlichem Sehen erfaßt werden."[21] Diesen Feststellungen folgen Zuordnungen verschiedener Grundformen, wie „der abgerundete Stein" („une pierre arrondie"), die Pyramide und die zylindrische Säule, zu verschiedenen Gottheiten, bis Viel de Saint-Maux dann nochmals bekräftigt, daß die steinernen Repräsentanten für Gottheiten ursprünglich „keinerlei Ähnlichkeit mit dem Menschengeschlecht hatten" („aucune resemblance avec l'espèce humaine") und „Töchter des Ackerbaus" („pierres qui étoient filles de l'Agriculture") waren. Als Abschluß der Säule begnügte man sich mit dem Kopf eines für die Arbeit nützlichen Tiers oder mit dem Himmelsglobus.[22] Die später diesen „Steinen" hinzugefügten ikonographischen Details sollten dem Vergessen entgegenwirken, wie Viel de Saint Maux zu verstehen gibt. Durch sie sollte der ursprüngliche kosmologische Inhalt „nicht aus den Augen verloren werden".[23]

I.4. Zusammenfassung. Architektur als Abbildung und Symbol im späten 18. Jahrhundert

Die Altertumsforschung des ausgehenden 18. und frühen 19. Jahrhunderts geht von einer schriftähnlichen Architektur aus, die bedeutungsvolle Zeichen architektonisiert (Hieroglyphe, Kubus, Kugel) und dadurch einen besonderen Sinn erhält. Dabei entsteht eine inhaltliche Qualität der Architektur durch tradierte Symbole, die starke Abweichungen oder Unabhängigkeit von den zu bezeichnenden Gegenständen aufweisen. Die Erkenntnis des Hieroglyphischen in der Architektur hat ein Bewußtsein von Begriff, Schrift und Architektur geschaffen. Zusammenhänge zwischen „Wissen“ und Form werden getrennt von Sublimierung, das heißt der künstlerischen Verarbeitung von Naturformen.

Die einfachen Hieroglyphen, von denen man annahm, daß sie auch gebaut wurden, werden für Symbole für die Gesamtheit der Welt, das heißt auch für Gott, Unendlichkeit und Ewigkeit, gehalten. Das Argument dafür ist die Annahme, daß die Kultur des frühgeschichtlichen Menschen ganz und gar von Religionen bestimmt war und die Zeichen mit Kulthandlungen zusammenhingen. Durch diese kultische Qualität des Schriftzeichens, das auf die Form des Gebäudes übertragen wurde, ergab sich der gewichtige Inhalt des Bauwerks.

Die Quellen lassen keinen Konsens darüber erkennen, ob das „Hieroglyphische“ Kunst sei oder nicht. Für Herder, Quatremère de Quincy und Kanne etwa entwickelte sich Kunst durch Sublimierung der Naturvorbilder. Schlegel hingegen sieht die eigentliche Kunst im „Hieroglyphischen“ aufgrund der Autonomie des Schaffenden und der „Andeutung göttlicher Geheimnisse“. Die Überwindung der vitruvianischen Entwicklungstheorie und das Bewußtsein hinsichtlich des Hieroglyphisch-Symbolischen führen jedoch zu einer Aufwertung von Architektur, die durch einfache geometrische Formen bestimmt wird. Das hat die Gegenüberstellung von Herder und Quatremère de Quincy gezeigt.

Die Aufwertung besteht in der Erkenntnis, daß die Formen wandlungsfähig sind und nicht im immer Gleichförmigen verharren müssen. Hierfür verwendet Herder den Begriff der „Dekomposition“, der sich bei der Formentwicklung auch auf anologe Inhalte bezieht. Die verbindende Eigenschaft wird in Herders Logik „Mittelbegriff“ genannt.

I.5.1. Boullée. Architektur, Welt und Unendlichkeit

Im ausgehenden 18. Jahrhundert, kurz nach der Entstehung von Herders „Älteste Urkunde des Menschengeschlechts“ und den Briefen von Viel de Saint-Maux, treten Merkmale in der französischen Revolutionsarchitektur auf, die Ähnlichkeiten oder Übereinstimmungen mit den Deutungen der Hieroglyphik aufweisen und eine emblematische Qualität von Architektur zur Geltung bringen. Auch wenn die Kunstgeschichtsforschung, wann immer sie an Idealen hängt, häufig weder mit diesen frühwissenschaftlichen Ergebnissen, noch mit deren Übertragung auf die Architektur gnädig umgegangen ist, ergaben sich aus diesem Zusammenspiel scharfsinnige Architekturkonzeptionen.[1]

In der Architekturtheorie von Etienne-Louis Boullée vollzieht sich eine Abgrenzung zu Vitruv als Neubesinnung, die die „Grundlagen" von Architektur zu erfassen sucht. Bei dieser Neuorientierung zur Wiedergewinnung des Ursprünglichen besteht zunächst die Bemühung um eine Definition von Architektur in der Abgrenzung zum bloßen Bauen, was ein Ansatz bestimmter Architekturbücher der Folgezeit bleiben sollte. Boullée teilt mit: „Reine Kunst mit Wissenschaft vereint, das ist es, was wir in der Architektur zu erkennen glauben. Die meisten Autoren, die über dieses Gebiet geschrieben haben, beschränkten sich auf den technischen Teil."[2] Später nimmt John Ruskin eine ähnliche Unterscheidung zur Festlegung von theoretischen Grundlagen vor. Ruskin spart bei seiner Anspielung nicht mit Sarkasmus: „Es ist notwendig, gleich am Anfang zwischen Baukunst und Bauen schlechthin zu unterscheiden [...] Durch den Hinzutritt der seelischen αεχη - indem Sinne wie Plato das Wort gebraucht - unterscheidet sich erst die Baukunst von einem Wespennest, einem Rattenloch oder einer Eisenbahnstation."[3] Albertis ehrerbietige Berufung auf das Vorbild der Natur wird von Ruskin ins Negative verkehrt. Über hundert Jahre nach Boullée reagiert noch William Richard Lethaby im Zusammenhang mit dem „Weltgebäude" in der Architektur („The World Fabric") offenbar unter dem Eindruck des in England manifestierten philosophischen Utilitarismus auf den Vitruvianismus: „Die Geschichte der Architektur, wie sie üblicherweise geschrieben wurde, mit ihrer Theorie von utilitaristischen Ursprüngen, von der Hütte und dem Tumulus und anderen ähnlichen Entwicklungen,[...], ist eher eine Geschichte des Bauens. Sie mag Architektur im so häufig gebrauchten Sinne des Worts behandeln, nicht aber die Architektur als Synthese der Schönen Künste und Zusammenwirken allen Handwerks."[4]

Boullée fordert einen Bezug zwischen kultischer Bedeutung des Gebäudes und architektonischem Ausdruck, als Absage an eine Architektur, die ihren Beginn in der Urbehausung gesehen hatte. Jene war durch reproduzierende Eigenschaften bestimmt, die sich aus den Bedürfnissen nach Schutz und Wohlbefinden ergaben. Nach Boullée entsteht Architektur nicht etwa durch Sublimierung der dadurch entstandenen Bauformen, sondern durch Eigenschaften, die Begriffe des Kults ihr verleihen. Obgleich Boullée die Schönheit der Kolonnade preist, geht er hart in seinen Überlegungen mit dem Invalidendom von Hardouin-Mansard ins Gericht und scheut sich nicht, die dortigen Lichtbedingungen zu kritisieren, obgleich dort die Kolonnade zu finden ist. Der Invalidendom erscheint ihm nicht geeignet, die Stimmung zu erzeugen, die für einen Kultraum wünschenswert wäre. Die Tendenz zum Klassizismus ändert nichts an dieser Ablehnung. Boullée vermißt die Beziehung zu seinen philosophischen Überlegungen, eine Möglichkeit zu finden, die Seele mit den gleichen Gefühlen zu erfüllen, die denen der religiösen Zeremonien entsprechen.[5] Übereinstimmungen mit den von Herder, Kanne, Schlegel und Viel de Saint-Maux beschriebenen Korrelationen von Kult und Kultstätte der Frühgeschichte scheinen auf der Hand zuliegen. Was aus der Distanz des Gelehrten konstatiert wurde, ist hier die Forderung eines Architekten nach architektektonischen Formen, die von Religion und Ritus durchdrungen sein sollen. Die sublime Reproduktion von Naturformen bleibt vernachlässigt.

Licht, Schatten und „Einfachheit der Massen“, die nach Überhöhung streben, erscheinen als Schlüsselbegriffe dieses neuartigen Architekturverständnisses. „Tellurische“ Begriffe reichen dem Architekten nicht aus, sein Projekt „Palast eines Herrschers“ zu charakterisieren, wobei er den Palast so anlegt, „als wäre er ein Teil des Himmels“.[6] Das gleiche gilt für den projektierten Justizpalast: „Ich errichtete ihn so, daß er wie ein Teil des Himmels erschien und im hellsten Licht erstrahlte...“[7] Der Architekt vereinfacht bei diesen Beispielen die Gliederung und verwendet bestimmte Bauformen ihrer Einfachheit wegen. Hierbei bekennt er sich zunächst zu griechischen Vorbildern.

Das Bauwerk wird als „Masse“ vor einer heroischen Landschaft und in strahlender Lichtsituation, also innerhalb einer dramatischen Gestaltung des Bildraums präsentiert. „Megalomanie“ ist der Begriff, den die Kunstwissenschaft für hypertrophe Maßstäbe, wie sie im Werk von Boullée auftauchen, gefunden hat.[8] Zur Fassade des Justizpalastes erklärt er: „Da es eine Tatsache ist, daß die majestätische Vornehmheit in der Einfachheit der Masse liegt, erlaubte ich mir keine Unterteilung der Fassade.“[9] Adolf Max Vogt wies darauf hin, daß die Bevorzugung der Geometrie nicht mehr mit den Argumenten von Jean-Nicolas-Louis Durand, dem Schüler von Boullée, übereinstimmte. Bei Durand war Sparsamkeit („économie“) im Vordergrund einer formalen Hierarchie gestanden, bei der der Einfachheit wegen das Quadrat gegenüber dem Rechteck und der Kreis gegenüber dem Quadrat bevorzugt worden war.[10]

In den Kenotaph-Projekten gewinnen hieroglyphische beziehungsweise emblematische Einflüsse durch die Anwendung strenger Geometrie an besonderer Gewichtung. Zunächst schafft Boullée einen neuen Begriff für abbildende Eigenschaften der Architektur. Er greift hierfür einen Streit Blondels und Perraults auf. Perrault, der Erbauer der Louvre-Kolonnaden, leugnete, so Boullée, daß die Architektur aus der Natur hervorgehe; er habe sie eine phantastische Kunst und reine Erfindung genannt.[11] Boullée schloß sich der Meinung Blondels an und erklärte seine Überzeugung, es gebe keine Vorstellung, deren Ursprung nicht in der Natur liege.[12] So konnte die Ablehnung von Architektur als reiner Erfindung in Boullées Projekten zu einer Betonung darstellerischer Formen führen. Die sich gegenüber dem Barock veränderten Verhältnisse zwischen Architektur und Natur erforderten allerdings zunächst das Verschwinden der Personen aus der Heilsgeschichte im Raumprogramm.[13] Ein Projekt von Boullée, die „Métropole", ist aber noch mit barocken Raumschöpfungen vergleichbar, insbesondere durch die Art der Kuppelgestaltung als illusionistisches Abbild des Himmels.[14] (Abb. 9) Der Querschnitt zeigt eine Tambourkuppel, deren Gliederung durch Wolkenformationen überdeckt wird. Wie bereits erwähnt, ist die überirdische Zone ein Betäti-

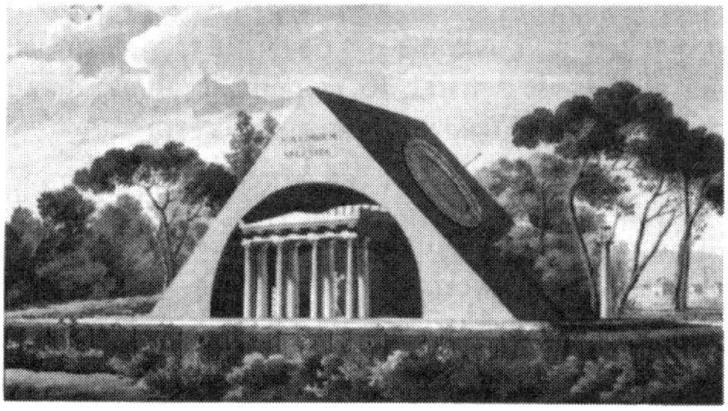

◄Abb. 8: Peter Speth, Entwurf für ein Totendenkmal

▼Abb. 9: Etienne-Louis Boullée, „Métropole"

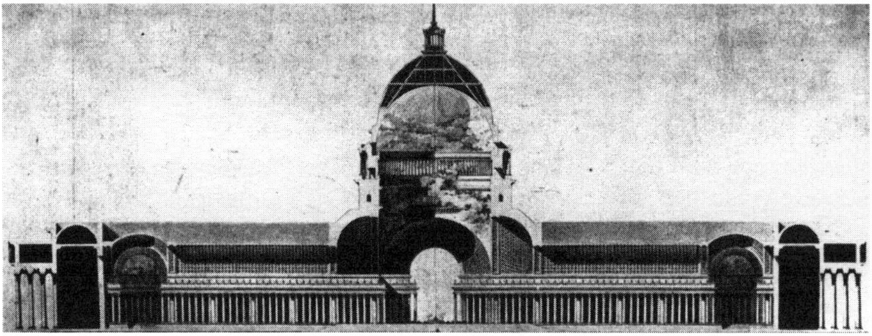

gungsfeld der Deckenmalerei in zahlreichen Beispielen. Die himmlische Offenbarung, die die barocke Deckenmalerei evoziert, ist allerdings nicht länger Teil dieser Konzeption.

Während sich Boullée mit der „Métropole", was den Abbildungscharakter betrifft, nicht prinzipiell von barocken Vorbilder unterscheidet und dieses Projekt im Zusammenhang mit dem „Weltgebäude" eine untergeordnete Rolle spielt, ist das hierfür wichtigste Themenfeld Boullées Äußerungen und Zeichnungen zu den Kenotaphen. In den Augen Boullées eignete sich weder die christlich mittelalterliche noch die neuzeitliche Architekturtradition für die würdevolle Aufgabe der Grabmonumente. Er suchte nach seinen eigenen Äußerungen, „nach einem Projekt, das aus der Wirkung der Schatten entstehen würde".[15] Hierfür zieht er statt der zuvor gepriesenen Kolonnade den Charakter der „Unveränderlichkeit" ägyptischer Architektur vor, deren Pyramiden ihm das, wie er meint, „triste Bild kahler Berge" bieten, das heißt, ein in seinen Augen angemessenes Erscheinungsbild für Grabmäler.[16] Boullée machte sich den kurz zuvor von Herder ähnlich beschriebenen Charakter von Unveränderlichkeit und Denkmalhaftigkeit ägyptischer Architektur zunutze.

Wir begegnen einer traditionellen Charakterisierung der Pyramide, die die Deutungen der Emblematik lange zuvor vorgelegt hatten. Viel früher war die Pyramide ein Sinnbild der Unzerstörbarkeit. In Pierio Valerianos „Hieroglyphica" (1477) ist im 41.Buch eine Pyramide auf einem Amboß dargestellt.[17] Eine unsichtbare Hand führt den Hammer zu ihrer Spitze. Das Sinnbild trägt den Titel „Inexpugnabilis". Die Schlichtheit kahler geometrischer Körper erschien als geeignetes Sinnbild für unveränderliches Fortbestehen und Unzerstörbarkeit. So ist die Pyramide als Grabmonument als Symbol für ewige Dauer, die Überwindung der Vergänglichkeit zu verstehen. Das frühe Erscheinen der Pyramide in diesem Sinnzusammenhang erklärt ihr Auftreten im Renaissancegrabmahl. So enthält bereits Raffaels Chigi-Kapelle von S. Maria del Populo eine Pyramide aus farbigem Marmor als Grabmahl.

Boullée führte die Form in seinen Projekten auf den großangelegten Kenotaph zurück. Aufgrund der Wirkung architektonischer Massen, die Boullée gegenüber gegliederten Flächen bevorzugte, konnte in diesen Projekten der Grabdenkmäler die Pyramide im kegelförmigen Bau eine Alternative finden.[18] Wie der Newton-Kenotaph zeigt, sind diese beiden artverwandten Formen jedoch durch andere Formen ersetzbar. Für den Bautyp bleibt gleichwohl der emblematische Gesichtspunkt, eine Konzentration auf den symbolischen Gehalt durch einfache Geometrie, als neues Ausdrucksmittel von Architektur der bestimmende Faktor. Im Newton-Kenotaph erfolgte diese Konzentration durch den kugelförmigen Entwurf. (Abb. 10, 11) Vogt leitete diesen vom europäischen Kuppelbau ab, von St. Peter und alternativ dazu vom Pantheon als dessen paradigmatischen Vorbildern, als deren Weiterentwicklung der Kugelbau dann zu gelten hätte.[19] Es muß fragwürdig erscheinen, daß der halbkreisförmige Kuppelbau noch im späten 18. Jahrhundert unbedingt auf das Pantheon zurückweisen soll. Ebensogut könnte man annehmen, daß Boullées Newton-Kenotaph Vorstellungen des 18. Jahrhunderts über ägyptische Baukunst und Astronomie widerspiegelt. Terrassons Roman „Sethos", der vor der Mitte des Jahrhunderts entstand, enthält eine ausführliche Beschreibung des Observatoriums von Theben, ein Bauwerk, das mit zwei halbkreisförmigen Kuppeln über Türmen zur Darstellung des Firmaments ausgestattet gewesen sein soll. Eine dieser Kuppeln war mit den „sechs nördlichen Zeichen" und die andere mit den „mittägigen Zeichen" versehen. Kuppelbauten als monumentale Sternenkarten konnten im 18. Jahrhundert direkt auf die Architektur des „Mutterlands der Wissenschaften" zurückgeführt werden. Der Newton-Kenotaph als Übertragung von Himmelsgloben auf die Maßstäbe der Architektur entspricht den Beschreibungen Terrassons, der einen Vergleich zwischen Himmelskarte und Kuppelbau zieht. Zunächst rühmt Terrasson die Ägypter als Entdecker der geo- und heliozentrischen Weltsysteme.[20] Dann beschreibt er die Erstellung von Himmelskarten in zwei Gewölben im Observatorium von Theben. In jeweils einem Turm „gegen Abend" und „gegen Morgen" seien die Gestirne der beiden Halbkugeln wiedergegeben gewesen: „Die sphärischen Zirkel waren hier gezogen wie auf unseren Himmelskugeln; und alle Fixsterne waren daran nach ihren Größen und wechselseitigen Entfernungen bemerkt."[21] Sethos ist darüber erstaunt, daß ihm die Darstellung des Himmels größer erscheint als der natürliche Sternenhimmel. Die „Einbildungskräfte" und die Unzahl der Sterne vergrößerten den Raum. Es ergebe sich dadurch ein „Streit" zwischen Auge und „Einbildungskraft".[22] 120 Fuß ist die Entfernung, die Sethos als Grenze annimmt, ab der „gewöhnliche Augen anfangen, von den natürlichen Weiten und Größen der Körper nicht urtheilen zu können". Boullée sieht für den Newton-Kenotaph eine Höhe von mehr als 150 Metern vor.[23]

Auch Boullée intendierte ein wissenschaftliches Modell, das gleichzeitig dem Auge den Eindruck unermeßlicher Größe vermitteln sollte, was durch die immensen Dimensionen sicher erreicht worden wäre..[24] Die Tatsache, daß die Hemi-

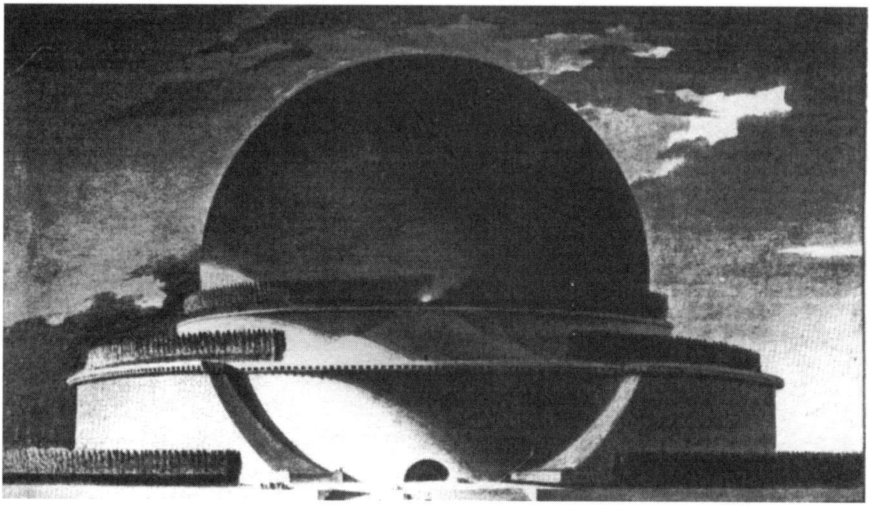

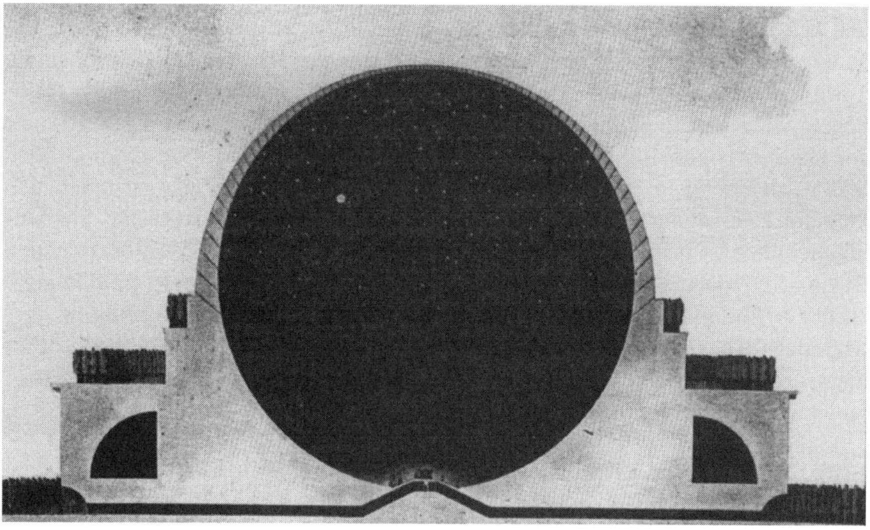

Abb. 10,11: „Newton-Denkmal“, Außenansicht und Querschnitt

sphäre durch die volle Kugel ersetzt wird, bedeutet die Preisgabe einer Analogie, nämlich derjenigen, die durch Simulation des natürlichen Betrachterstandpunktes, den der Mensch der Erde gegenüber einnimmt, erreicht wird. Traditionelle Kirchenräume hatten die Welt in Analogie zur alltäglichen Erfahrung abgebildet. Im Newton-Kenotaph ist die Hemisphäre des Firmaments, die der Mensch von der Erde aus erblickt, durch das Bild des vollen Sternenhimmels mit beiden Halbkugeln ersetzt, was der Alltagserfahrung von Welt widerspricht. Vielmehr ist der volle Himmelsglobus auf den architektonischen Körper übertragen. Der Betrachterstandpunkt ist nicht mehr der Erfahrung des Individuums angepaßt, sondern die Betrachtung erfolgt aus der Distanz des Wissens, die sich aus forschender Welterkenntnis ergibt.

Fragwürdig ist weiterhin, ob der Kugelbau überhaupt von Kuppelarchitektur abgeleitet wurde, zumal die Hemisphäre nicht zwingend für die Kuppelform ist. Als formales Ausgangsmaterial erscheint die emblematische Verwertung der Kugel mit Unterbau mindesten ebenso möglich. Sie wäre dann erstmals durch Boullée auf Architektur übertragen worden, so wie Goethe sie auf die Skulptur übertragen hatte. Während Goethe jedoch für das Weimarer Denkmal die bloße Grundform der Herme wiedergibt, greift Boullée gestalterisch in den Unterbau ein und entwirft ihn aus zylindrischen Trommeln. Als schöpferischer Architekt „dekomponiert“ Boullée das Ausgangsmaterial Herme und Stab mit Kugel. Beide gelten im 18. Jahrhundert als Welt- und Gottsymbole.

So verwundert es nicht, wenn Boullée in seiner Anrufung Newtons, den Kenotaph als Evokation der Weltgestalt, als Modell der Erkenntnisse des Widmungsträgers vorstellt. In der Nachtversion des Kenotaphs wird die Darstellung des Sternenhimmels durch kleine Öffnungen im Kugelbau als einzige Lichtquellen erzeugt, welche das natürliche Tageslicht als Abbild leuchtender Sterne des nächtlichen Himmels in den dunklen Raum eindringen lassen. Boullée persönlich wies darauf hin, daß dieses Verfahren von ihm entlehnt wurde: „Wird mir jemand einwerfen, daß man schon ähnliche Dinge gesehen habe? Wird man mir als Beispiel Orte zitieren, die durch Löcher [von oben] beleuchtet sind? Ich weiß das wie jedermann. Aber was für ein Bild bieten diese Orte? Ich beanspruche in der Tat nicht die Mittel, sondern das Resultat.“[25] Die Architektur erlangt dadurch die Qualität der Naturabbildung, die sich Boullée zum Ziel gesetzt hatte.[26] Die Himmelsmechanik, die Newton durch seine Forschung durchdrungen hatte, veranlassen Boullée, das Projekt auf die Erkenntnis und das Genie Newtons zu beziehen: „O Newton! Wenn Du durch das Ausmaß Deiner Erkenntnisse und Dein erhabenes Genie die Gestalt der Erde bestimmt hast, so habe ich das Projekt entworfen, Dich mit Deiner Entdeckung zu umhüllen, Dich gewissermaßen mit Dir selbst zu umhüllen."[27]

So umwälzend die Idee des Kugelbaus auch sein mag, der Gedanke, das Gewölbe als Bild auszuarbeiten, wurde durch mittelalterliche und neuzeitliche Architektur vorweggenommen.[28] Trotz der Verlagerung weg von der Alltagserfahrung und der Projizierung heilsgeschichtlicher Offenbarung hin zum wissenschaftlichen Modell, und obgleich sich künstlerische Mittel gewandelt haben, besteht nach wie vor das Prinzip, den Sternenhimmel als sinnlich wahrnehmbares Bild wiederzugeben. Es ist daher zu fragen, ob die Architekturschöpfung durch die Beschreibung des bloßen Abbildungscharakters hinreichend erklärt werden kann. Wie die Nachtversion des Newton-Kenotaphs zeigt, wird architektonische Ausdrucksfähigkeit in dreierlei Hinsicht angestrebt. Das zeitgenössische Bewußtsein von der Hieroglyphe wird durch Herders, Kannes, Schlegels und Viel de Saint-Maux' Unterscheidungen zwischen Denkmal und sinnlicher Kunst verständlich.

1. Der Innenraum erhält durch das Sternengewölbe einen bildhaften Charakter.

2. Boullée wählt trommelförmige Körper für die Sockelzone des Kugelbaus, so daß wir eine abgewandelte Kombination eines Zylinders mit darauf ruhender Kugel vor uns haben. Bei der aus einfachsten Gliedern zusammengesetzten Ansicht, die er bestimmten Inhalten zuordnet, folgt der Architekt alten Schemata der emblematischen Tradition. Mit anderen Worten, es ist anzunehmen, daß Boullée das emblematische Formverständnis bei der Verwendung von Zylinder und Kugel miteinkalkuliert. Dann setzt er die Formen ihrem traditionellem Verständnis gemäß als Zeichen für die Welt und für Gott ein. Es ist im Kontext auch nicht auszuschließen, daß durch den generell runden Grundriß so etwas wie eine Planetenbahn oder Rotationskurve angedeutet werden soll.

3. Die als ideal empfundenen Eigenschaften der Kugel werden als Möglichkeit zur metaphysischen Erkenntnis genutzt.

Die Leistung der Architekturkonzeption geht also über eine rein darstellerische Präsentation des sternenbesetzten Firmaments hinaus, die sich in einem herkömmlich gewölbten Raum ebenso verwirklichen ließe. Die Kugel galt bereits bei Palladio als ideal, da sie weder „Anfang noch Ende" besitzt und bei gegebener Oberfläche den größten Rauminhalt besitzt, beziehungsweise bei gegebenem Inhalt die kleinste Oberfläche.[29] In seinen Äußerungen hebt Boullée die Kugel mehr als einmal als Idealform hervor, da sie die äußerste Regelmäßigkeit unter den geometrischen Körpern besitzt. Durch ihre Eigenschaften besitzt sie, „einmalige Vorzüge, die auf unsere Sinne eine unbegrenzte Macht ausüben".[30] Die Kugel und die Demonstration ihrer Eigenschaften mögen dazu führen, daß durch ihren architektonischen Zusammenhang im Menschen die Ahnung von der Unendlichkeit des Mikrokosmos und Makrokosmos aufsteigt, von Größenordnungen, die die menschliche Vorstellungskraft übersteigen.

Die eigenständige Leistung der Raumkonzeption für die Version mit dem Sternenhimmel besteht darin, daß aufgrund der Kugelform der Standpunkt der sich im Innern aufhaltenden Person eingeschränkt ist. In allen übrigen vergleichbaren Projekten wurde Raumnutzung durch die Unterteilung des Kugelbaus in zwei Geschosse erreicht. Die Flächennutzung des Newton-Kenotaphs von Boullée ist jedoch auf das „Gravitationzentrum", das gerade Raum für den Sarkophag und wenige umstehende Personen bietet, beschränkt. Bei der Tagversion ist die Plattform im Innenraum etwa doppelt so groß.[31]

Der Sinn der Architektur des Newton-Kenotaphs ist nicht zu verwechseln mit dem Zweck irgendeines Gebäudes. Die Architektur ist, wie etwa ein Mahnmal, ausschließlich geistigen Bedürfnissen angepaßt. Sofern der Interpret Boullées Äußerungen ernst nimmt und er sich auf die Architektur einzulassen bereit ist, mag er komplexen Analogiebildungen näherkommen. Der 150 Meter hoch geplante Kugelbau ist, wie der Querschnitt zeigt, bis auf einen kleinen Bereich ebenso wie der unendliche Raum des Kosmos unerschließbar. In Verbindung mit der Idealform der Kugel ohne Anfang und Ende mag so eine Ahnung von der Unendlichkeit vermittelt werden. Der Mensch im Innern wird vom Gravitationszentrum, der kleinsten Einheit des Baukörpers, einem Punkt auf der Kugeloberfläche unter unendlich vielen, angezogen und ist an dieses gebunden. Wir erinnern uns an die Ausführungen Herders über den Kreismittelpunkt und die Pyramidenspitze („Eins"), die Gott repräsentiert. Wie der Querschnitt des Newton-Kenotaphs zeigt, führt unter der Kugel ein Laufgang quer durch die volle Breite des Unterbaus. In der Mitte steigt dieser beidseitig zum Sarkophag hinauf. Der Sarkophag befindet sich also genau an der Spitze eines Dreiecks, das durch den Laufgang gebildet wird. Möglichweise waren analoge Laufgänge auch in Längsrichtung vorgesehen, so daß die nach oben führenden Treppen eine Pyramide andeuteten. Diese Anspielung ist sicherlich kein Zufall, sondern als eine Symbolik zu verstehen, die von der zeitgenössischen Interpretation der Pyramide als symbolischer

Form herrührt. Der Stellplatz des Sarkophags ist also mit allen zur Verfügung stehenden Mitteln der Architektur hervorgehoben, welche etwas über die Göttlichkeit des Widmungsträgers auszudrücken vermögen.

Der architektonische Naturbegriff wird vom Bewußtsein der Unbegrenztheit des Kosmos und der Begrenztheit des Menschen und von dem Wunsch, diese Begrenztheit zu überwinden, erfaßt. Diese komplexe Wirkung wäre durch die Darstellung des Sternenhimmels allein, also durch bloße Naturabbildung, nicht zu verwirklichen. Boullée gelingt jedoch mit Hilfe der Kugelkonzeption eine Architektur, die eine sinngeladene Verbindung der Prinzipien von Darstellung, Denkmal und Sinnbild in perfekter Schlüssigkeit herstellt. Es handelt sich um eine Schöpfung, die Herders Begriff eines „Forsch-Zeit-Zahl-Welt-Denkmals“ und den Postulaten von Viel de Saint-Maux, die sogar als direkte Quelle von Boullée in Betracht zu ziehen sind, entsprochen hätte.[32] Architektur, die bestimmte Vorstellungen repräsentiert und diese in manchen Fällen durch Bildelemente verdeutlicht, kann mit dem Abbildungsbegriff allein nicht beschrieben werden.

Die Erfahrung von Unendlichkeit, die sich in der Konfrontation mit Raumschöpfungen einstellen soll, ist, den Äußerungen Boullées zufolge, religiöser Art. Er beschreibt eine durch seine Architektur ermöglichte geistige Überwindung der endlichen Welt: „Im Kenotaph für Newton versuchte ich das großartigste aller Bilder, das der Unendlichkeit zu verwirklichen; durch dieses Bild erhebt sich unser Geist zur mystischen Betrachtung des Schöpfers, und wir verspüren den Hauch himmlischer Empfindungen...“[33]

I.5.2. Formale Eigenschaften des Architekturbildes von Boullée. Modus der Verewigung im Vergleich zum Grabmalprojekt von Pierre Marin Giraud

Abschließend seien die formalen Charakteristika des Newton-Kenotaphs zur Vergegenwärtigung für die weiteren Kapitel zusammengefaßt: Boullées Entwurf ist die pathetische Präsentation eines gewaltigen Kugelbaus inmitten einer heroischen Landschaft, zu dessen strenger geometrischer Form keinerlei Gliederungselemente hinzutreten. Der mächtige Ring, der die Kugel in der Sockelzone wie eine Planetenbahn umgibt, ist in die kosmologische Idee des Baus eingebunden.

Der Charakter von monumentaler Regelmäßigkeit und hypertropher Größe wird durch den Darstellungsmodus der Architekturzeichnungen unterstrichen. Diese unterscheiden sich stark von der bloßen Anlage eines Plans, der die Beschaffenheit des Gebäudes für die Ausführung wiedergibt. Vor heroischer Landschaft, die einem Historienbild angemessen wäre, inszeniert Boullée seine Architekturidee frontal in Zentralperspektive und schafft somit eine Bildwirkung, die die Macht des spiegelgleichen Aufbaus unterstreicht. Boullée gelingt eine Überhöhung stereometrischer Elementarformen, die weit über den rein funktionalen und ästhetischen Wert von Architektur hinausweisen sollen. Der Newton-Kenotaph in der Nachtversion ist nicht nur vordergründig abbildend, sondern versucht, das Dargestellte mit den Mitteln der Emblematik und der kalkulierten Struktur erlebbar zu machen. Diese Mittel dienen dazu, eine kontemplative oder religiöse Erfahrung und eine Ahnung von der Unendlichkeit des Weltganzen zu vermitteln. Die Architektur als Möglichkeit, Erfahrungen über Grenzen der endlichen Welt hinaus auszudehnen, weist weit in die Moderne voraus, etwa zum Kirchenbau von Rudolf Schwarz.

Zweifellos zeigen die Projekte von Boullée, ebenso wie Herders und Viel de Saint-Maux Abhandlungen, Begeisterung für die Rätsel frühgeschichtlicher Symbolik. Herder wollte diese Begeisterung bei seinen Zeitgenossen wachrufen und stand dem Pathos der Architekten in nichts nach, während er ihnen zurief: „Nehmt das Moos der Jahrhunderte ab von diesen Trümmern und Resten: ein heiliger Schauer wird euch durchwehn: „hier weht Zeichengeist! hier weben symbolische Kräfte!“ Für uns ein Urland der Charakteristik des sinnlichen menschlichen Geistes.“[1]

Boullée will nicht „ägyptischer“ sein als die Vorbilder, sondern überträgt Zeichen, einfache Symbole, auf riesenhafte architektonische Formen und nutzt konzeptionelle Vorzüge der Form im Sinne des Inhalts aus. Ewigkeit und Unendlichkeit werden evoziert. Diese Evokation findet ihr Gegenbeispiel in den Ideen des Revolutionsarchitekten Pierre Marin Giraud (1744-1814), denenzufolge die Toten nicht durch Vergegenwärtigung, sondern durch das Grabmahl in seiner materiellen Substanz verewigt werden sollen. Durch das Verfahren der „Vitrification“ sollte aus den sterblichen Überresten der Verstorbenen eine glasartige Masse gewonnen werden, die Giraud als Baumaterial verwenden wollte. Je nach Bedarf und finanziellen Möglichkeiten konnten, statt einer Bestattung in einem monumentalen Massengrab, aus der so gewonnenen Substanz auch Amulette mit dem Porträt der Verstorbenen angefertigt werden.[2] Giraud bezieht sich hierin auf eine

Beschreibung des deutschen Kameralisten, Alchimisten, Schulreformers und Erfinders Johann Joachim Becher und dessen Hinweise zur Vitrifikation menschlicher Gebeine in der 1669 in München entstandenen Abhandlung „Physica subterranea“.[3]

Terrasson hatte in seinem Roman „Sethos“ Ägypten das Mutterland der Substanzen genannt. Dort hatte man Kenntnis über „alle Gattungen von Verhärtungen, Verdickungen und Kristallisation“. Gleich zu Beginn des Romans wird eine ausführliche Schilderung des Totenkults vorgelegt.[4] Es scheint, als ob dieser Totenkult durch Girauds moderne Form der materiellen Konservierung noch übertroffen werden sollte.

II. Kosmologische Architektur in Symbolismus und Arts-and-Crafts-Bewegung

II.1.1. Albert Trachsel. Dichterische und zeremonielle Architekturvision. Synästhesie und „wahre Feste“

Die Anwendung einfacher Zeichen in architektonischen Systemen wiederholte sich im ausgehenden 19. Jahrhundert im Umfeld des Symbolismus und der Arts-and-Crafts-Bewegung. Grundzüge von Theorie und Entwurf im Werk von Boullée stimmen in dieser Hinsicht auffällig mit Intentionen späterer Architekten, insbesondere denen des Schweizers Albert Trachsel überein. Der Newton-Kenotaph von Boullée erscheint in diesem Zusammenhang als besonders richtungsweisend. Im Verfahren, architektonische Grundformen im Sinne inhaltlicher Mitteilung auf Architektur zu übertragen, zeichnete sich neben Trachsel im Vorfeld von Jugendstil und Moderne insbesondere der Engländer William Richard Lethaby aus. Albert Trachsel, der im Pariser Symbolisten-Umkreis wirkte, brachte seine symbolistischen Architekturideen zwar kaum zur Ausführung, doch schuf er das umfangreiche und systematisch zusammenhängende Werk eines völlig ungewöhnlichen Architekturalbums. Lethaby, der der englischen Arts-and-Crafts-Bewegung angehörte, suchte Distanz zu historischer Architektur, doch hinterließen Forschungen über kosmologische Architekturkonzeptionen Spuren in seinen eigenen Werken. Inhaltliche Momente von Architektur wurden nicht etwa durch dekorative und ikonographische Mittel, sondern durch die Verwendung signifikanter Elementarformen historischen Bauens angestrebt. Die sich stets erweiternde Kenntnis des 19. Jahrhunderts über mesopotamische und mesoamerikanische Baukunst und ihre Übereinstimmungen begünstigte die Zusammenschau architektonischer Grundformen der Frühzeit. Grundsätze dieser Zusammenschau wirkten bis zum deutschen Expressionismus nach.

Nach Herders und Viel de Saint-Maux' Interpretationen und den Projekten der Revolutionsarchitektur verstrichen somit über hundert Jahre, bis geometrische Prinzipien in analoger Deutung wieder nennenswert in Erscheinung traten. Im Umkreis des Pariser „Salon de la Rose-Croix“ wurde durch den Schweizer Architekten Albert Trachsel (1863-1929) der Zusammenhang zwischen architektonischer Form und kosmologischer Bedeutung aufgegriffen und systematisiert. Entlehnte Formen und deren Inhalte wurden mit aktuellen Vorstellungen und Ideen verbunden. Die Altertumsforschung des 18. und frühen 19. Jahrhunderts, welche Formen ohne Abbildungswert oder Formvereinfachungen von künstlerischer Sublimierung trennt, bietet interpretatorische Anhaltspunkte für diese systematische Verwertung, die als Beitrag zum Pariser Symbolismus entwickelt wurde.[1]

Die Verwandtschaft der Entwürfe Trachsels mit der Revolutionsarchitektur ist erstaunlich, da die Kunstgeschichtsforschung annehmen muß, daß entsprechende Zeugnisse zur Zeit Trachsels noch verschollen waren.[2] Wahrscheinlicher als eine direkte Abhängigkeit Trachsels von der Revolutionsarchitektur ist eine gemeinsame Quelle abendländischer Kunstgeschichte, die von jeher verfügbar war: die Emblematik und die Symbolforschung. Frühgeschichtliche Formen boten die Grundlage, symbolistischen Ideen durch Architektur Ausdruck zu verleihen. Wiederum bilden die auf Kubus oder Zylinder ruhende Kugel (Herme, Stab mit Auge) und pyramidale Formen dafür die Grundlage. Herder hatte treffende Begriffe vorgelegt, die sich auf die Bildung von Architektur auf dieser Grundlage anwenden lassen. Auch Trachsel entwickelte mannigfaltige Architekturgebilde durch „Dekomposition" des geometrischen Ausgangsmaterials. Er wendete die Formen vielfältig und weitreichend an, als ginge es darum, ihre unerschöpflichen Möglichkeiten zu demonstrieren.

In Trachsels architektonischem Werk ragt das Architekturalbum „Les Fêtes réelles" heraus, das fünfzig farbig angelegte Architekturentwürfe enthält. Die Alben „Le Chant de l'Océan" und „Apparition", mit denen sich der Künstler dem Pariser Publikum als Maler vorstellte, ergänzen die Ideenwelt Trachsels der achziger und neunziger Jahre. Angesichts der breitgefächerten Begabungen Trachsels, die sich in Architektur, Malerei und Dichtung entfalteten, verwundert es nicht, daß sich Einflüsse aus Schwesterkünsten in seinem architektonischen Schaffen bemerkbar machten. Die Verbindungen zum Pariser Symbolisten-Umkreis scheinen für Trachsels künstlerische Absichten ausschlaggebend gewesen zu sein. Die „Fêtes réelles" sind in ihrer Art einzigartig. Innerhalb des Pariser Symbolisten-Umkreises fand keine Wiederholung dieser Manifestation symbolistischer Ideen in der Architektur statt. Der Einfluß der Fin-de-Siècle-Kunst auf die Architektur blieb beschränkt.

Trachsel schloß sich 1889 dem Pariser Symbolistenkreis an, als dieser sich in seiner Hochphase befand. Er machte eigenen Angaben zufolge die Bekanntschaft der Schriftsteller Stuart Merrill, Moréas, Verlaine, Charles Maurice, Retté, Dubus und anderen dieses Kreises. Schon vier Jahre zuvor hatte Trachsel mit dem ersten Teil seines dreiteiligen imaginären Albums „Le Poème" begonnen, aus dem er 1891 in der Ausstellung der „Artistes Indépendants" ausstellte. In den Ausstellungen der „Indépendants“ und beim ersten Rosenkreuzer-Salon im Jahre 1892 war er zumeist mit Architekturvisionen vertreten.[3]

Wie die Kunstwissenschaft immer wieder feststellte, ist der Symbolismus nicht als eine abgeschlossene Epoche des 19. Jahrhunderts oder als einheitliches Gebilde zu betrachten. Stilistische Übereinstimmungen oder eine einheitliche, auf den Stil bezogene Ästhetik, wie sie beispielsweise im zeitgleichen Impressionismus feststellbar sind, bestehen in der symbolistischen Kunst nicht. Übereinstimmungen liegen in der im Werk enthaltenen Mitteilung über Weltanschauungen oder Seelenzustände, die wiederum sehr unterschiedlicher Art und sogar konträr sein können.[4] Künstlerische Mittel und Einflüsse waren daher vielfältig. Fernand Khnopff und James Ensor oder Odilon Redon und Carlos Schwabe, um gegensätzliche Paare in der Malerei des Pariser und belgischen Symbolismus herauszugreifen, verbinden trotz sehr unterschiedlicher darstellerischer Auffassung die Eigenschaften des Traumhaften, Visionären, Morbiden, Okkulten, etc., die eine Zuordnung zum Symbolismus erlauben. In der symbolistischen Kunst können daher bekannte Formen, Symbole und Mythen aus der Vergangenheit in dem jeweils beabsichtigten, etwa traumhaften oder okkulten Kontext erscheinen, um einen Inhalt zu vermitteln. In der Malerei bedeutet Symbolismus also nicht Quantität von Symbolen, sondern ist ein qualitativer Begriff. Der frappanteste Gegensatz dürfte zwischen „weißem“ und „schwarzem“ Okkultismus bestehen, ersterer beispielsweise vertreten durch Maurice Denis und dessen katholischer Mystik und letzterer unter anderen durch Félicien Rops oder Jean Delville und deren satanistische Tendenzen. Die symbolistischen Künstler sind ihrem Selbstverständnis zufolge Adepten mystischen Wissens, das sie in ihrer Kunst heraufbeschwören wollen. Auch Trachsel wendet das Verfahren an, entlehnte Symbolik eigenständig zu verwerten. Diese Symbolik erfolgt weitgehend unter Verzicht auf ikonographische Elemente. Die künstlerischen Mittel sind also, ähnlich wie in der symbolistischen Malerei, reduziert. Herangezogene Entlehnungen von Formen aus der Vergangenheit dienen der Mitteilung kosmogonischer und idealistischer Vorstellungen mit den Mitteln des Architekturentwurfs.

Der Symbolismus hatte sich vornehmlich in Dichtung und Malerei ausgedrückt. Trachsels Leistung besteht daher in Erweiterungen der Erscheinungsformen von Architektur wie auch der Ausdrucksmöglichkeiten des Symbolismus.[5] So betont Trachsel in seiner Autobiographie die ungewöhnliche Rolle, die er als einziger Architekt unter Malern einnahm. Doch scheint durch seine Teilnahme keine Inkohärenz in der Ausstellung des Rosenkreuzer-Salons von 1892 entstanden zu sein. Für Einheitlichkeit sorgte der Gründer Sâr Joséphin Péladan, geistiges Oberhaupt, Kritiker und Mäzen des Rosenkreuzer-Salons. Dieser ließ nur Exponate zu, die in Übereinstimmung mit seinen eigenen Ideen standen. Trachsels eigenwillige idealistische Konzeption erfüllte offenbar die Voraussetzungen: „Péladan hatte bei seiner Ausstellung Künstler versammelt, deren Werke mit seiner Kunsttheorie übereinstimmten, diese bestätigten und bekräftigten...Ich war übrigens, glaube ich, der erste Architekt, der Architektur außerhalb der offiziellen Ausstellungen in Paris ausgestellt hatte.[6] Der religionsgeschichtliche Wert der kabbalistischen Erneuerung jüdischer Mystik durch Péladan wird von der neueren Kabbala-Forschung bestritten. Es ist jedoch nicht die Aufgabe des Kunsthistorikers, zwischen echter jüdischer Mystik und Scharlatanerie zu unterscheiden.[7]

Die Übereinstimmung der Exponate im Pariser Rosenkreuzer-Salon scheint in einer Eigenschaft zu liegen, die mit dem Begriff „Symbolisme blanc“ zusammengefaßt werden kann. Dieser bezeichnet in erster Linie die exaltierte Reaktion bestimmter Literaten und Künstler auf die sich in den letzten Jahrzehnten des 19. Jahrhunderts zuspitzende Décadence, die sich in Literatur und Malerei bis hin zum Satanismus steigern konnte.[8] Der Anstoß dieser Gegnerschaft stammte insbesondere von Péladan, der im „Manifest der Rosenkreuzer“ von 1892 in tiefgründigem Décadence-Bewußtsein eine Art Erhebung des Künstlers in den Stand eines Priesters ausruft. Er erhofft vom Künstler die Rettung aus dem gesellschaftlichen Verfall und stattet seine Anhänger mit Vollmachten geistlicher Würdenträger aus, um den Kampf für einen bevorstehenden Idealzustand aufzunehmen. Voller Pathos ruft er aus: „Stumpfsinnige Könige, die ihre Kronen verloren, enden auf dem Pflaster der Städte, wo ihr Stamm einst geherrscht. Ein verdummter Adel lebt nur noch im Pferdestall, meineidige Priester beschmutzen ihr Kleid... Brüder in der Kunst, ich lasse den Kriegsruf erschallen, bilden wir eine Schar zur Rettung der Idealität.“[9]

Der ab 1885 beginnenden Ausarbeitung dreier graphischer und architektonischer Alben unter dem Titel „Le Poème“ folgt ein ebenfalls dreiteiliges literarisches Werk, „Le Cycle“, als „Ergänzung“ zur visuellen „Dichtung“.[10] Synästhetische Veranlagung scheint den zwischen Architektur, Poesie und Malerei wandernden Künstler veranlaßt zu haben, seiner Dichtung in Worten ein „architektonisches Gedicht“ vorauszuschicken. Doch inwiefern kann Architektur dichterisch sein? Dichterisch ist der Versuch, grundlegende Erfahrungen, angefangen beim „Höchsten Wesen“ über die Schöpfung bis hin zu Geburt und Tod, und die damit verbundenen Gefühle des Menschen zu schildern. Der „dichtende“ Architekt unternimmt den Versuch, zu den Grenzen der Möglichkeit einer Architektur vorzudringen, die der inhaltlichen Ausdrucksfähigkeit des Wortes gleichkommt. Der Begriff des „poème“ wird auf Architektur übertragbar, da Bauteile in Analogie zur Sprache zu einem künstlerisch und inhaltlich sinnvollen Gebilde zusammengestellt werden sollen. Trachsel legt die formalen und inhaltlichen Übereinstimmungen seiner Werke in seinem Vorwort zu den „Fêtes réelles“ dar: „Der Autor hat sich vorgenommen, durch «Les Fêtes Réelles» ein architektonisches Gedicht zu verwirklichen, einen Traum aus Stein zu errichten. Daher hat er sich, anstatt die verbalen Ausdrucksmöglichkeiten zu gebrauchen, architektonischer Formen bedient, wobei jede Tafel des Albums für dieses Album das ist, was für die literarische Dichtung die einzelnen Teile oder die verschiedenen Abschnitte sind, aus denen sie zusammengesetzt ist.“[11] Die „poesiestiftende Leistung“ von Architektur, die die Kunstgeschichtsschreibung für das 17. und 18. Jahrhundert konstatierte, wird nicht nur durch das Werk Trachsels affirmiert, sondern auch in seinen Äußerungen betont.[12]Sicherlich nicht zuletzt geleitet von den Postulaten des Rosenkreuzer-Salons nach Visionen eines gesellschaftlichen und moralischen Idealzustands hielt sich Trachsel in den „Fêtes réelles“ von profanen Aufgaben fern und beschäftigte sich ausschließlich mit Entwürfen von Tempeln und Palais, die Kosmos, Natur, Moral und Gefühlen und Symbolen für die Weltgesamtheit gewidmet sind. An die Verwirklichung seines Idealzustands glaubte Trachsel jedoch nicht, und er widmet sie einer „fiktiven Menschheit außerhalb von Raum und Zeit“.[13]

Der Titel „Fêtes réelles“ scheint ein Kunstverständnis anzudeuten, welches das Werk als eine unmittelbare Folge des Fests betrachtet. Damit wird durch den bildenden Künstler eine Wesenhaftigkeit von Kunst erfaßt, die mit dem Postulat von Boullée nach einer zeremoniellen Kunst übereinstimmt und die Helmut Kuhn in „Wesen und Wirken des Kunstwerks“ für die griechische Klassik beschrieben hat. Das Kunstwerk löse sich aus dem Verband des Festes heraus und emanzipiere sich von der Feier als einer gesellschaftlichen Veranstaltung.[14] Kuhn legt dar, daß das Fest nicht um seiner selbst willen da sei, sondern daß es etwas unabhängig von dem Fest Bestehendes, etwas Fest-Würdiges, feiere. So sei dem Fest, das nicht Selbstzweck ist, das Merkmal der Transzendenz aufgeprägt.[15] Eben diese Verklärung haftet den Festen der von Trachsel erträumten Menschheit an. Das Weltganze soll in diesen Festen verehrt werden. Der Ausdruck der Architektur, an deren Standort die Feste stattfinden, soll der Feierlichkeit und der Verehrung des Weltganzen im Sinne einer zeremoniellen Kunst entsprechen.

II.1.2. Die werkübergreifende Darstellungsweise der „Fêtes réelles"

Trachsels Entwürfe repräsentieren in erster Linie die Vision eines idealistischen Projekts. Das für eine Bauausführung notwendige Maß an Genauigkeit und Vollständigkeit des Entwurfs wird nicht vorgelegt. Aufgrund fehlender Innenansichten und detaillierter Entwürfe ist davon auszugehen, daß Trachsel nie die Ausführung eines der Entwürfe in Erwägung zog. Wenn Trachsels Blätter also keine Planzeichnungen sind, stehen sie dann in der Tradition von Architekturbildern eines Piranesi oder Boullée, oder steht die Beeinflussung durch symbolistische Graphik, wie zum Beispiel die eines Odilon Redon, im Vordergrund? Im letzteren Fall wäre die Entwicklung von Architekturformen untergeordnet unter den gestalterischen Ausdruck und die Vermittlung von Traumwirklichkeiten. Der Titel „Fêtes réelles" scheint letzterer Sichtweise zu widersprechen und ein Stück Wirklichkeit anzudeuten. Andererseits träumte Trachsel von einer fiktiven Menschheit außerhalb von Zeit und Raum und widmete seine Tempel einer fremden Welt und ihren Bewohnern. Trotz des visionären Impetus bediente sich Trachsel auch eines eher technischen Darstellungsverfahrens ohne Verkürzungen, welches sowohl bei Piranesi oder Boullée als auch in der gesamten übrigen symbolistischen Kunst undenkbar wäre: der Isometrie (Kavalierriß). Sicherlich drücken solche Widersprüche, ja Paradoxien, einerseits etwas über weltferne Entrücktheit, andererseits aber auch etwas über rationalistische Ansprüche aus. Die Vision ist weltfremd, doch ihre Sinnebene verharrt in rationalen Kategorien. Die Architektur ist als Zeichensystem lesbar und wurde ohne die Unschärfen und Verschleierungen des Traums ausgearbeitet. (Abb. 12 ff.)

Sämtliche Entwürfe der „Fêtes réelles" zeigen die Architektur von außen in Vogelperspektive, wobei der Horizont mindestens oberhalb von zwei Dritteln der Bildhöhe liegt. Die Landschaft besteht lediglich aus einer flachen Ebene. Da natürliche Elemente, Erhebungen oder Oberflächenbeschaffenheit etc. in allen Entwürfen fehlen, sind auch Himmel und Erde ganz und gar einfachsten geometrischen Kriterien unterworfen. Der Himmel ist als gleichmäßige Fläche angelegt, wobei die Farbgebung von Thema zu Thema unterschiedlich ist. Als drittes Bildelement neben Architektur und Landschaft treten Himmelskörper in Erscheinung, die durch große Kreise dargestellt und in proportionale und kompositorische Beziehung zur Architektur gesetzt werden. Durch die Projektion und die abstrakte Auffassung der Landschaft besteht ein grundsätzlicher Unterschied zu den Architekturbildern des 18. und 19. Jahrhunderts, welche Verkürzungen zur Betonung der Volumina, Frontalität zur Betonung der Spiegelgleichheit, heroische Landschaften und Hell-Dunkel zur Betonung der Dramatik benutzten. Elemente wie Rauch, Wolken und Nebel tragen im Architekturbild von Boullée zur Steigerung des erhabenen und dramatischen Ausdrucks bei. In Trachsels Entwürfen fehlen diese Bildelemente. Starke Hell-Dunkel-Kontraste sind durch angedeutete Schatten ersetzt. Während Boullée noch Bäume in die Architektur integrierte, und den Gesichtspunkten der Architektur unterwarf, scheidet die Darstellung von Vegetation in Trachsels Verfahren generell aus. Boullées berühmtes Motto des „Essai sur l'Art" „Ed io anche son pittore" wäre auf die Entwurfstechnik der „Fêtes réelles" angesichts dieser Beschränkungungen nicht anwendbar.[1] Über die Bildelemente hinaus verhindern die Projektion und die auf die Linie reduzierten graphischen Mittel bestimmte Stimmungswerte. Vergleiche mit früheren Beispielen bildhafter Architekturkonzeptionen, etwa denen von Boullée, den „Inventioni" von Piranesi, aber auch mit den virtuosen und akribisch genauen Rißzeichnungen des 19. Jahrhunderts, etwa von Viollet-le-Duc, führen die Sonderstellung Trachsels vor Augen. Die systematische Darbietung des Inhalts erfolgt sozusagen durch „Buchstabieren" des architektonischen „Vokabulars", das ohne die Hilfe zusätzlicher darstellerischer Mittel entziffert werden soll. In diesem fast beklemmenden Vakuum, in dem Stimmungen und Gefühle keinen Platz haben, wird der Betrachter geradezu zum „Lesen" des Zeichensystems gezwungen.

Unmittelbar nach der ersten Präsentation der drei Alben schrieb der symbolistische Literat Stuart Merrill einen ersten größeren Zeitschriftenartikel über einige Beispiele aus ihnen.[2] In diesem Artikel der Zeitschrift „La plume" beschreibt Merrill als erste von zwei Gegenüberstellung das für ihn stimmungshafte Gepräge von Stadtansichten der Frührenaissance von Pisanello und einem der Brüder Lorenzetti. Als ein dramatisches Beispiel jüngerer Zeit dient ihm die düstere Romantik John Martins. Merrill paraphrasiert diese Beispiele in emphatischem Nachvollzug. Der sinnlich-malerischen Wirkung und stimmungshaften Architektur stellt Merrill den „mathematischen" Charakter der „Fêtes réelles" gegenüber, für dessen Fremdartigkeit Merrill keine Präzedenzfälle findet. Im Vordergrund der künstlerischen Absicht Trachsels steht laut Merrill die Darstellung „allgemeiner Ideen" („idées générales"), die durch Geometrie in jener „mathematischen" Formensprache geleistet werde.

Die „Fêtes réelles" sind der erste Teil des dreiteiligen Zyklus „Le poème". An erster Stelle steht das betont rationale Verfahren, Architektur der Dichtung anzunähern, sozusagen ein architektonisches Sprachsystem zu schaffen, das durch die

Werksystematik und das geometrische „Dekompositionsprinzip“ in seinen Sinnzusammenhängen verständlich wird. Formale Grundbausteine sollen dabei inhaltliche Analogien ermöglichen. Die Qualität des technisch-abstrakten Darstellungsmodus besteht in seiner Verwandtschaft zur geschriebenen Sprache. Die Architektur tritt an die Stelle dichterischer Manifestation der Utopie. Boullées Motto im „Essai“ „Ed io anche son pittore“ hatte über das Selbstverständnis des Architekten hinaus etwas über seine Entwurfsauffassung ausgesagt. Die strikte Trennung des Malerischen vom Architektonischen bei Trachsel tut dies nicht minder. So bedeutet der Wechsel zur Malerei, den Trachsel in „Le Poème“ vollzieht, gewissermaßen einen Wechsel von der Hieroglyphik zur sinnlichen Kunst. Das objektiv gewählte Vokabular weicht der subjektiven Verinnerlichung der Idee, die allein durch Mittel der bildlichen Darstellung äußerlich werden kann. Mit anderen Worten: Boullée führt die Ausdrucksmittel zur Synthese, bei Trachsel steht die Analyse im Vordergrund.

II.1.3. Modi der Proportionen

Übersteigerung von Größe in der Revolutionsarchitektur beschrieb die Kunstgeschichtsforschung mit dem Begriff „Megalomanie“. Auch Trachsels Entwürfe weisen Bauglieder von übersteigerter Größe auf, die im Gegensatz zu übertrieben kleinen Baugliedern stehen.[1] Trachsels Architekturerfindungen unterstreichen die Kluft zwischen menschlicher und architektonischer Proportion. In bestimmten, in erster Linie den Tugenden gewidmeten Tempeln schrumpfen Bauelemente, die Zugang und Erschließung ermöglichen, auf kleinsten Maßstab. Je gewichtiger das Thema, etwa die Tugenden, desto betonter sind die Größenunterschiede zwischen Tempel und Erschließungssystem. Evident wird eine Art von Hierarchie innerhalb der Weltgesamtheit, an deren unterster Stufe der Mensch steht und in der Tiere und Planzen überhaupt keine Rolle spielen. Besonders groß erscheint die Kluft zwischen Mensch und Tugenden. So wird der Weg zum „Temple de la Volonté“ durch niedrige Arkaden flankiert, die zu einer dreifachen, sich verengenden Freitreppe führen. Der oberste Treppenabsatz endet vor einem winzigen Eingang, der die einzige Öffnung des Gebäudes ist. (Abb.12) Offenbar wird Willensstärke als eine nur mühsam zu erreichende Tugend des Menschen betrachtet, und so ist auch die Erschließung des Gebäudes mühevoll.

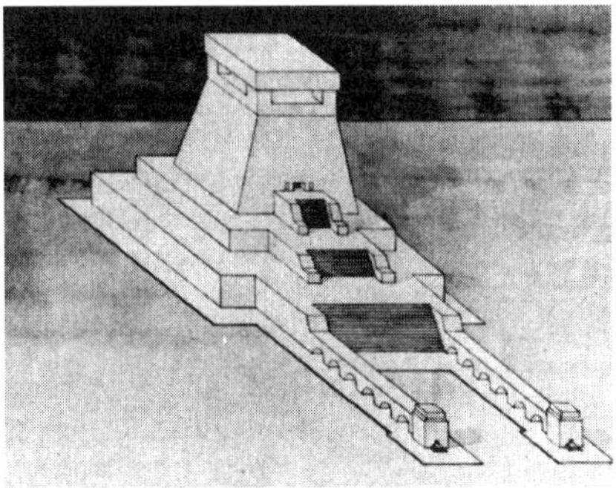

Abb. 12: „Le Temple de la Volonté“

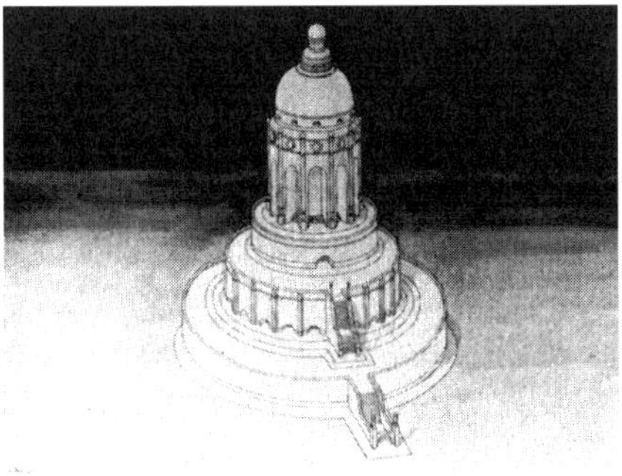

Abb. 13: „Le Palais du Rêve“

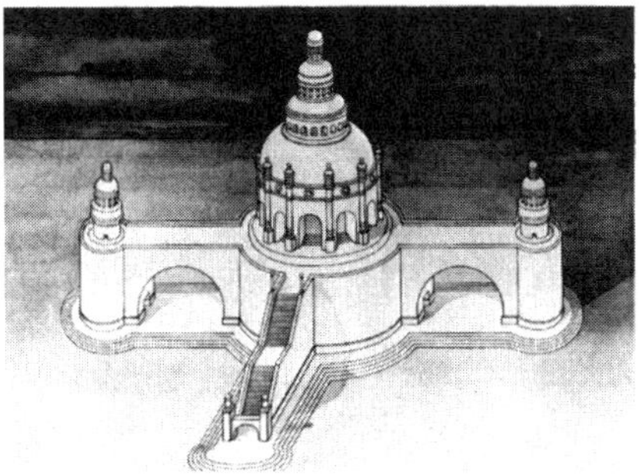

Abb. 14: „Le Temple de la Joie“

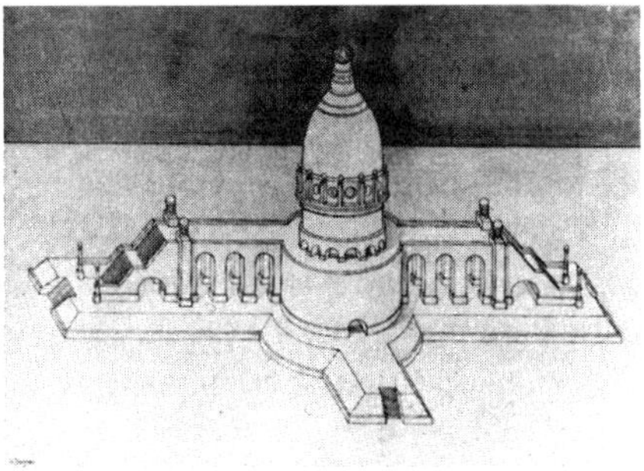

Abb. 15: „Le Palais de L` Enchantement“

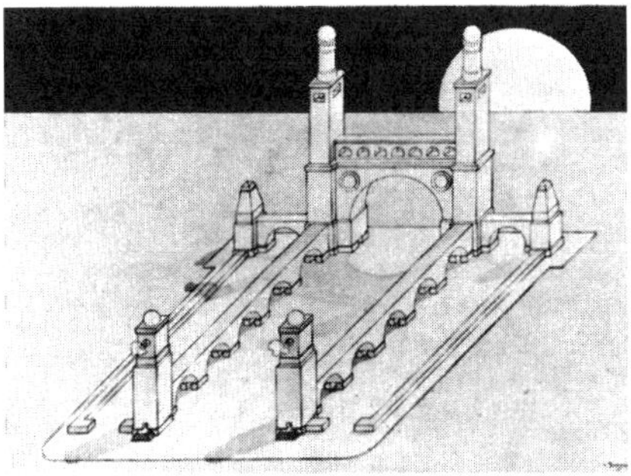

Abb. 16: „Allegro“

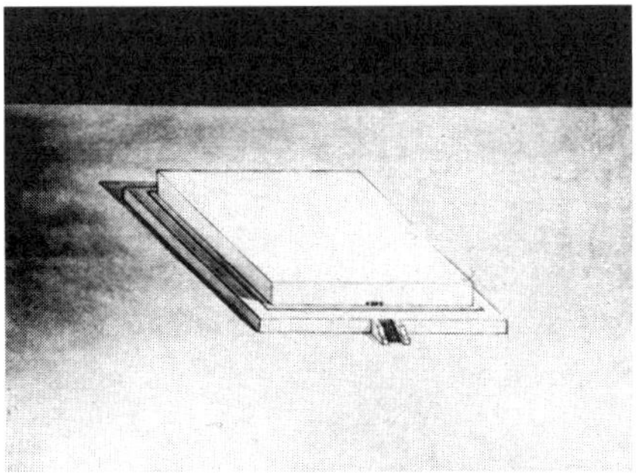

Abb. 17: „Le Temple du Silence“

Albert Trachsel: „Fêtes réelles“

In einigen anderen Entwürfen sind jedoch die Maßstäbe einander angeglichen und Maueröffnungen erweitert worden, besonders in Fällen, in denen menschliche Glückseligkeit ausgedrückt werden soll. Hierin besteht ein wesentlicher Unterschied zur französischen Revolutionsarchitektur, die das Prinzip „progressiver Größen" anwendet. Trachsels bietet sich die Möglichkeit zur Anwendung und Vermeidung dieses Prinzips, bei dem „dem Auge vergleichbare Größen entzogen werden".[2] So sind einige Beispiele denjenigen Entwürfen entgegengesetzt, die durch ihr Erscheinungsbild zur Vergegenwärtigung von Größe führen und Ehrfurcht gebieten sollen. So öffnet sich der „Temple de la Joie" mit weiten Arkaden demjenigen, der über eine schmale Freitreppe zu seiner Kuppel hinaufsteigt. (Abb. 14) Der Tambour sowie die beiden flankierenden Seitenarme sind durch weite Bogenstellungen nach außen geöffnet.

Während Boullée bestrebt ist, eine Konstruktion aus einem Stück zu entwickeln, schlägt Trachsel im Entwurf einen gegenteiligen Weg ein, bei dem Ansammlungen von festen Einzelelementen zu ständig neuen Kombinationen zusammengestellt werden. Dabei wechselt je nach Thema Verdichtung mit Lockerung der Elemente ab. Hypertrophe Größenordnungen, die den Menschen daneben zwergenhaft erscheinen lassen, scheinen differenzierten Gesichtspunkten zu folgen. Das baukastenartige Prinzip, dem wir im Folgenden noch in anderen Beispielen begegnen werden, kennt keine feste Proportionslehre und läßt Varianten zu. Hypertrophe Formen werden zumindest durch die isometrische Projektion in ihrer niederschmetternden Wirkung gemildert, doch kennzeichnen kantige Blöcke, die wehrhaft und verschlossen wirken, eine kompromißlose Größe und Härte des Wertesystems gegenüber dem Menschen.

II.1.4. Evidenz und Emblematik

Neben den Proportionen, die von Fall zu Fall auf das Thema abgestimmt sind, dienen in den „Fêtes réelles" die Formen selbst und ihre Eigenschaften der Bildung von Kategorien. Die Gestaltung ist an das Thema angepaßt und strebt der Vereinheitlichung entgegen. Sie steht mit der inhaltlichen Konzeption des Gesamtwerks in Zusammenhang. Evidente inhaltliche Qualitäten der Architektur dienen der symbolistischen Metaphorik, die Trachsel in seinem Vorwort erläutert. Wie in emblematischer Tradition werden Eigenschaften von Körpern, die der

Betrachter aus alltäglicher Erfahrung und auch mit einfacher Bildung kennt, mit moralischen Vorstellungen in Zusammenhang gebracht. Die Verwandtschaft mit der Emblematik zeigt sich deutlich in der Zuordnung kubischer Formen zu grundsätzlichen Tugenden. Bereits im 16. Jahrhundert galt der Kubus aufgrund seiner unveränderlichen Form mit sechs gleichen Quadraten als Sinnbild der Standhaftigkeit. Eine Erläuterung des Sinnbilds mit dem Titel „sapientis animo" ist in den „Empresas Morales" (Prag 1581) des Juan de Boria als folgender Sinnspruch enthalten: „Es kann in keinem Dinge einer sich mehr klug und weise erweisen / als wenn er alles / wie es auseinander kommet / sowohl Glücke als auch Unglücke / mit ganz gleichem Gemüthe erträget / indem er sich von ihnen nicht überwinden lässet / sondern sie vielmehr mit Stille und Gleichmüthigkeit überwindet. Welches mit dem Sinnbilde eines Quadratsteines und Beischrift: Des Wesen Gemüthe / erwiesen wird / denn wie dieser Stein / man mag ihn hinkehren und werfen / wohin man will / allzeit auf seinen Fuß / so zu sagen / kommt und in einem Lager bleibet..."[1] Trachsels Wahl der Form und ihre Auslegung ist traditionell. Es scheint einem alten und internationalen Verständnis zu entsprechen, den Kubus als Zeichen tugendhafter Standhaftigkeit aufzufassen. So teilt eine noch ältere Quelle, das Emblembuch des Theodorus Beza (Vézelay 1519), mit: „Du siehst einen Würfel im Kreis stehen; lerne daraus klug den wahren Gang des Lebens. Dieser lehrt dich abgerundetes Benehmen, jener befiehlt auf dem befohlenen Platz unbewegten Fußes zu verharren.[2] Die Naivität der Übertragung von Geometrie auf die Lebensführung wird besonders durch den Vergleich des Zitats von Kreis und „abgerundetem Benehmen" vor Augen geführt. In einer deutschen Quelle wird der Kubus direkt mit der Stetigkeit des Menschen verbunden. So ist im Emblembuch von Gabriel Rollenhagen (Magdeburg, 1581-1619 ?) zu lesen: „Wohin ich auch falle, ich bleibe ein und derselbe, da ich immer von allen Seiten mir selbst gleiche."[3]

„Le Temple de la Justice", „Le Temple de la Volonté" und „Le Temple de Gloire" aus den „Fêtes réelles" sind ausschließlich aus verschiedenen Schichten kubischer Formen gebildet. Der zentrale Block der spiegelgleichen Anlagen verjüngt sich in allen drei Fällen nach oben hin ein wenig. Der Kreis in Grund- und Aufriß und ebenso die Arkaden sind untergeordnet oder fehlen im Entwurf des „Temple de la Justice" ganz. Elemente, die die trägen Massen beleben könnten, sind im Sinne der Charakterisierung zugunsten karg gegliederter, rein kubischer Baukörper vermieden. Der gedrungene zentrale Turm des Tempels erhebt sich über einem Stereobat, der durch eine vorkragende Brüstung und Eckpfeiler nach Art von Bastionen zusätzlich einen wehrhaften Charakter erhält. Dem Eindruck schwerer, fortifikatorischer Massen entspricht auch der gedrungene, zentrale Turm, der wiederum in Form eines sich noch oben hin leicht verjüngenden Würfels gebildet ist. Wie in fast allen Entwürfen ist auch hier die Mittelachse des (im modernen Sinn) symmetrischen Aufbaus durch eine steile Freitreppe betont.

Die zentrale, einläufige Treppe ist auch ein Würdemotiv des artverwandten „Temple de la Volonté". (Abb.12) Sie überbrückt die beiden kantigen, ungegliederten Sockel und erreicht über ein zweites Podest einen weit über dem Fuß des Turms gelegenen kleinen Eingang. Mit dieser beschwerlichen Erschließung scheint der „Weg" vor Augen geführt zu sein, den der Mensch nur durch Willensstärke beschreiten kann. Niedrige Arkaden, die den Treppen voranstehen, mögen einen vorläufigen, bewegteren, unbeschwerteren Weg zur Willensanstrengung ausdrücken. Trachsel erläutert dies folgendermaßen: „Wir behaupten, daß wir, um mit architektonischen Mitteln die Idee des Willens auszudrücken, vorzugsweise eigenwillige Linien, Volumina, Massen und Proportionen gewählt und kombiniert haben, das heißt vorwiegend gerade, unerbittliche und entschlossene Linien und vorzugsweise zurückhaltende, stämmige und solide Formen mit untersetzten Proportionen, horizontalen Rhythmen und eigenwilligen Linien, die sich mit Nachdruck, mit Entschiedenheit und „Willen" wiederholen."[4]

Stilistische Abweichungen sind ein weiteres Mittel der Kategorisierung in den „Fêtes réelles". In den meisten Fällen werden eine freie geometrische Formensprache und symbolische Qualitäten durch Verarbeitung frühgeschichtlicher Formen angestrebt, die bereits das 18. Jahrhundert aufgegriffen hatte. So bilden Kreis, Dreieck und Quadrat die Grundlage der Entwicklung von Bauformen. Hierin besteht Übereinstimmung zwischen den Architekturphantasien von Trachsel und den Kenotaph-Projekten von Boullée. Durch nahezu vollständige Ablehnung des Ornaments und eine reduzierte Gliederung emanzipiert sich die Architektur von klassizistischen und mittelalterlichen Systemen und von historistischem Ornamentbedürfnis. Trachsel ist in dieser Hinsicht jedoch nicht konsequent, sondern integriert traditionelles Formenrepertoire in den Zyklus. Im Kontext bedeutet dieser Rückgriff einen Stilbruch, der offenbar bewußt vollzogen ist, um die Architektur inhaltlich zu erweitern. Trachsel, der sich über stilistische Fragen nicht äußert, spricht pauschal vom „rythme des lignes", der der Charakterisierung des jeweiligen Entwurfs dienen soll. Durch einen differenzierten und belebten „Rhythmus" soll die Trägheit der geometrischen Blöcke mit dynamischen Elementen aufgelockert werden. Trachsel bedient sich zu diesem Zweck der Arkade und der Bildung von Gesimsprofilen, die in sehr unterschiedlichen

Proportionen im architektonischen Zusammenhang auftreten können. Boullée hatte die „lourdes arcades“ abgelehnt. Trachsel empfindet die Arkade gegenteilig und fügt sie in seine Entwürfe ein, um einen Unterschied zwischen leicht und schwer, „schnell“ und „langsam“ zu schaffen.[5] Die reichliche Verwendung der Arkade geht stets mit einer Lockerung des architektonischen Gefüges einher.

In drei inhaltlich artverwandten Entwürfen unternimmt Trachsel den stilistischen Rückgriff auf die Tradition der Säulenordnung, gewissermaßen als Gegenüberstellung zur geometrischen Auffassung, die ursprünglich auf mesopotamische, ägyptische, mesoamerikanische und indische Architektur zurückgeht. Die Tafeln „Le Palais du Rêve“, „Le Palais de la Joie“ und „Le Palais de l'Enchantement“ zeigen architektonische Gebilde, die von neuzeitlichen Kuppeln mit Tambour abgeleitet sind und das Tabularien-Motiv zitieren. Die Gestaltung wird dabei nach der freiheitlichen Art des Historismus klassischen Vorbildern gegenüber gehandhabt. (Abb. 13, 14, 15) So werden Bautyp, Proportionen, Dekor etc. nicht in klassischer Strenge eingehalten. Während die Widmung an Tugenden kantige Massen erforderte, charakterisiert Trachsel die beglückten Seelenregungen, diesseitige Freude, Traum und Entzücken durch Kuppeln, die vergleichsweise reich ausgestattet sind. Klassische Sublimierung dient als Ausdrucksträger für diese seelischen Regungen. Traditionelle europäische Formen und deren Giederung erscheinen für ihren Ausdruck geeigneter als die Trägheit der Kuben und monotoner Wandflächen oder die absolute Regelmäßigkeit rein sphärischer Körper. Orientalische Ornamentstile, die in diesem Sinn denkbar wären, treten nicht in Erscheinung, da sie dem europäisch geschulten Architekten und dessen Verständnis von beglückender Schönheit nicht zu entsprechen scheinen.[6]

Die niedrigen Zu- und Verbindungsgänge werden, überall wo sie in den „Fêtes réelles“ auftauchen, durch Arkaden mit enger Bogenstellung gestaltet. Der Entwurf des „Allegro“ zeigt eine Verselbständigung der Arkade, bei der Kugel, Kubus, Pyramide, Kuppel etc. untergeordnet sind. (Abb. 16) Der Titel dieses Entwurfs spielt offenbar auf die rasche Abfolge der Arkaden an und verdeutlicht ihre Funktion als dynamisches Element im architektonischen Kontext. Trachsel weist in seinem Vorwort zu den „Fêtes réelles“ auf die Doppeldeutigkeit von Formen hin. Sie können kompositorisch oder inhaltlich motiviert sein: „die gleiche Form oder Linie kann hierbei auch den jeweiligen Umständen entsprechend eine eher vom Gefühl, vom Eindruck oder vom Verstand bestimmte Bedeutung haben. Eine Ellipse beispielsweise kann, von Fall zu Fall, einen schlicht emotionalen oder auch einen eher vom Verstand bestimmten Ausdruckswert besitzen, wenn sie beispielsweise die Rotationskurve eines Planeten um seine Sonne darstellen soll.[7]

Ein gleichermaßen eigenwilliger Entwurf geht wie das „Allegro" von einer synästhetischen Konzeption aus. Durch ihn wird der evidente Zusammenhang zwischen Widmung und Architektur unübersehbar. Der „Temple du Silence" beschränkt sich auf eine leere Plattform. (Abb. 17) Der Tempel ist gedachte Realität auf leerem Stereobat, so wie auch die Stille durch Abwesenheit von Klang oder Geräusch definiert ist.

II.1.5. Der Radiale Grundriß

Der überwiegende Teil der „Fêtes réelles" baut auf Elemente geometrischer Grundformen auf, die der Frühgeschichte entlehnt sind und bereits, wie festgestellt wurde, Jahrhunderte zuvor für die Architektur entdeckt worden waren. Direkte Rückbezüge auf das 18. Jahrhundert im speziellen lassen sich jedoch nicht nachweisen. Geometrische Grundrisse waren bereits während der Renaissance ein Betätigungsfeld der Stadtbaukunst. Es ist daher auch von gemeinsamen Quellen auszugehen, wenn Trachsels Entwurf „Fêtes de la Nature" stark an die Idealstadt Chaux (1806) von Claude-Nicolas Ledoux (1736-1806) erinnert. (Abb. 18, 19) Trachsels Entwurf „Fêtes de la Nature" zeigt einen sternförmigen Aufbau, der dem Schema des Idealstadtgedankens entspricht.[1] Grundrisse ähnlicher Art sind in großem Maßstab bereits in Idealstädten und Idealbauten des 15. Jahrhunderts, etwa in „Sforzinda" (1465) von Filarete oder in Palmanova bei Udine von Scamozzi (1465) entwickelt worden. Filaretes Entwurf zeigt eine in einen Kreis integrierte Sternenschanze mit acht Zacken, ein Prinzip, das Scamozzi ebenso anwendet und die achteckige Stadt mit sternförmigen Bastionen umgibt.[2] Im Entwurf von Ledoux entfällt die fortifikatorische Anlage und damit die sternförmigen Bastionen.

Der Gesamtplan von Chaux zeigt eine verbreiterte Mittelachse und folgt damit der agrimensorischen Tradition, derzufolge einer der beiden Hauptlinien des Systems, zunächst dem „kardo", dann dem „decumanus", der Vorrang eingeräumt und dieser daher verbreitert wird.[3] Das Friedhofsgebäude zeigt wieder acht gleiche Radien, von denen vier nach außen und vier zu halbkreisförmigen Anbauten

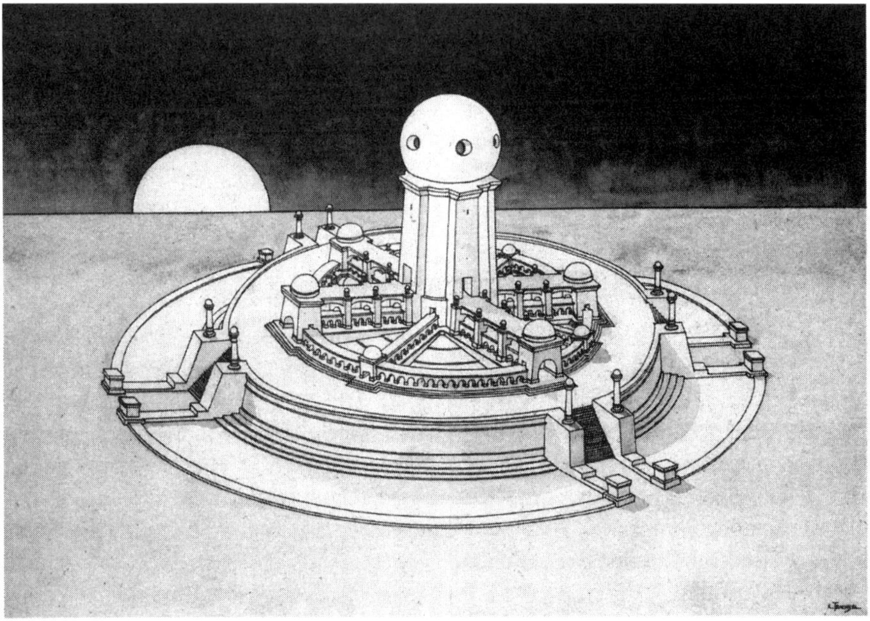

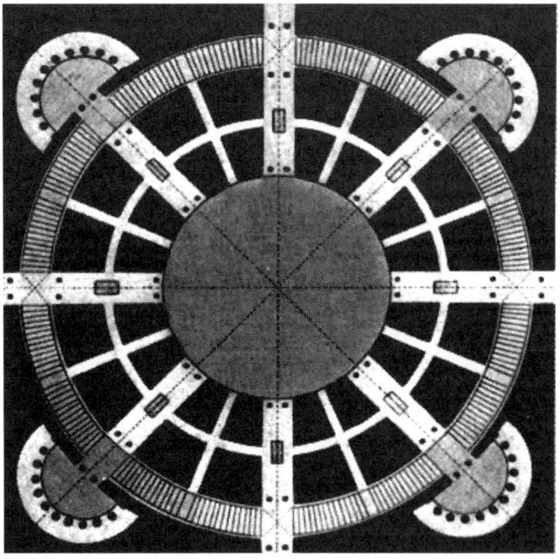

▲Abb.18: Albert Trachsel, „Fêtes de la Nature" („Fêtes réelles")

◄ Abb. 19: Claude-Nicolas Ledoux, Entwurf für ein Friedhofsgebäude der Idealstadt Chaux, 1806

führen. Der Aufriß zeigt einen zentralen, kugelförmigen Hauptteil des Gebäudes. Dreistöckige, niedrige Laufgänge zweigen radial von diesem Bauabschnitt ab.[4] Verbindungsgänge sind ein charakteristisches Merkmal der Großbauten von Ledoux. Im Projekt der Kanonenschmiede befinden sich innerhalb des orthogonalen Systems in den Ecken Pyramiden, die für Schmiede vorgesehen sind. Die niedrigen Verwaltungs- oder Wohngebäude bilden das Achsenkreuz, schließen an einen gedrungenen Mittelturm an und bilden Verbindungsgänge zu den Pyramiden.

Diese Verbindungsgänge sind im Gegensatz zu den Gängen von Ledoux allesamt nach außen offen und nur der an der Gesamtanlage gemessen kleine Mittelturm ist ein geschlossenes Gebäude. Der Komplex steht nach Art von Tempelbauten auf einem Piedestal. Gegenüber Chaux hat sich bei Trachsel die Verwendung kugelförmiger Bauelemente erheblich gewandelt. Die Kugel ist nicht mehr auf das mittlere Hauptgebäude beschränkt, sondern taucht als Bekrönung noch dreißig weitere Male auf. Während die Großgloben im Sinne von Boullée und Ledoux keine Rolle mehr spielen, ruht die Kugel in unterschiedlichen Größen auf zylinderförmigen oder kubischen Bauteilen. Die Säulen an beiden Seiten der Freitreppen und die Strebepfeiler der Arkadengänge tragen Kugeln kleinsten Maßstabs. Trachsel übernimmt also in „Fête de la Nature“ den radialen Aufbau, was jedoch auf kein bestimmtes Vorbild zurückzuführen ist. Hierfür sind die Unterschiede zu zahlreich und auffällig. Die weitere Suche nach Vorbildern ist in diesem Zusammenhang nicht sinnvoll, da, wie Werner Müller feststellte, der runde Grundriß mit Achsen seit megalithischer Zeit existiert und spezifische Abhängigkeiten so gut wie auszuschließen sind.[5]

Die kubischen Vorhallen in „Fêtes de la Nature“ und die darauf ruhenden Halbkugeln wechseln in zwei Größen ab. Die unterschiedlichen Maßstäbe ergeben sich aus dem Wechsel von ein- und zweistöckigen Arkadengängen. Im Mittelturm sind die Formen Kreis, Zylinder und Rechteck durch weit hervortretende Lisenen vertreten. Der abschließende Turmhelm ist eine ungewöhnliche Erfindung einer Kuppel in Kugelform, deren kleineres Segment im Zylinder „versinkt“. Diese architektonische Form steht aufgrund analoger Geometrie und fehlender darstellerischer Ausarbeitung der Oberflächen in völliger Übereinstimmung mit dem am Horizont auf- oder untergehenden Himmelskörper. Bei dieser ungewöhnlichen Kuppelerfindung liegt eindeutig eine Darstellung des Himmelskörpers vor, offenbar die der aufgehenden Sonne, da es sich ja um das „Fest“ der Natur handelt. Abzuleiten wäre, daß verschiedene Kugelsegmente Auf- und Untergang eines Himmelskörpers darstellen und somit eine solare oder lunare Architektur darstellen. Zu traditionellen Aussageformen des Symbolischen durch geometrische Formen tritt die Komponente der Abbildung hinzu.

Semper beschrieb das radiale System ein gutes Jahrzehnt zuvor als eine Grundgestalt der Naturerscheinungen. Semper entwickelte aus diesen „radialen Bildungen“ seine Proportionsgesetze, die er für die Entwicklung des „formal Schönen“ für notwendig hielt.[6] Die „planimetrischen Erscheinungen“ entsprechen Wuchsformen in der Natur, so der Form von Schneeflocken und Blatt- und Blütengebilden.[7] Diese, wie auch die Rotationskurve eines Planeten um die Sonne, weisen nach Semper Gesetzmäßigkeiten der „Polarisation von Kräften“ auf, bei denen vom Zentrum „die positive Kraft des selbständigen Entwickelns“ ausgeht und auf die „negative Kraft der Abhängigkeit“ wirkt. Diese beiden Gegenpole sind durch die Richtungslosigkeit des Zentrums („Eins“) und die Richtung abhängiger Teile charakterisiert.[8] Die „planimetrischen Erscheinungen“, zu denen Semper Polygone, Sterne und „gemischte Formen“ (Schneeflocken) zählte, gelten, so Semper, „seit Urzeiten als Symbole des Absoluten und in sich Vollkommenen“.[9] Für die, das Wachstum bestimmenden Kräfte sah Semper den Antagonismus zwischen „tellurischen Potenzen“ - die „Willensrichtung“ wirke in ihnen der Schwerkraft entgegen.[10]

Trachsels Entwürfe „Le semeur“ und „Fêtes de la nature“ folgen explizit den Gesichtspunkten dieses Kräfteverhältnisses zwischen schöpferischer Kraft im Zentrum des Gebildes und der radial davon ausgehenden Schöpfung. (Abb. 18, 20) Um ein ideales Bild zu erhalten, baut Trachsel seinen der Natur gewidmeten Tempel in konzentrischen Ringen auf, die wie Planetenbahnen wirken. Ein wesentlicher Gehalt des Trachselschen Entwurfs „Fête de la Nature“ besteht daher mit Sicherheit in der Vergegenwärtigung allgemeiner Gesetzmäßigkeiten idealer Naturformen und der in ihnen wirkenden Kräfte.

II.1.6. Systematik und Umwandlungsprozesse des symbolischen Formen repertoires. Der kosmologische Ansatz

Trachsels Verfahren, einen festen Bestand an Elementen immer wieder neu in unterschiedlicher Weise zusammenzufügen, erinnert an die „Baukastensystem-Bauweise“, die zu Beginn des 20. Jahrhunderts entwickelt wurde und, wie noch zu zeigen sein wird, durch Finsterlin Anwendung fand. Die Einheitlichkeit und Einfachheit der „Fêtes réelles“ läßt zukünftige Entwicklungen ahnen. Die Analyse der Entwürfe sowie die Selbstzeugnisse des Architekten verdeutlichen die kosmogonische Dimension dieses Systems, die nicht mit den „économie“-Prinzipien des Boullée-Schülers Jean-Nicolas-Louis Durand verwechselt werden darf.[1]

Unter den sechs Entwürfen, die am Anfang des inhaltlichen Aufbaus stehen, befinden sich die wenigen figürlichen Darstellungen des Zyklus. Die thronenden Figuren kehren in mehreren Entwürfen wieder und verleihen den jeweiligen Tempeln besondere Bedeutung. Die Titel der ersten Entwürfe geben Aufschluß über die Identität der Figuren: „Le Semeur“, „Marche recueillie au Temple de l'Etre des Etres“, „Le Temple de l'Eternité“, „Le Temple de Mystère“ und „Le Sphynx“. „Der Sämann“, ein Schöpfergott ohne traditionelle Attribute, thront auf einer steilen Pyramide, die in drei Blöcke unterteilt ist. (Abb. 20) Der Mittelrisalit trägt den Thron und besitzt einen Eingang, der durch eine Freitreppe erschlossen wird. Der Eingang markiert menschliche Maßstäbe. An die Seitenabschnitte der Pyramide sind breite Wandabschnitte angeschlossen, die bei niedrigen, den Komplex begrenzenden Säulenschäften enden. Auf diesen Zylindern ruhen Kugeln, deren kleines, dem Zylinderumfang entsprechendes Segment im Zylinder versenkt ist. Analoge, aber kleinere Zylinder mit aufgesetzten Kugeln sind im Halbkreis vor der Thronarchitektur angeordnet. Die zwölf Radien, die an den Zylindern enden, sind durch niedrige Mauern formuliert. Die Mittelachse ist durch Verbreiterung einer dieser Mauern betont und führt zu einer kugelförmigen Eingangshalle mit einer winzigen Vorhalle.

Zu dieser ersten Tafel des Albums gibt Trachsel eine Erklärung über das radiale System ab: „Somit zeigt die erste Tafel „Der Sämann“ einen Gott als Schöpfer aller Dinge und allen Ursprungs, während er aus der Höhe seines steinernen Throns dabei ist, Weltkugeln hinauszuschleudern und um sich herum kosmische Keime zu verbreiten und auszusäen, welche architektonisch durch Sphären dargestellt sind, die wie Strahlen halbkreisförmig um das Zentrum, den Ort des schöpferischen Ursprungs herum, angeordnet sind.“[2] Diese Sphären werden architektonisch durch die auf den Zylindern liegenden Kugeln dargestellt und in Halbkreisform um das Zentrum angeordnet. Durch die Anordnung gleichförmiger Elemente mit abwechselndem Maßstab werden rhythmische Zäsuren hervorgerufen. Daraus ergibt sich ein gegenüber Boullée geändertes Architektursystem. Klassizismus und Revolutionsarchitektur vermieden architektonische Zäsuren. An die Stelle der Konzentration auf eine einzige großangelegte Form aus einem Stück tritt die Vielzahl und rhythmische Wiederholung von Baugliedern. Im einen Fall nimmt die emblematische Form im Sinne der Überhöhung riesenhafte Formen an. In der „dichterischen" Architektursprache ähneln zyklische Wiederholungen und rhythmische Schwerpunkte durch Größenunterschiede Wortwiederholungen etwa nach Art von Beschwörungsformeln oder Litaneien.

Die Ansammlung von Symbolen zu einem geordneten architektonischen Gefüge in Analogie zur Dichtung ist durch den Titel des dreiteiligen Zyklus „Le Poème" bereits angekündigt. Bei dieser ganz und gar symbolischen Auffassung ist eine kalkulierte Raumkonzeption, die für Boullées Werk maßgeblich war, ohne Bedeutung. Die „Fêtes réelles" enthalten nicht eine einzige Innenansicht. Von Interesse sind eine Anzahl von Symbolen, die ein zentrales Hauptsymbol umringen oder flankieren.

Wird das Verständnis der emblematischen Tradition vorausgesetzt, so ist mit den Symbolen der „kosmischen Saat", Zylinder und Kugel, ein Zitat der in Antike und Neuzeit beschriebenen „Hieroglyphe" beabsichtigt, die bereits dargestellt wurde. Zylinder und Kugel repräsentieren dieser Tradition zufolge Osiris oder Sol, den römischen Sonnengott. Die dargestellte Gottheit, bei dessen Gestaltung etwa auf christliche Attribute verzichtet wurde, entspricht am ehesten Vorstellungen von Osiris.Terrasson etwa hatte im „Sethos" die Statuen der ägyptischen Götter beschrieben, unter denen die Osiris-Statue durch „eine Sonne auf dem Kopf" gekennzeichnet sei.[3] Auch Trachsels Figur des mehrfach dargestellten „höchsten Wesens" weist als einziges Attribut eine hinter dem Kopf befindliche Scheibe auf.

Die radiale Anordnung der kugeltragenden Zylinder wiederholt sich in dem bereits beschriebenen Entwurf „Fête de la Nature" und ist hier zum vollen Kreis erweitert. Ihre gesamte Bedeutung wird erst durch die Übereinstimmung mit „Le Semeur" verständlich. Die Analogie der Entwürfe scheint auf eine Verwandtschaft zwischen dem „höchste Wesen" und der Schöpfung hinzuweisen. Hervorbringende Kräfte der Natur wiederholen und erneuern den Schöpfungsakt. Es ist aufgrund des Aufbaus und der frappanten Übereinstimmung auch nicht auszuschließen, daß hier alte Osiris-Vorstellungen wirksam werden, denenzufolge Osiris als höchste Stufe der Emanationen das Zentrum der Welt bildet und mit der Sonne gleichgesetzt wird. Nach Überlieferungen altägyptischer Vorstellungen bildet Osiris die „vis penetrativa univers", von dem die Schöpfung ausgeht.[4]

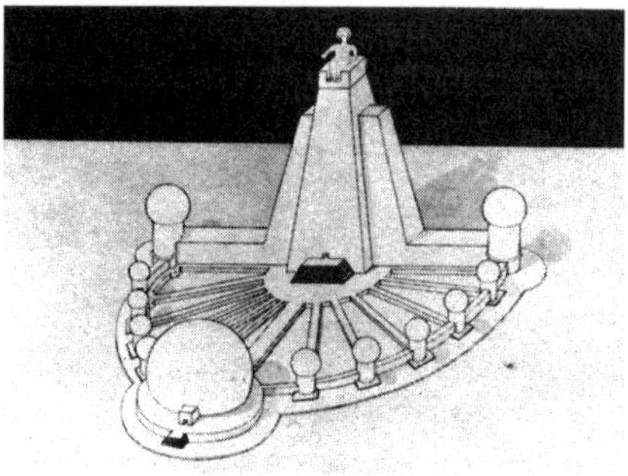

Abb. 20: „Le Semeur“

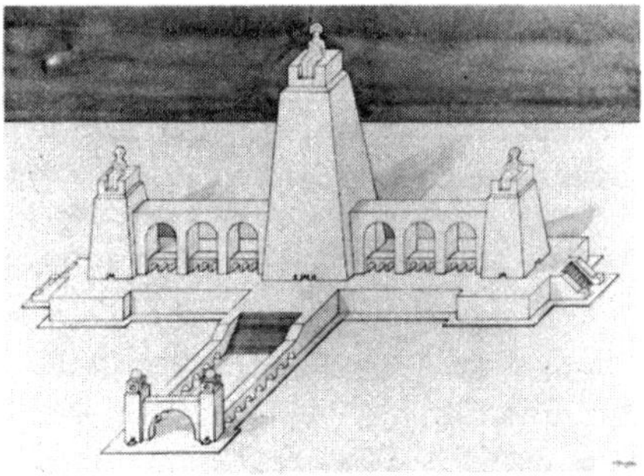

Abb. 21: „Le Monument des trois Vertus“

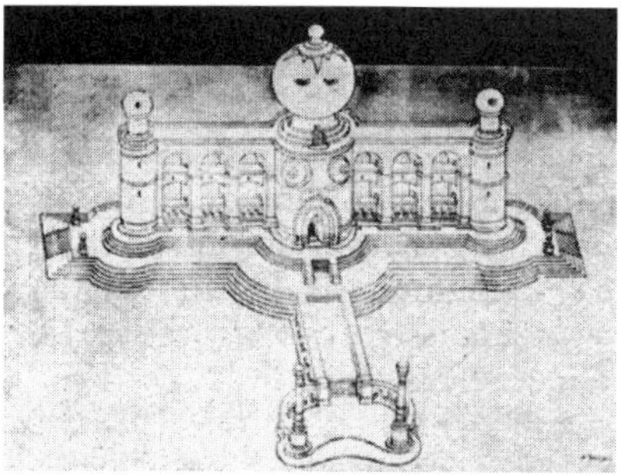

Abb. 22: „Le Palais des Extases“

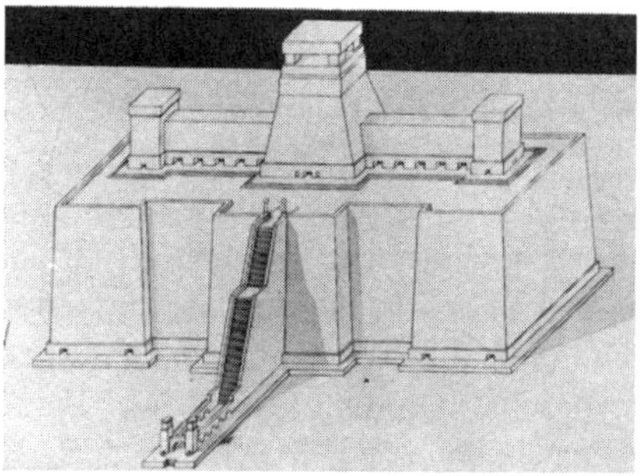

Abb. 23: „Le Temple de L´ Eternité“

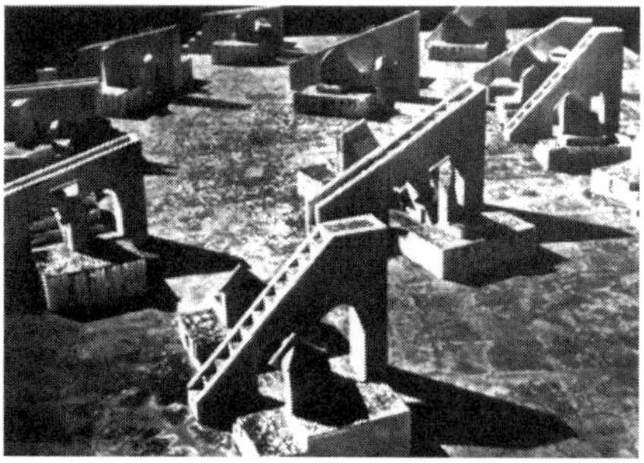

Abb. 24: Observatorium Yantra Mantra, Jaipur

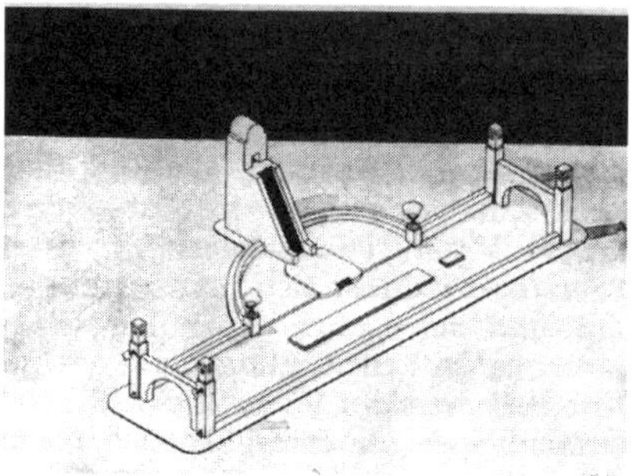

Abb. 25: „Défilé respectueux devant un juste“

Abb. 20-23, 25: Albert Trachsel, „Fêtes réelles“

Das Attribut der Sonne über dem Kopf bleibt jedoch ein äußerst vager Hinweis auf eine durch entwickelte Religionen definierte Gottheit. So sind Vorstellungen vom „höchsten Wesen“ unabhängig von Mythologie und Offenbarungen der christlich-heilsgeschichtlicher Überlieferung und verbleiben im Allgemeinreligiösen. Einerseits sind menschliche Tugenden Bestandteile göttlicher Immanenz. Andererseits erscheint göttliche Transzendenz aufgrund ihrer unendlichen Ausdehnung mysteriös und unbestimmt. Trachsel faßt diese allgemeinreligiösen Vorstellungen mit dem Begriff „notion de la Divinité“ zusammen und unterteilt diese Vorstellungen in „Le Semeur“ und die Entwürfe „les Temples de l'Infini, de l'Eternité, du Mystère, et le Sphynx“.[5]

Die Figur des „höchsten Wesens“ thront in allen Entwürfen, in denen sie auftaucht, auf der Steilpyramide. Die Flachpyramide verwendet Trachsel lediglich als Dachlösung, wie etwa in „Marche enthousiaste au temple de l'héroisme“. Es fehlen Propylon, Obelisk, Stele, Stufenpyramide und geböschter Turm. Die Pyramidenspitze ist fast immer, wie auf der Dollar-Note, gekappt. Ausgespart wird also jener Punkt, in dem sich die vier aufgehenden Geraden treffen. Diesen Punkt hatte Herder als „Eins“ bezeichnet, für ihn der Repräsentant für Gott. Auf der Dollar-Note nimmt, wie wir sahen, das strahlende Dreieck mit Auge den Platz der Pyramidenspitze ein. In Trachsels Entwürfen ist die Pyramidenspitze den Figuren des Sämanns oder des Dichters, die vollkommen identisch gestaltet sind, vorbehalten. Als Symbol des Göttlichen stellt die Pyramide Werte, Vorstellungen und Geistesgaben in einen sakralen Zusammenhang. Die Einheitlichkeit der Figurenbildung bekräftigt die Wesensverwandtschaften, die zwischen Wahrheiten und Erscheinungen bestehen. Eine Apotheose der Tugend bildet der Entwurf „Le monument des trois vertus“, in dem eine dreifaltige Gottheit auf einer Thronarchitektur dargestellt ist. (Abb. 21) Das Erscheinungsbild auch dieser drei Figuren stimmt mit der Figur des Sämanns vollkommen überein. Das höchste Wesen wird mit dem Wertesystem nahezu gleichgesetzt. Trachsel erleichtert das Verständnis dieser Identifikation durch die Anspielung auf die Dreifaltigkeit. Bei der Bestimmung der Gottheit bleibt es aber bei dieser Anspielung, da eine durch Attribute erzeugte genauere Identität fehlt.

Auch in Entwürfen ohne figürliche Darstellung überwiegt die Steilpyramide, doch erreichen diese gedrungenen Stümpfe nicht die überragende Höhe der schlanken Thronarchitekturen. Der Obelisk bleibt der Verkörperung der Tugenden vorbehalten. In der Grabmahl-Architektur „Le Tombeau d'un Poète“ stützt der Pyramidenstumpf einen Sarkophag und einen Altar, die auf riesige architektonische Maßstäbe übertragen sind. Würdemotive göttlicher Eigenschaften eignen sich für die würdevolle Bestattung des Dichters, offenbar aufgrund seiner als göttlich empfundenen Begabungen. Erneut wird bewußt, daß das göttliche Wirken auch durch den Menschen erfolgt. Die Tempelarchitektur dient der Vergegenwärtigung und Huldigung allgemeiner Werte und schöpferischer Kräfte. So greift Gott, nachdem die Schöpfung abgeschlossen ist, durch Naturkräfte und die Geistesgaben des Menschen in die Welt ein.

„Kosmische Phänomene“ („phénomènes cosmique“) und „Hauptunterteilungen der planetarischen Natur“ („principales divisions de la nature planétaire“) werden durch runde Formen, hauptsächlich Kugel auf Zylinder, von den „großen abstrakten Vorstellungen“ („grandes notions abstraites“) unterschieden. Solare, lunare und chthonische Architektur gehören also einer übereinstimmenden Kategorie an. Durch formale Analogien wird ein Bezugssystem zwischen göttlichem Samen, Himmelskörpern und der menschlichen Fortpflanzung hergestellt. Die geistigen Werte sind mit Gott wesensgleich, wie auch die Tempel formal mit der Thronarchitektur des höchsten Wesens übereinstimmt. Die Tempel des Weltgebäudes und der Natur sind abgegrenzt von Gott und ewigen Werten, da sie der an Zeit und Raum gebundenen Substanz gewidmet sind. Die der Natur gewidmeten Tempel sind jedoch Bestandteil der Metaphysik, da sie formal von „Le Semeur“ abgeleitet werden und somit auf eine im Schöpfungsakt vollzogene Wesensänderung von unendlicher zu endlicher Substanz hinweisen.

Die runde Form, deren Prototyp die göttliche Aureole ist, steht hierbei für das Licht der Himmelskörper und des Firmaments. Die Hemisphäre der Firmamente, dieser „gesäten“ Welten, fußt auf dem Kubus, der die Planeten dieser Welten symbolisieren mag. Den Zusammenhang zwischen Kosmos und Fruchtbarkeit veranschaulicht Trachsel dadurch, daß er die Formen Zylinder und Kugel, die er zunächst als Symbole des kosmischen Samens verwendete, dem menschlichen Körper angleicht, das heißt die Kugel als Kopf und den Zylinder als Körper interpretiert und diese „anthropomorphe“ Architektur durch Augen und Geschlechtsmerkmale konkretisiert („Le Palais des Extases“). (Abb. 22) Trachsel erläutert: „Somit hätten wir, indem wir fortfahren und immer von allgemeinen Ideen ausgehen, umfassende Mengen, durch die wir zu den darin enthaltenen Mengen vordringen, zu Einteilungen und weiteren Unterteilungen.“ Am Ende dieser Unterteilungen steht folgendes: „Hochzeit, Der Palast der Extasen, Der Palast der Fruchtbarkeit, Das Fest der Mutterschaft mit den architektonisierten Symbolen der Geschlechtsorgane von Mann und Frau.“[6]

Im Sinne der Reflexion wurde eine Darstellungsweise entwickelt, die sich, wie bereits erwähnt wurde, stark von traditioneller Architekturzeichnung unterschied. Geometrische Systematik und reduzierte Ausarbeitung von Form und Oberfläche, eine Darstellungsweise, die Architektur, Landschaft und Himmelskörper gleichermaßen karg erscheinen ließ, ermöglichte die Bildung kosmischer Inhalte. Das ebene Terrain und die Isometrie, durch die das Objekt ohne Beimischung von Gefühlen erfaßt werden sollte, erlaubten eine kompositorische Gegenüberstellung von Gebäude und Weltgebäude. Die schöpferische Kraft der Welt wird durch die Mittel der geometrischen Ordnung sinnfällig.

Trotz dieser den menschlichen Gefühlen entgegenstrebenden Architekturauffassung endet Trachsels Zyklus mit eben den Gefühlen jener fiktiven Menschheit, die dadurch positiv werden, daß die Menschen sich zu bestimmten Zeiten zu Feierlichkeiten bei den Tempeln versammeln und zu einer harmonischen Entwicklung und schließlich zu einem Idealzustand mit absoluter sozialer Gerechtigkeit finden. Aus dieser Absicht heraus ist der Titel „Les Fêtes réelles" zu verstehen. Der Architekt beschreibt sein Erlösungswerk im Vorwort: „Der Mensch in diesem Menschengeschlecht würde durch die Zusammenkunft und die harmonische Ausgewogenheit der Mittel von Kunst und Verstand die Ursachen, die Welt des reinen Denkens und die Welt der organischen und anorganischen Erscheinungen besser erkennen lernen... Diese Gesellschaft würde sich somit auf harmonische Weise entwickeln. Sie würde sich völlig frei, stolz, unabhängig, brüderlich und losgelöst von jeder Knechtschaft entwickeln. Sie würde ihr ganzes Herz, ihr Gehirn, ihre Sinne, ihre Vorstellungskraft durch diese Feste und Tempel entwickeln, die wie die ewigen Symbole all ihrer Wünsche nach einem vollständigen und starken Leben und all ihres Strebens nach Schönheit, Gerechtigkeit, Wahrheit und brüderlicher und überschwenglicher Freude wären."[7]

Da die Tempelarchitektur zu bestimmten festlichen Anlässen genutzt werden soll und bei oder in ihr die jeweiligen Feste zelebriert werden sollen, ist sie kosmischen Vorgängen kalendarisch zugeordnet. Im Entwurf „Allegro" weist Trachsel auf die „rhythmischen" Zusammenhänge seiner Entwürfe hin und verdeutlicht die kalendarische Zuordnung. (Abb. 17) In dieser Darstellung fällt das Sonnenlicht gerade axial auf die Architektur, so daß der zentrale Triumphbogen einen halbkreisförmigen Schatten auf die Mittelachse wirft. Durch die Beziehung der Architektur zu den Gestirnen wird ein bestimmter Moment im Jahr angezeigt, an dem wohl eines jener Feste stattfinden soll, zu der sich die fiktive Menschheit versammeln soll. So erstreckt sich das geometrische System der Architektur auch auf

Schattenwirkungen, die die kosmischen Bewegungsabläufe und die physikalische Zeit in die Architekturkonzeption integrieren. Dadurch vervollständigen sich die Bezüge zwischen Weltgebäude, Bewegung, Zeit, Mensch und Leben. Ein Entwurf läßt auf die Kenntnis der indischen Kalenderarchitektur schließen. Blatt 34, „Défilé respectueux devant un juste" zeigt eine steile Freitreppe, die nach dem Vorbild des Observatoriums Yantra Mantra, Jaipur, Rajastan, entworfen sein könnte. (Abb. 24, 25) Dort führen Steinbahnen über Treppen zu Warten hinauf, die zum Teil mit Pavillons versehen wurden. Die dortigen Freitreppen mit ihrem jeweils differenzierten Anstieg, die den Erfordernissen des kalendarischen Messens und Observierens angepaßt waren, scheinen die Treppenerfindungen der „Fêtes réelles" beeinflußt zu haben. Eine auffällig flach ansteigende Treppe zeigt etwa das Blatt „Marche sacré au Palais des Etoiles". Unterschiedlich steil ansteigende Treppen zeigen am deutlichsten die auf einer Plattform stehenden und den Tierkreiszeichen zugeordneten zwölf Rasivalaya Yantras in Jaipur, die parallel zur Ekliptik stehen, wenn das betreffende Zeichen am Horizont erscheint.[8] Die spekulative Architekturkonzeption von Boullée beinhaltete eine Grenzüberschreitung über materielle Begriffe hinaus. Die „Fêtes réelles" von Albert Trachsel intendieren ein Erlösungswerk, das durch den Einklang der menschlichen Kultur mit dem Kosmos geschaffen werden soll. Für die Wiedergabe seiner „Vorstellung vom Göttlichen" („notion de la Divinité") bedient sich Trachsel ergänzend bildlicher Darstellungen. Der Entwurf „Le Temple de l'Eternité" mit seinen kubischen und pyramidalen Formen läßt dagegen keine konzeptionelle Umsetzung solcher Vorstellungen, wie sie bei Boullée nachvollziehbar waren, erkennen. (Abb. 23) Die Welträtsel faßt Trachsel metaphorisch durch „Le Sphinx" zusammen und zeigt das mythologische Wesen in einer monströsen Physiognomie zwischen Mann und Raubtier. (Abb. 26) Es ist hinreichend bekannt, daß die Sphinx im 19. Jahrhundert besonders in der symbolistischen Malerei für das unlösbare Rätsel des weiblichen Geschlechts und das Scheitern des Mannes daran steht.[9]

Die Sphinx mit dem Gesicht eines Mannes, wie sie Trachsel zeichnete, läßt dagegen nur spekulative Deutungen zu. Sie mag etwa auf „Magier" und „Eingeweihte" der Zeit verweisen, die sich für Adepten hielten. So bleibt es der Auffassung des Betrachters überlassen, ob es sich hier um ein monströs-verfremdetes Selbstporträt oder die Darstellung eines Eingeweihten handelt, dem die Kenntnis der Welträtsel gleichsam ins Gesicht geschrieben steht. Die künstlerische Auseinandersetzung mit Unendlichkeit und Jenseitsvorstellungen zwingt Trachsel, im Gegensatz zu Boullée, die Grenzen der Architektur zu verlassen und sich der Mittel bildlicher Darstellung zu bedienen.

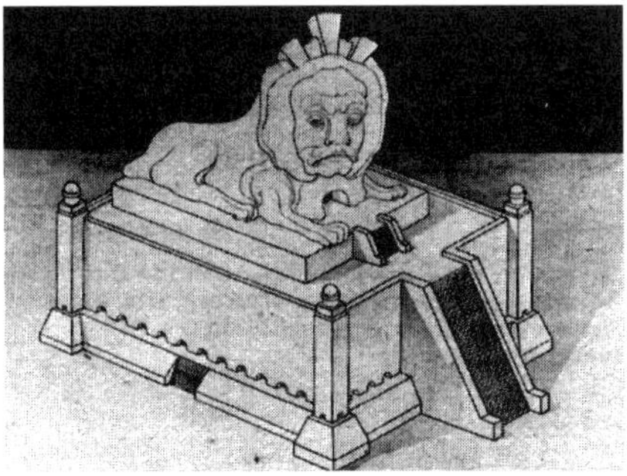

-

◄Abb. 26: Albert Trachsel, „Le Sphinx" („Fêtes réelles")

▼Abb. 27: Albert Trachsel, „Regard dans l` Infini" („Apparition")

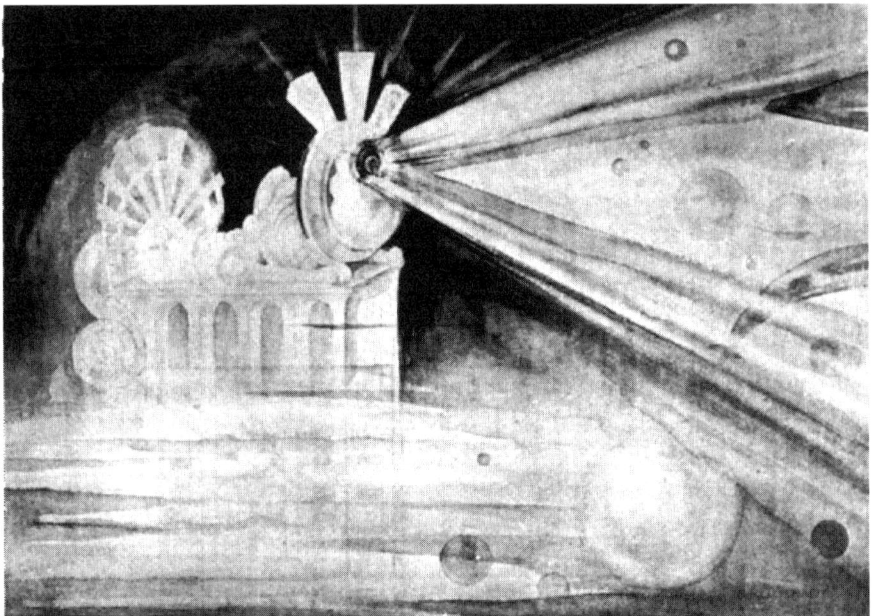

Der dritte Teil des Zyklus „Le Poème" mit dem Titel „Apparition" zeigt laut Trachsel „alle Dinge der Vorstellungskraft, die Naturvisionen oder kosmische Konzeptionen".[10] In dieser Absicht verläßt Trachsel die symbolistische Architekturkonzeption, zu der es keine Rückkehr mehr geben soll, und wendet sich einer weitenteils aquarellierten Malerei zur Darstellung seiner Traumvisionen zu. Die künstlerischen Ausdrucksmöglichkeiten werden durch Malerei ergänzt. In einer Lithographie in „Apparition" mit dem Titel „Le Regard dans l'Infini" wird Architektur nun rein malerisch aufgefaßt. (Abb. 27) Trachsel hat hier das rationale Verfahren der Architekturzeichnung preisgegeben, um sich einer Darstellung zuzuwenden, bei der der Architekturriß durch eine verzerrte und verschleierte Darstellung ersetzt ist. Der auf der Arkadenarchitektur kauernden Sphinx fehlen jegliche menschlichen Züge. Ihr Kopf ist zu einem hypertrophen Auge umgeformt, das durch das Attribut einer strahlenden Aureole gekennzeichnet wird. Der spiegelgleiche Aufbau weicht einer zielgerichteten und expressiven Komposition. So scheint der Leib der Sphinx auf den in die Unendlichkeit gerichteten und durch divergierende Strahlen dargestellten Blick ausgerichtet zu sein. Er windet sich bei dieser Schau in merkwürdigen Kreislinien. Die Fundamente der Architektur werden inmitten von Himmelskörpern an unbestimmten Orten im All in kosmische Dunstschleier gehüllt, so daß der Komposition „der Boden entzogen ist". Bildgestaltungen dieser Art, die auf eine nicht rational faßbare Vorstellungswelt zurückgehen, scheinen Stuart Merrill besonders angezogen zu haben, als er Trachsels „Meisterwerk", das seiner Meinung nach neben den Werken Redons bestehen kann, durch assoziatives Nacherleben paraphrasiert. Die hauptsächlich aus Kreislinien bestehende Komposition wird von Merrill als Ausdruck des Entsetzens vor der Unendlichkeit gedeutet: „Was dieses Ungeheuer betrifft, das aus Krümmungen und Kreisen gebildet ist, ist es nicht das Zeichen des Schreckens angesichts des Mysteriums?"[11]

Die statische Wirkung träger Materie, die in Form von Kugel und Kubus Grundlage der „Fêtes réelles" gewesen war, ist in „Le Regard dans l'Infini" malerisch aufgelöst. An die Stelle träger Massen zur Versinnbildlichung des Weltgebäudes tritt eine Bogenarchitektur, die das Emporstreben geistiger Erkenntnisse zu beschleunigen scheint. Anstelle des Gefühls der Sicherheit und Vertrautheit, die der festgefügte Bau der Welt hinterläßt, tritt hier das Unendlichkeitsbewußtsein des Fin-de-siècle-Künstlers und Gefühle von Unergründlichkeit, Unbestimmtheit und Entsetzen in Erscheinung. Die traditionelle Symbolik der Unendlichkeit und ihres Ursprungs, etwa Kreis mit Mittelpunkt, ist in eine monströs-verzerrte Darstellung umgewandelt. Das in sich geschlossene Symbol, das aufgrund seiner geometrischen Beschaffenheit für Architektur verwertbar ist, weicht der Darstellung des Entsetzens vor der Endlosigkeit. In der symbolistischen Kunst hat die Malerei die Architektur wieder eingeholt, wenn das Thema Unendlichkeit berührt wird.

II.1.7. Nachwirkungen in der Jugendstilarchitektur

Trachsels Architekturphantasien hinterließen Spuren an später gebauter Architektur. Es mag genügen, auf die Wiener Jugendstilarchitektur der Jahrhundertwende hinzuweisen, in der das von Trachsel wiederentdeckte Formenrepertoire am deutlichsten verwertet wurde. In jüngster Zeit wurden bereits indirekte Bezüge zwischen Jugendstil und den graphischen Künsten des Symbolismus festgestellt. So schreibt Peter Mayer: „Und wo irgendwo im Verlaufe dieses Jahrhunderts [des 19. Jahrhunderts] Versuche sichtbar werden, mit Hilfe von Naturformen Symbolisches auszudrücken, wird der Zusammenhang mit dem Jugendstil oder eine Vorahnung davon fühlbar.“[1] Vergleicht man Trachsels formale Prinzipien mit Wiener Beispielen, etwa dem Haus „Sezession“ von Joseph Maria Olbrichs (1897/98) oder Otto Wagners „Kirche am Steinhof“ (1904/07), so erscheinen die Bezüge über eine vage Verwandtschaft des Symbolischen bei Symbolismus und Jugendstil hinauszugehen und wesentlich konkreterer Art zu sein. Für beide Wiener Beispiele gilt mehr oder weniger die Zusammensetzung des Baukörpers aus einem kubischen Hauptblock und hemisphärischen Wölbungen als Entwurfsprinzip. Für diese Architekturkonzeption entwickelt der Jugendstil seinen eigenständigen Dekor. Besonders Olbrichs Sezessionshaus stimmt formal besonders mit der Grundform Kubus mit Kuppel überein, die im Symbolismus durch die Entwürfe Trachsels in vielfältigen Varianten in Erscheinung getreten war. Eine besonders auffällige Übereinstimmung findet sich in den Eckzinnen, die die Kuppel gleichsam „in die Zange nehmen“ und bei Olbrich fast turmhafte Dimensionen annehmen. Olbrich, dem Gewinner des Rom-Preises von 1893, entgingen die Ideen Trachsels sicherlich nicht.

Wolfgang Pehnt berichtet in seinem Buch über die Architektur des Deutschen Expressionismus über eine seit der Gründerzeit bestehende Theorie, derzufolge zum Ziel einer harmonischen Gestaltung untergeordnete Bauabschnitte eine Wiederholung eines Hauptabschnitts sein sollen.[2] Trachsel setzt dieses Prinzip zu einem sehr frühen Zeitpunkt in der Entwurfspraxis ein. Später entsteht eine „Architekturstudie“ (1904) von Herrmann Billing oder Schülern Billings, mit der Pehnt dieses Postulat dokumentiert. (Abb. 28) Die Studie zeigt einen kubischen Tempel auf einem Felsplateau mit einer großen Halbkugel als Kuppel ohne Tambour. Die Gesamtstruktur ist durch die Form des Felsens vorgeprägt. Die architektonische Form wird also durch die Naturform, die in die Treppenarchitektur miteinbezogen ist, bestimmt. Tempel und Felsen sind so wenig wie möglich voneinander abgegrenzt, was dadurch erreicht wird, daß der obere Teil des Felsens zur Schaffung eines Postaments und einer Treppenanlage architektonisch bearbeitet ist. Das heißt, ein Teil der Architektur ist in den Fels hineingearbeitet im Sinne einer Korrektur eines schon von der Natur vorgegebenen Prinzips. Diese Gegenüberstellung von Topographie und Architektur ist dem Verfahren Trachsels verwandt, bei dem Himmel und Erde im Sinne der Aussage des Architekturbilds auf einfachste geometrische Formen, das heißt Gerade, Kreis und Quadrat, reduziert werden und mit den Formen der Architektur identisch sind. In Trachsels Gegenüberstellung ergibt sich der Sinn eines Weltsymbols durch Architektur. Billing beziehungsweise seine Schüler setzen den inhaltlich-künstlerischen Schwerpunkt auf eine Fortsetzung und Verfeinerung einer natürlichen Struktur.

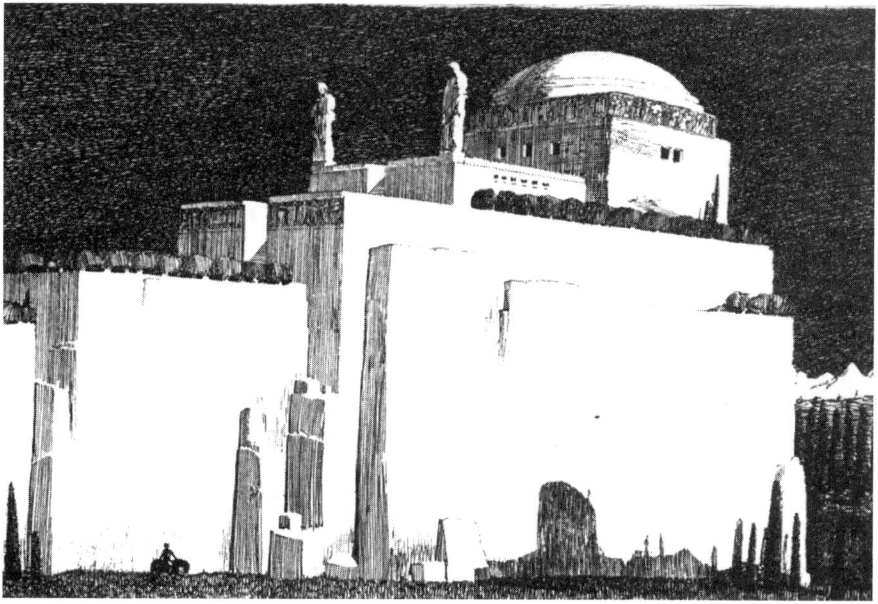

Abb. 28: Hermann Billing oder Schüler Billings, Architekturstudie. Aus: Hermann Billing (Hrsg.) Architekturskizzen, o.J. (1904)

II.2.1. Dächer: Die neue Einfachheit im englischen Kirchenbau

Das kosmologische Architekturverständnis, das zu den Entwürfen der „Fêtes réelles" führte, findet eine zeitgleiche Parallele in der Auffassung des englischen Architekten William Richard Lethaby (1857-1931), der insbesondere in seinem ersten Buch zur Architekturgeschichte „Architecture, Mysticism and Myth" die Überzeugung einer allgemeinen Kosmologie des Bauens darlegte.[1] Der große Aufwand der Recherche führte hier zu einer enormen Quantität an Beschreibungen historischer Beispiele. Die Unzahl der von Lethaby herangezogenen Quellen, die teilweise fast beliebig anmuten und keiner chronologischen oder geographischen, sondern lediglich einer thematischen Ordnung folgen, dient als Beleg einer einzigen vorgefaßten These, derzufolge die Kulturkreise ihren Architektur-"Stil" auf der Grundlage kosmologischer Gesichtspunkte entwickelten. Allein späte, naturwissenschaftlich aufgeklärte Epochen brechen Lethabys Meinung nach mit dieser Tradition, die eine lange Vergangenheit hat. Von der zukünftigen Architektur fordert er ebenfalls andere Inhalte.

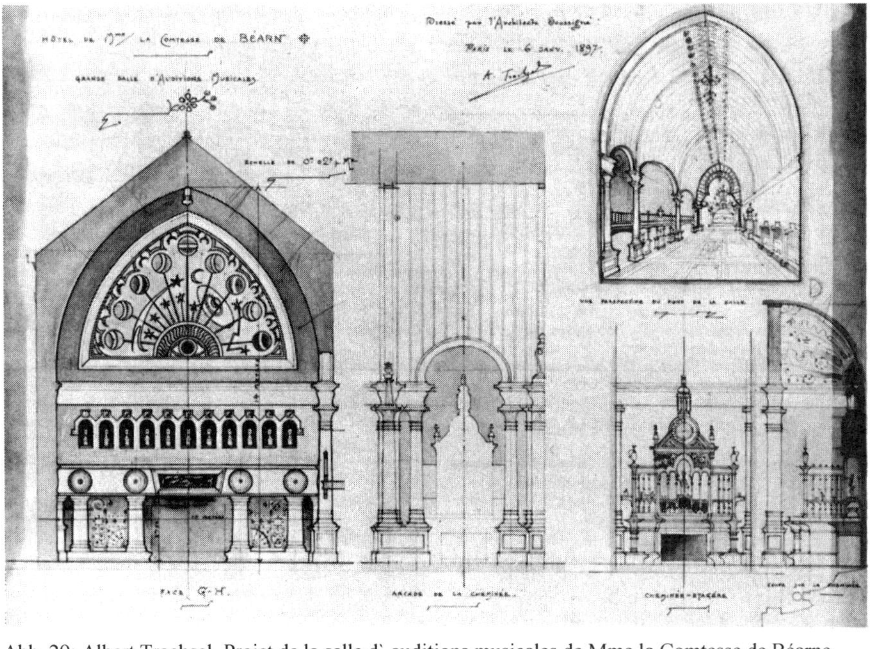

Abb. 29: Albert Trachsel, Projet de la salle d` auditions musicales de Mme la Comtesse de Béarne, 1897

Trachsel entwickelte unter dem Einfluß des Péladan-Umkreises einen seinen symbolistischen Träumen entsprechenden Architekturentwurf, der eine eigenwillige Sonderstellung einnahm. Auch die wenigen Werke, die zur Ausführung bestimmt waren, zeigen sich deutlich durch die kosmologischen Zuordnungen geprägt .[2]

Lethaby unterschied im Gegensatz zum Historismus zwischen den Disziplinen des Architekturbilds, der Geschichtsforschung und seiner Arbeit als entwerfender Architekt. Die Beschäftigung mit der Kosmologie der Baukunst und die Einflüsse des kontinentalen Symbolismus wirkten jedoch bedingt und diskret auf den zur Ausführung bestimmten Entwurf ein. Die Ergebnisse seiner Architekturabhandlung, die er selbst mit Zeichnungen, zum Teil symbolistisch-stimmungsvoll, illustriert, und die für die Ausführung bestimmten Entwürfen besitzen also unterschiedliche Grundlagen. Einige Buchillustrationen sind nicht als Visionen im Sinne Trachsels, sondern als Nachempfindungen historischer Zusammenhänge zu verstehen. Ihren Ausdruckswerten liegen symbolistische Gesichtspunkte zugrunde. Die Darstellung einer Stufenpyramide in „Architecture, Mysticism and Myth“ (1891) verrät die Kenntnis der Graphiken von Redon. (Abb. 30) Die Zeichnung des „Beryl Shrine“ für Rossettis Gedicht „Rose Mary“ sind darstellerisch den Graphiken von Félicien Rops überaus verwandt. (Abb. 31) Ausgeführte Werke blieben bodenständigeren, durch die Arts-and-Crafts-Bewegung bestimmten Idealen verhaftet, doch machte sich die geistige Verwandtschaft zum Symbolismus auch hier diskret bemerkbar. Wie sich später zeigen wird, war die Wirkung von „Architecture, Mysticism and Myth“ auch auf andere zeitgenössische Architekten nicht unwesentlich.

Die Grundlagen der Architektursprache Lethabys waren durch seinen beruflichen Werdegang bedingt. Lethaby war aus dem Büro von Norman Shaw hervorgegangen. Lehrer wie Schüler bevorzugten die Vereinfachung gotischer Systeme im Entwurf und natürliche, heimische Materialien in der Ausführung. Nach dem Ausscheiden aus dem Büro Shaws war Lethaby freier Mitarbeiter von Morris & Co.[3] Als Leitfigur der Arts-and-Crafts-Bewegung wirkte Morris nicht nur durch die Weiterentwicklung des Designs, sondern auch als Sozialreformer. Die soziale Utopie beschrieb er in seinem Roman „News from Nowhere“. Auch Lethaby läßt sich von sozialen Ideen leiten, und so war er historischer Architektur gegenüber, die er als Ergebnis menschlicher Ausbeutung betrachtete, skeptisch eingestellt. Er empfand sie als Ausdruck sozialer Ungerechtigkeit und deshalb als für die Gegen-

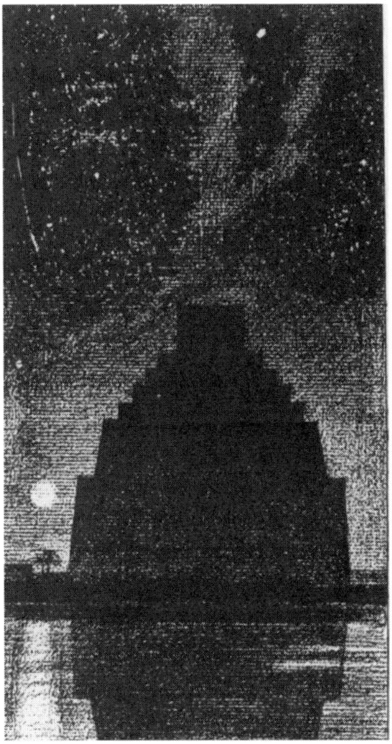

▲Abb. 30: W.R. Lethaby, Stufenpyramide

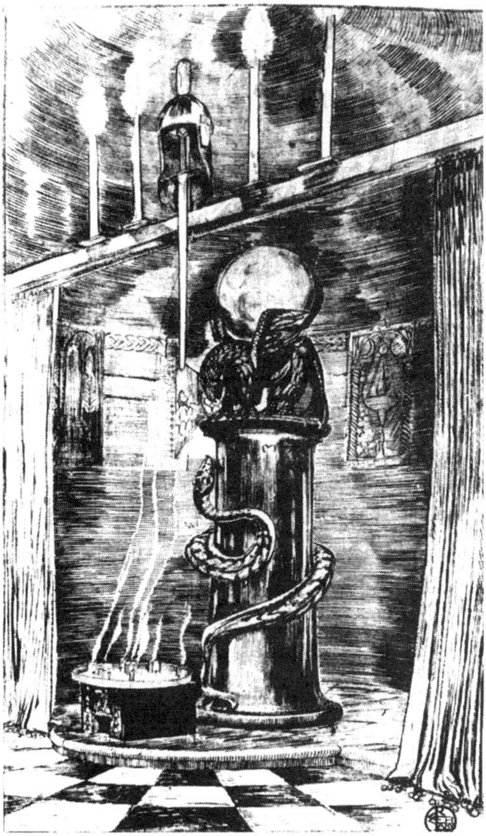

Abb. 31: W. R. Lethaby „The Beryl Shrine"▶

wart ungeeignet.[4] Will man sich Lethabys modernen rationalistischen Programmen nähern, so ist dem dreißig Jahre später herausgegebenen Buch „Form in Civilization" der Vorzug gegenüber „Architecture, Mysticism and Myth" einzuräumen.[5]

Während Trachsels Ideale nur „außerhalb von Zeit und Raum" und in einer „fiktiven Menschheit" zu verwirklichen waren, was einen Bruch zwischen Architektur und Gesellschaft und ein Verzweifeln am Hier und Jetzt bedeutete, ließ sich Lethaby von bürgerlich-sozialen Vorstellungen leiten und söhnte sich mit dem Menschen aus, in dessen Dienst er sein Schaffen stellte.

Das erste Architekturbuch „Architecture, Mysticism and Myth“ erregte Aufsehen. Den heutigen Kunstgeschichtsforscher, der es aus zeitlicher Distanz heraus einzuordnen hat, stellt es vor keine leichte Aufgabe. In mancherlei Hinsicht äußert es Kriterien, die ohne Zweifel auch die damals aktuelle Architektursprache berühren. So verwirft Lethaby einleitend „die Geschichte der Architektur, wie sie gewöhnlich geschrieben wird, mit ihrer Theorie von utilitaristischen Ursprüngen“ und vertritt stattdessen die These, die Geschichte der Architektur sei nicht in erster Linie durch materielle Bedürfnisse, sondern vielmehr durch eine zeitbedingte Vorstellungswelt, also durch ideelle Voraussetzungen geprägt. Architektur entwickelte sich demzufolge nicht als ständige Reproduktion des ersten Obdachs, sondern in einer „Synthese der Schönen Künste“, wie er schreibt.[6] Die Synthese, die er aber eigentlich beschreibt, ist die von Kosmologie und Architektur. Er demonstriert dies vorzugsweise am Sakralbau, der für ihn den Versuch der Erbauer darstellt, ein Modell des Weltgebäudes („the World Fabric“), dem jeweiligen Wissensstand entsprechend, zu schaffen. Architektur besteht für Lethaby daher in Abgrenzung zum Bauen in erster Linie in ihrer das Weltall repräsentierenden Qualität. Verglichen mit den Thesen Ruskins, einer der maßgeblichen Leitfiguren der Präraffaeliten und der Arts-and-Crafts-Bewegung, der ebenfalls gleich zu Beginn seiner Abhandlung „Sieben Leuchter der Baukunst“ zwischen Bauen und Architektur unterscheidet, erscheint diese Definition als besondere Neuerung - geschrieben von einem Architekten Jahrzehnte vor den Anfängen der Architekturikonologie. Für Ruskin hatte Architektur darin bestanden, daß zum Bau entbehrlicher Zierrat hinzutrat. Ornamente sind für Ruskin entbehrlich für den Bau, jedoch nicht für Architektur. Für Lethaby ist architektonische Bedeutung in erster Linie von strukturellen Gegebenheiten abzuleiten, wobei Verzierungen hierfür nicht zwingend notwendig sind. In Lethabys eigener Architektur hinterließen Interpretationen historischer Baukunst durchaus Spuren, wenngleich diese oft schwer nachzuverfolgen sind.

In einer weiteren Grundlage der Architekturtheorie unterscheidet sich Lethaby radikal von Ruskin. Er fordert eine Preisgabe historischer Architektursprache aus sozialen Beweggründen. Der „Arbeitswert“ von historischen Gegenständen, den Ruskin der Industrieproduktion und ihrer „Plichtvernachlässigung“ entgegengehalten hat, hat bei Lethaby keine Gültigkeit. Die „harte Arbeit von Kindern, von Barbaren, von Bauern“ in der Geschichte hatte durch Ruskin im Gegensatz zur Industriearbeit noch eine durchweg positive Wertung erhalten. In diesem verklärten Bild von historischer Handwerksarbeit war die künstlerisch wertvolle Arbeit dem Menschen nicht etwa als Blutzoll abgerungen worden. Ihre Kostbarkeit war vielmehr Resultat „des glücklichen Steinmetzen“, dessen Wohlbefinden, an dem Ruskin keinen Zweifel hatte, eine Vorbedingung für die „Erhabenheit“ von Kunst war. Wenn Ruskin zum Bau „schöner“ Häuser und Kirchen aufruft, so verspricht er sich davon eine positive gesellschaftliche Entwicklung.[7] Bei Lethaby ist es umgekehrt. Er sieht die Tatsache meist unfreiwillig geleisteter Arbeit, nicht williger Opferbereitschaft, als Kehrseite der Kunstproduktion, die Ausbeutung von Lebenskraft bedeutet. Die weitaus kritischere Bewertung historischer Arbeit führt bei Lethaby zu einer Distanz zur historischen Bauform, die er jedoch als Bedeutungsträger definiert.

Bereits im ersten Kapitel von „Architecture, Mysticism and Myth“ beugt Lethaby Mißverständnissen vor, indem er davor warnt, seine Auffassung mit einer Theorie über moderne Architektur zu verwechseln. Die moderne Architektur hatte seiner Meinung nach eher modernen, sozialen Vorstellungen zu entsprechen, die etwa die Leitfigur der Arts-and-Crafts-Bewegung, William Morris in seinem utopischen Roman „News from Nowhere“ beschrieb. Lethaby beklagt die „unerbittliche Willenskraft“ und das „Blut“ von Menschen, ohne die die Architektur der Vergangenheit nicht zustande gekommen wäre, heute aber als Mittel abzulehnen sind: „[...] diese Art von Architektur ist nicht die unsrige und nicht die der Zukunft. Wie aber wird die Architektur der Zukunft aussehen? Noch immer wird die Botschaft die sein von Natur und Mensch, von Ordnung und Schönheit, gleichzeitig jedoch wird alles erfüllt sein von Süße, Einfachheit, Freiheit, Vertrauen und Licht. Die andere ist Vergangenheit, und dies ist gut so, denn ihr Ziel war es, das Leben auszulöschen. Die neue, zukünftige Architektur soll das Leben unterstützen und fördern, 'so daß die Schönheit in die Seele einfließen kann wie eine Brise.“[8] Sofern die neue Architektur die Natur berücksichtigt, wirkt sie wohltuend wie eine „Brise“. Nimmt man die Definitionen Lethabys ernst, so ist auch sein Entwurf durch inhaltliche Momente, sprich durch die Kosmologie, als Architektur legitimiert. Das Formenrepertoire vergangener Epochen aber hat seine Funktion verloren. Die Moderne soll sich Inhalte gewissermaßen als „Destillat“ erhalten, eine angemessene Formensprache jedoch selbst finden.

Gerade bei Lethaby ist es erforderlich, voreiligen Schlußfolgerungen vorzubeugen, indem zunächst die Architektur unvoreingenommen ohne Berücksichtigung der Schriften betrachtet wird. Dann stellt sich schnell der erste Widerspruch zur Theorie heraus, nämlich daß verwendete Formen oft von historischen Vorbildern abgeleitet wurden. Aus demselben Grund muß die Wiederentdeckung der Kosmologie und ihr Einfluß auf Projekte an zweite Stelle rücken. Wie zum Beispiel die Kirchenbauten SS Colm and Margaret, Melsetter, Hoy (1900) (Abb. 32,33) und

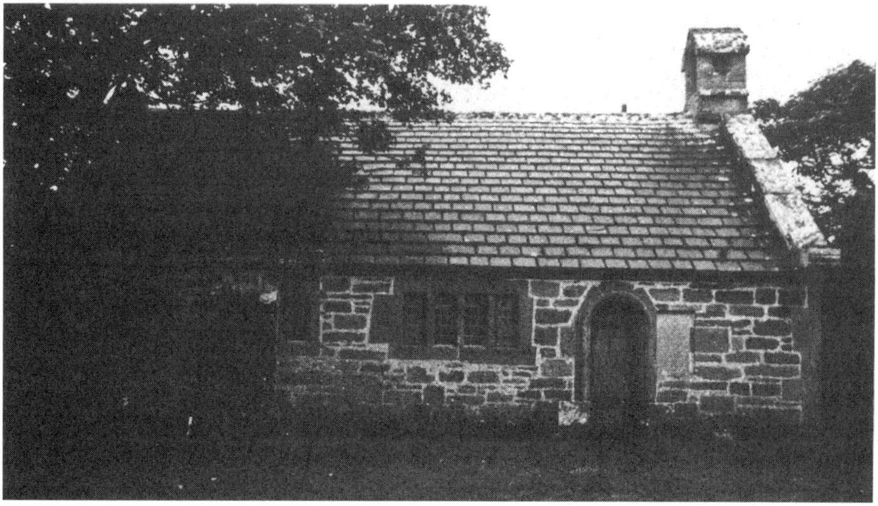

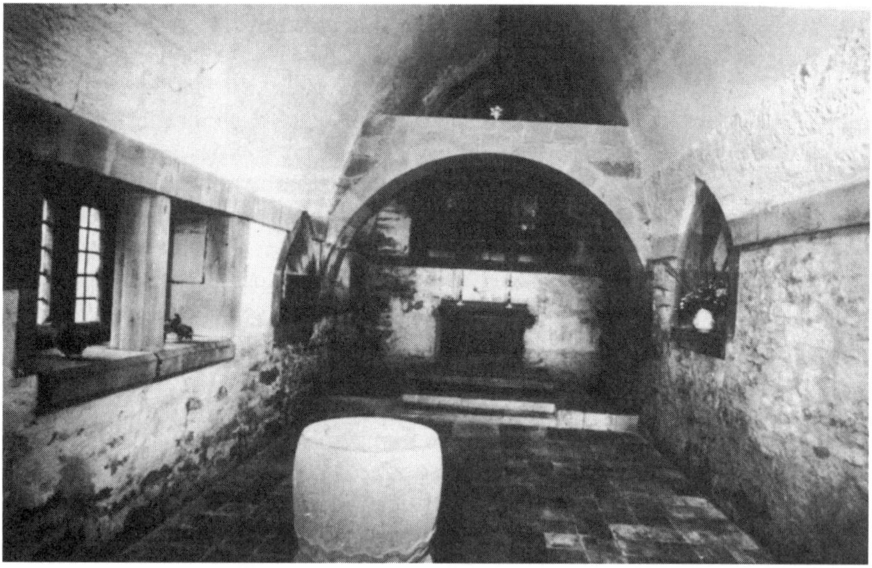

Abb. 32, 33: William Richard Lethaby, SS Colm and Margaret, (Melsetter, Hoy 1900)

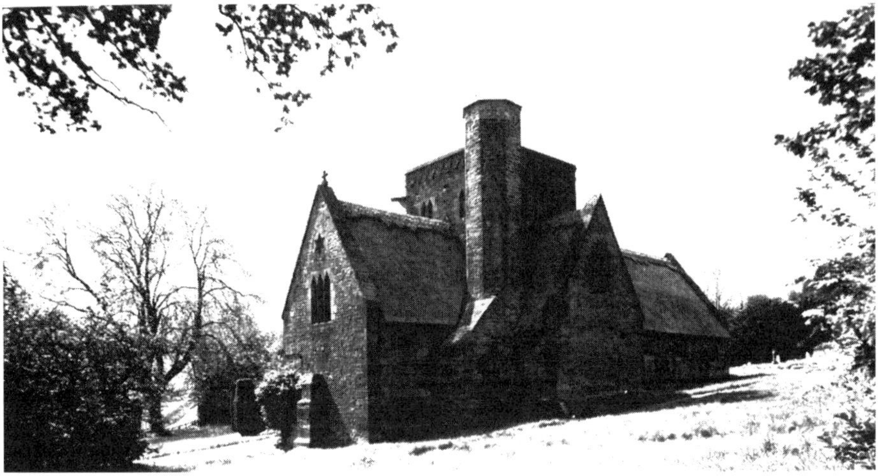

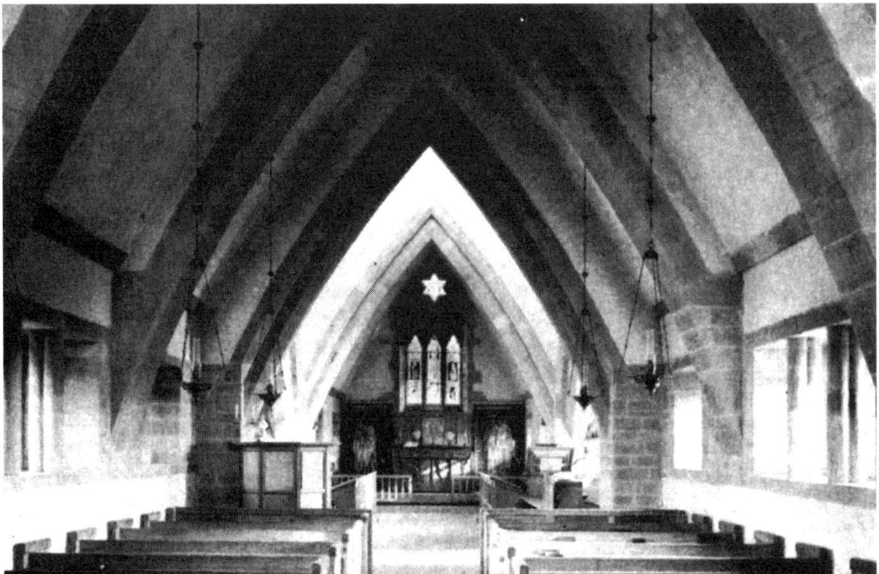

Abb. 33, 34: William Richard Lethaby, All Saints in Brockhampton, Ross-on-Wye (1900)

All Saints in Brockhampton, Ross-on-Wye (1901/02) (Abb. 34,35) zeigen, sind Stilreduzierung, Ornamentfeindlichkeit und eine freie und vielfältige Auswahl von Entlehnungen vordringlichere künstlerische Absicht. Die so entwickelte Formensprache muß nicht immer etwas mit dem Weltgebäude zu tun haben. Entlehnungen werden vielfach als formale Grundlagen verwendet, um ein einheitliches und einfaches Erscheinungsbild zu erzielen, das modernen, rationalistischen Gesichtspunkten folgt. Kombinationen von Entlehnungen und formale Vereinfachungen führen zu neuartigen Erscheinungsbildern. Kosmologische Details sind in einigen Fällen jedoch nachweisbar eindeutige Reminiszenzen der kosmologischen Symbolik. Solche romantischen Relikte werden durch die Lektüre von „Architecture, Mysticism and Myth" verständlich.

Die Abkehr von den historischen Stilen besteht bei Lethaby also besonders darin, daß reduzierte Formen vor stilistisch klar festgelegten Formen und ornamentalen Zutaten, die einer Epoche zugeordnet werden können, die Oberhand gewinnen. Außerdem sollen Vorblendungen nicht den eigentlichen Baukörper überlagern, sondern aus der Konstruktion heraus entwickelt werden. Die Präsentation der Konstruktion wird mit einem Naturalismus verbunden, der rauhe Wandoberflächen bevorzugt und bisweilen auch einen künstlich herbeigeführten Alterswert anstrebt. Die Empfehlung Ruskins, statt schlecht vollendeter Formen einfache Formen zu verwenden, und seine positive Bewertung einfacher Dorfarchitektur finden nicht nur vollen Zuspruch, sondern werden zum selbständigen Schönheitsbegriff, der mit sozialen Bestrebungen bestens zu vereinbaren ist.[9] Ruskin weckte auch das Bewußtsein der Wirkung verschieden großer Mauersteine. Ein Mauerwerk aus großen Steinen führt nach Ruskin zu Verringerung des Größeneindrucks, der ja vermieden werden soll.[10] Richardson, der am auffälligsten die Rustika und rauhe Bossenstrukturen bevorzugte, schuf mit seinem Haus für Sir Hubert Herkommer (1886-1894), Melbourne Road, Bushey (Hertfortshire), für beide Stilmerkmale ein fast überspitztes Beispiel.[11] (Abb. 36) Das Gebäude wird zum Schaustück moderner Vorstellungen, welches wie eine Skulptur mit gewollten Unstimmigkeiten in Material und Aufbau versehen wird. Die Mauersteine sind im Beispiel von Richardson bewußt überdimensioniert, und alle Bauglieder zeigen eine Tendenz zur Unregelmäßigkeit. Nicht das sublim ausgearbeitete, sondern das rohe und vernarbte Erscheinungsbild entspricht hier dem Schönheitsempfinden. Lethaby wagt später als Richardson in seinen beiden Kirchenbauten SS Colm and Margaret und All Saints die Berücksichtigung ähnlicher Gesichtspunkte in der Materialverarbeitung. Die Gestaltung der Bauglieder sucht die reduzierteste Möglichkeit, und die Oberflächen bleiben rauh. Mauerwerk als solches wird Gestaltungselement. So bilden breite Fugen eines Bruchsteinmauerwerks am Außenbau von SS Colm and Margaret ein Fassadenmuster, dessen Unregelmäßigkeit mit den der Größe nach fast beliebig zusammengefügten Steinen der Fensterlaibungen zusammenwirkt. Die Mauersteine sind verhältnismäßig groß, wodurch der Eindruck einer kleinen Kirche noch verstärkt wird. Das Postulat nach einer sozial verträglichen Architektur als Gegenteil einer hypertrophen Architektur ist hier voll und ganz eingehalten.

Viele Merkmale einer modernen Architektursprache werden durch formal reduzierte Bauglieder vorweggenommen. Unter Betonung des Konstruktiven ist im Kirchenraum eine Bevorzugung steiler Gewölbeformen zu beobachten. Die Kämpfer liegen verglichen mit mittelalterlichen Beispielen ungewöhnlich tief, was als eine Gestaltungsleistung zu gelten hat, die in erster Linie Lethaby zuzuschreiben ist. So sind in SS Colm and Margaret, Mellsetter (1900) gotische Gesichtspunkte in reduzierter und karger Strenge angewandt. Die ungegliederte Spitztonne ist deutlich höher als die Seitenwände und dominant in der Raumwirkung. All Saints in Brockhampton (1901/02) zeigt eine in dieser Hinsicht noch gesteigerte Wirkung durch einen Innenraum, der durch spitze Gurtbögen in Joche gegliedert ist. Shaws Halle von Adcote, Shrompshire (1876-81) und besonders die Bothenhampton Church, Dorset (1887-1889) von E.S.Prior scheinen hier die Vorbilder gewesen zu sein. (Abb. 37, 38)

In Lethabys Kirchenräumen besteht eine Weiterentwicklung und Steigerung dieser Innenraumgestaltung in ihrer Übertragung auf schmale und niedrige Räume. Extrem geringe Spannweiten steigern die spitzwinklige Wirkung der Innenarchitektur und geringe Raumhöhen lassen die Gewölbe wie in einem Dachboden zum Greifen nahe erscheinen. Durch die niedrige Höhe der Kämpfer entsteht eine Saalkirche mit niedrigen Seitenwänden im Innenraum, der durch den steilen spitzbögigen, fast tonnenförmigen Querschnitt seine Wirkung erhält. Angestrebt wird die statisch sinnvolle Wölbungskonstruktion mit geringen Schubkräften, die auf expressionistische Kirchenbauten, insbesondere die von Domenikus Böhm vorausweist.[12]

Edward Prior verwirklicht ähnliches in seiner Kirche in Dorset und später auch in seiner Kirche St. Andrew (1904-07), Roker bei Sunderland, mit großangelegten Spitzbögen in einem großräumigen Bau. (Abb. 39) Die spitzen Scheidbögen nehmen fast den gesamten Raumquerschnitt in Anspruch. Die niedrigen Außenwände ergeben sich aus der Lage tief angesetzter Scheidbögen, die weit unten in

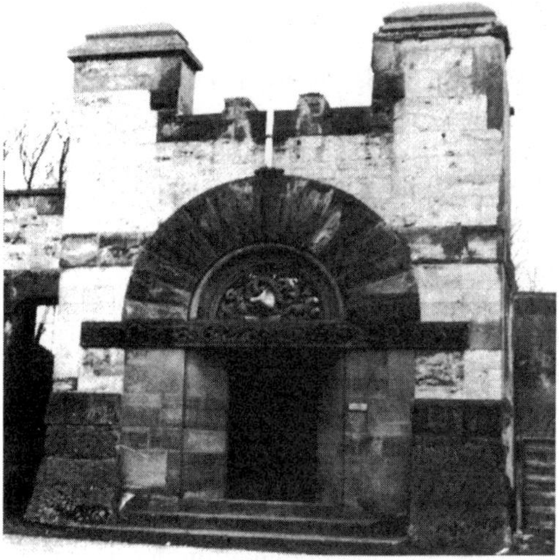

Abb. 36: H. H. Richardson, Haus für Sir H. Herkommer („Lululand") 1886-1894

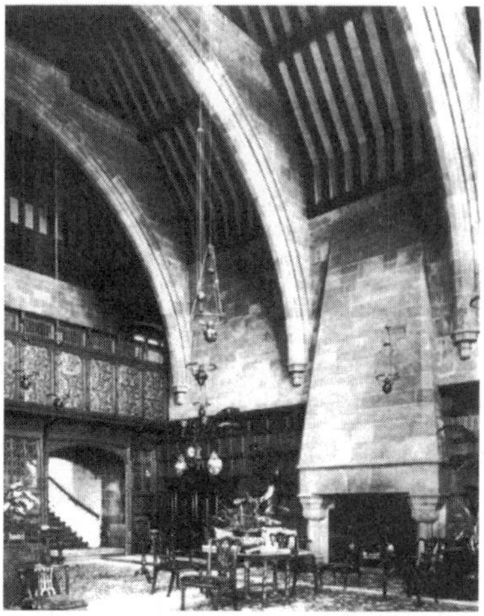

Abb. 37: Norman Shaw, Halle von Adcote, Shrompshire, 1876-81

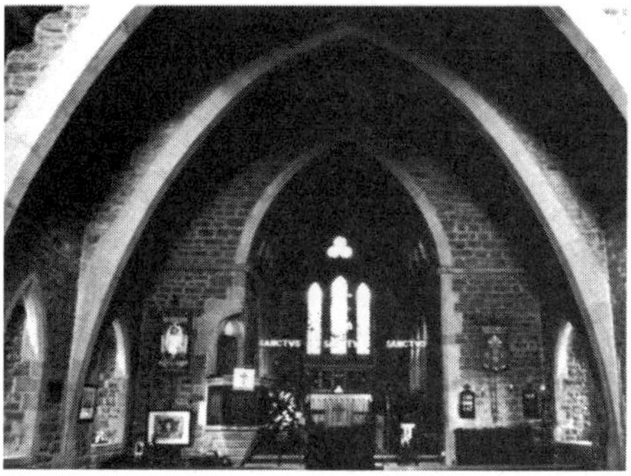

Abb. 38: E. S. Prior, Bothenhampton Church, Dorset, 1876-81

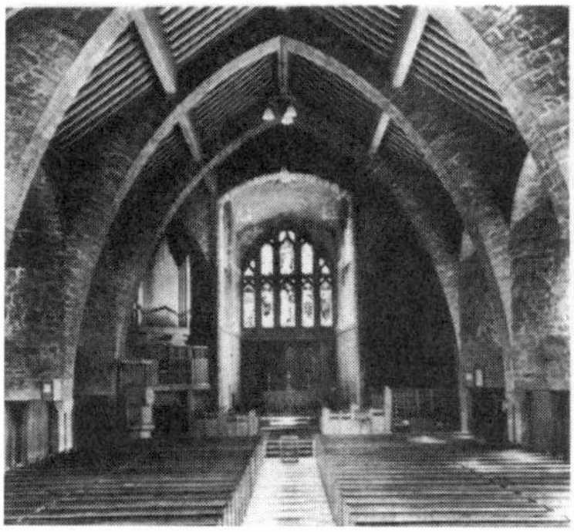

Abb. 39: E. S. Prior, St. Andrew`s, Roker, 1904-1908

die Senkrechte übergehen. Ähnlich verfährt Edgar Wood, der extrem steile Formen für die First Church of Christ Scientist in Manchester (1903-1908) verwendet und einen niedrigen Unterbau erreicht. (Abb. 40) Während Lethaby und Prior diese Querschnittform auf die Raumwirkung beschränken, überträgt Wood enorme Spitzwinklichkeit auf die Dachneigung, wodurch der Außenbau ein zeltarti-

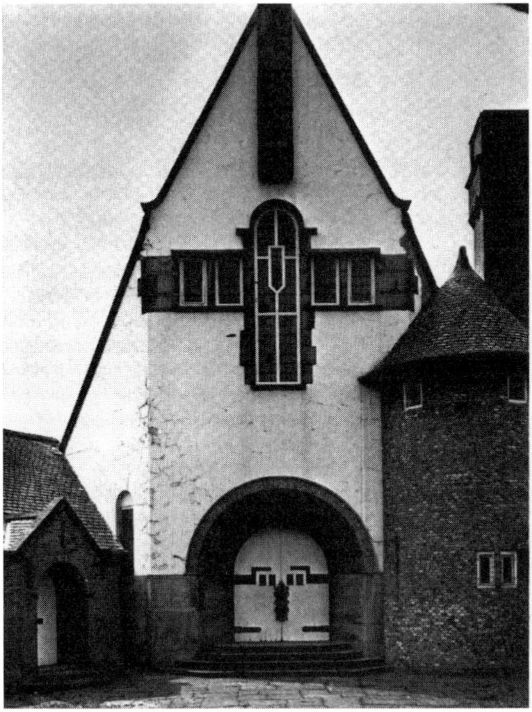

Abb. 40: Edgar Wood, First Church of Christ Scientist, heute Edgar Wood Centre, Manchester, 1903-1908

ges Erscheinungsbild erhält. Zu modernen Schöpfungen im Kirchenbau des Expressionimus ist es von hier aus, was die Verarbeitung des Spitzbogens und des spitzen Giebels betrifft, nur noch ein kleiner Schritt.[13]

Mit den Mitteln spitzer Konturen, die der Gotik entlehnt sind, wird im Sinne moderner geistiger Bedürfnisse eine markante Konzeption des architektonischen Ausdrucks verwirklicht. Durch diese Bedürfnisse gelenkt wird Kontakt zu frühesten Überlieferungen allgemeingültiger Formen als generelle Wurzeln von Architektur gesucht. Lethaby fordert von Architektur eine Bedeutung, und erst recht mußte der Kirchenbau mit Glaubensforderung und Glaubensäußerung im Einklang stehen. Und so ist die Betonung von Wölbung und Dach - dachbodenartig oder zeltartig in kleinen und einfachen Kirchenräumen verwirklicht - sicherlich inhaltlich begründet. Es scheint sich ein Geschichtsverständnis widerzuspiegeln, welches nicht nur Lethaby in „Architectur, Mysticism and Myth" äußert. Semper hatte bereits einige Jahre zuvor angemerkt, - man bemerke das inhaltliche Zusammenwachsen der Architekturtheorie nach dem späten 19. Jahrhundert in Europa - „daß nämlich der häusliche Herd des wandernden Nomaden mit dem schützenden primitiven Dachgerüst durch alle Zeiten das heilige Symbol der Gesittung blieb...“.[14] Auch in den englischen Beispielen wird eine schlichte Wirkung durch die Betonung des Dachs erzielt. Nicht Wandgliederung und Stützen sind an dieser Wirkung beteiligt, sondern das Bauprinzip der Dachschräge. Möglicherweise aus diesen Überlegungen heraus läßt Prior im Innenraum von St. Andrew's in Roker das Dachwerk offen, so daß die Dachkonstruktion die Raumwirkung dominiert. Diese sollte im Rahmen des Kirchenbaus religiösen Inhalten entsprechen. Die Architektur wird durch die später entstandene Himmelsdecke des Altarraums durch konkrete kosmologische Darstellungen bereichert, für die, wie noch gezeigt werden wird, Lethabys „Architecture, Mysticism and Myth“ als Quelle dienen kann.

Der Wettbewerbsbeitrag der Kathedrale von Liverpool von Lethaby (1902) beinhaltete eine Darstellung des Außenbaus in Fernsicht, also eine Darstellung unter Berücksichtigung der landschaftlichen Einbindung (Abb. 41.)[15] Auch er zeigt ein eigenwillig betontes und gestaltetes Dach über dem Kirchenschiff, dessen Aus-

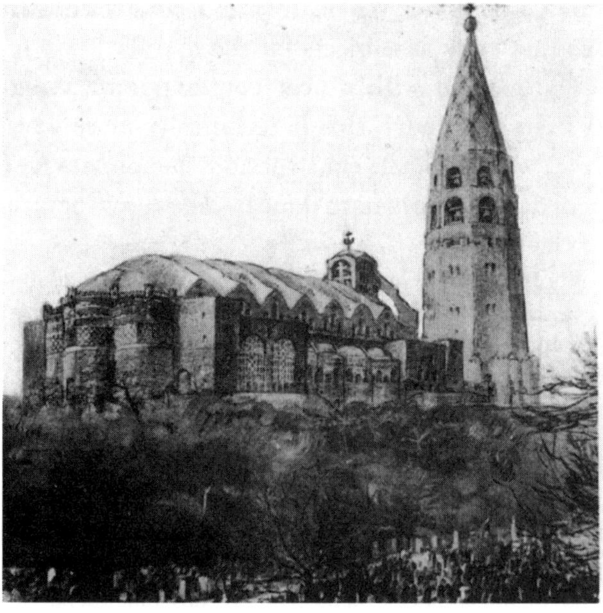

Abb. 41: W. R. Lethaby, Liverpool Cathedral, Wettbewerbsbeitrag, 1902, Ansicht von Südwesten

führung mit herkömmlichen Mitteln des Zimmermanns schwer vorstellbar ist und wohl bereits auf Stahlbetontechnik abgestimmt ist. Seine Form wird durch gestauchte Spitzbögen als einheitliches Motiv geprägt, wodurch eine neuartige Dachform entsteht. Das Projekt sieht sieben Quertonnen vor, die nicht nur im Längs- sondern auch im Querschnitt aus Spitzbögen gebildet sind. Die konsequente Vereinheitlichung der Form und ihre weitestmögliche Vereinfachung scheinen Schwerpunkte im architektonischen Experiment der Arts-and-Crafts-Bewegung zu sein. Das Weltgebäude als Symbol oder Abbild ist weit verborgener, als man es aufgrund der architekturtheoretischen Situation annehmen müßte. Es vollzieht sich in jedem Fall im Rahmen der neugotischen Tradition und tritt hier weniger radikal in Erscheinung als bei Trachsel.

II.2.2. Lethabys Eagle Insurance Buildings Colmore Row Facade, Birmingham (1900). Die Fassade als Bild

Mit Hinblick auf die Kirchenbauten mag es zunächst erstaunlich erscheinen, daß in einem Hauptwerk von Lethaby die Gestaltung des Dachs überhaupt keine Rolle spielt. Dem „modernen“, an die Alltäglichkeit des Flachdachs gewöhnten Auge mag der giebellose Abschluß der „Eagle Insurance Buildings“ (1900) zunächst als Nebensache erscheinen. (Abb. 42) Doch im Vergleich mit den zu dieser Zeit bevorzugten giebelständigen Stadthäusern muß die Fassade als bahnbrechende Konsequenz in der Anwendung orthogonaler Kriterien und damit als Meilenstein in der Entwicklung der Moderne gelten. Der Unterschied zu den bisherigen, freistehenden Wohnhäusern Lethabys mag wohl mit der Tatsache zusammenhängen, daß nun eine Baulücke gefüllt werden mußte, die zur Berücksichtigung und Verarbeitung des Bezugsraums zwang. Über die reine Gestaltung und deren Eigenständigkeit hinaus strebt Lethaby, so wird sich zeigen, eine bildhafte Wirkung an.

Über den rechteckigen Umriß hinaus wird auch die Flächenorganisation der Fassadenelemente durch orthogonale Gesichtspunkte geprägt. Vorbild sind das Fenstergitter und die spätgotische Lochfassade der englischen Profanbaukunst. Doch auch rasterförmige Fensterreihen setzen die Systematik fort, durch welche die Fassade ein ungewöhnlich rationalistisches und modernes Gepräge erhält. Lethaby steht so als herausragende Erscheinung rationalistischer Architektur zwischen Durand und dem Bauhaus. Neben diesem nüchternen und klaren Entwurfsverfahren stellt sich eine assoziative Gestaltung dar. Beide Pole bilden eine eigenständige und sehr persönlich geprägte Architekturauffassung, die sich erheblich von der Architektursprache des „Queen-Ann-Style“ unterscheidet.

Die Fassadengestaltung der Eagle Insurance Buildings wird, im Gegensatz zu früheren Projekten des Architekten, durch einen architektonischen Kontext beeinflußt. Der Fassadenentwurf wird zwangsläufig zur gestalterischen Hauptaufgabe. Bisherige Projekte Lethabys waren freistehende Häuser. Den ländlichen Raum verließ der Architekt, ohne eine akademische Ausbildung durchlaufen zu haben, erst 1879 bei seinem Eintritt in das Büro von Norman Shaw.[1] Die Eagle Insurance Buildings mußten in städtischem Umfeld in eine auffällig schmale Parzelle einer Häuserzeile mit angrenzenden historistischen Fassaden eingefügt werden. Diese Situation erforderte Anpassung an den architektonischen Bezugsraum. Das Ergebnis war eine zurückhaltende Plastizität der Fassade, die von dem bis dahin bevorzugten Queen-Ann-Style losgelöst erscheint. Lethabys Häuser im ländlichen Raum, „Avon Tyrrell“, Hampshire (1891), „The Hurst, Four Oaks“, Sutten Coldfield, Warwickshire (1893/94, heute zerstört), waren noch von einer Formensprache bestimmt gewesen, bei der unter anderem durch Anordnung von Erkern, Korbbögen und verschieden dimensionierten Schornsteinen ein gewollt unregelmäßiges Bild geschaffen wurde.

Die an die Parzelle der Eagle Insurance Buildings angrenzenden Gebäude sind durch Pilasterordnungen gegliedert, an die Lethaby seinen Fassadenentwurf anpaßt, ihn andererseits aber auch deutlich unterscheidet.[2] Über den Stockwerken besitzen diese angrenzenden Fassaden jeweils eine bekrönende Attika. Bei dem vom Betrachter aus gesehen rechts neben den Eagle Insurance Buildings befindlichen niedrigen, zweistöckigen Gebäude ist sie deutlich von den Vollstockwerken durch ein kräftiges Gesims mit Verkröpfungen abgegrenzt. Dieses historistische Gebäude bildet eines von zahllosen Beispielen der Neu-Renaissance, die, besonders was die Attika betrifft, an römische Triumphbogenarchitektur erinnert. Lethaby greift die schmalen hohen Fenster und die hohe Attika zur Unterteilung der Fassadenflächen auf, entwickelt jedoch daraus eine gestalterisch eigenständige Fassade. An die Stelle der Pilastergliederung tritt ein Fassadenaufbau, der von einem abstrakt-orthogonalen Liniennetz und flachen Wandstücken ausgeht. Lethabys Fassadenidee beruht in den von Ruskin konstatierten architektonischen Grundsätzen von Mauer und Linie und verwendet diese als kontrastierende Zonen.[3] Im Untergeschoß kontrastiert ein mittleres, schlankes Stabwerkgitter mit breiten Wandflächen, in denen sich zwei spiegelgleiche Hauseingänge befinden.

Das orthogonale System der Gliederung ist in den beiden Stockwerken beibehalten. Diese sind durch schmale und weit vorgelegte Lisenen und kantig gestufte Gesimse plastisch unterteilt. Das oberste Stockwerk ist niedriger und unterscheidet sich insbesondere hinsichtlich der Gliederung von den darunterliegenden Geschossen. Statt des Rastersystems sind die Lisenen hier zu einer eigenwilligen Arkadenreihe umgeformt, bei der Rund- und Spitzbögen als Profile unter dem bekrönenden Aufbau abwechseln. Die Komplexität, die der Strenge der unteren Partien entgegenstrebt, wird durch einen Zahnschnitt der Blendbögen auf Kämpferhöhe gesteigert. Plastizität und vor allem die ungewöhnliche Formensprache betonen auch diesen oberen Fassadenbereich. Durch die Anwendung des Zahnschnitts, der der ionischen Ordnung angehört, folgt Lethaby wiederum dem Verfahren, entlehntes Material im architektonischen Gefüge zu versetzen. Das untere Raster, das bis auf das Bodenniveau heruntergeführt ist, ist so versetzt, daß es an ein Fallgatter erinnert. Sicherlich handelt es sich letzten Endes um ein Bekenntnis zu der von Ruskin wenig geschätzten englischen Baukunst. Insbesondere die Motive des Fallgatters und des „Netzwerks“ sind nach Ruskin für die „Entstellung“ von Architektur während der Tudor-Zeit ausschlaggebend. Sie entsprächen wie der Mäander und der bearbeitete Kristall nicht einer Naturform und seien daher abzulehnen.[4] Ob Lethaby ein Zitat des Fallgatters beabsichtigt, ist im Bereich des Möglichen, aber nicht überprüfbar. Tatsache ist, daß das Motiv des Gitters ein typisch britisches Stilkriterium ist und sich Lethaby deutlich an dieses historische Repertoire anlehnt, es aber im Sinne einer neuartigen Wirkung versetzt.

Auch mit den übrigen Motiven des Fassadenentwurfs bedient sich Lethaby der englischen Tradition. Statt Reinheit des Stils treten mehrere Zitate historischer Architektur englischer Herkunft im Fassadenentwurf in Erscheinung, was Ruskin, der die kontinentale Architektur favorisierte, mißfallen hätte.[5] Das Stabwerkgitter des Erdgeschosses geht auf die rationalen Wandgestaltungen des englischen Maßwerks zurück. Es findet sich in einer frühen Form im Chor der Gloucester Cathedral (1329-37).[6] Das Stabwerk ist hier noch durch Maßwerk verziert, wodurch ein Spannungsfeld zwischen der auf dem Zirkelschlag beruhenden Gliederung, den ornamentalen Verästelungen des Maßwerks und der Tektonik des orthogonalen Systems entsteht. Das reine Stabwerkgitter setzt sich hier noch nicht voll durch. Vielmehr überbrücken weite Kreissegmente als Scheidbögen die Joche. Das orthogonale Gitter bleibt ein Charakteristikum der englischen Architektur bis zur Neuzeit, in der es in der Schloßbaukunst besonders als regelmäßiges Stabwerk oder als Fenstergitter in zahlreichen Beispielen in Reinform auftritt. Es tritt oft bei spärlich gegliederten Fassaden der Profanarchitektur Elisabethanischer

Zeit neben teilenden Gesimsen als einziges Element der Wandgestaltung in Erscheinung.[7] (Abb. 43)

Lethaby aktualisiert das Fensterraster, indem er es entgegen den Vorbildern wie ein Fallgatter bis auf das Bodenniveau ohne die übliche Brüstung und Rahmung herunterführt. Diese unkonventionelle Gestaltung verleiht dem unteren Bereich einen verblüffenden Zug, da er sich so über traditionelle Anordnungen hinwegsetzt.[8] Durch Versetzen der ursprünglichen Anordnung wird das historische Bauglied von seiner fixierten Funktion gelöst. Durch das Versatzstück mit seiner beherrschenden Position in der Fassadenmitte und seiner an den übrigen Proportionen gemessen großen Ausdehnung und das Weglassen von Brüstung, Sockel und Fensterrahmen entsteht ein neuartiges Erscheinungsbild, bei dem ein Bemühen um Entfaltung und Akzentuierung des Rastersystems zu spüren ist. Diese Umwandlung einer technischen Form in eine gestalterische ist eines der bildhaften Merkmale dieser Fassade, zu dem, wie noch zu zeigen sein wird, weitere hinzutreten.

Traditioneller erscheinen die beiden ersten Stockwerke, in denen die orthogonale Gliederung nun einziges Gestaltungselement ist. Die Fassadenstruktur ergibt sich aus Fensterreihen, die die gesamte Fassadenbreite einnehmen. Sie stimmt prinzipiell mit Fassadenstrukturen überein, die das „Gothic Revival“ bereits angewandt hatte, mit Gestaltungen, die vom regelmäßigen Fensterraster ausgingen und flache Wandflächen verhinderten. Lethaby folgt in den Hauptstockwerken diesem Verfahren. Das Versetzen einzelner Elemente und tiefgreifende Veränderungen von traditionellem Formenrepertoire treten in den Hintergrund. Der Betrachter erinnert sich eher an neugotische Gebäude Großbritanniens, wie etwa an das prominenteste Beispiel, den Londoner Palace of Westminster (1835-65) von Charles Barry und A.W.N. Pugin, dessen Erscheinungsbild durch die regelmäßige Rastergliederung den Eindruck monotoner Größe erweckt. Möglicherweise nutzt Lethaby solche ästhetischen Gesichtspunkte im Hinblick auf das Repräsentationsbedürfnis des Bauherrn, dem Übereinstimmung mit Repräsentationsbauten sicherlich entgegenkam. Durch Reduzierung des Profils erscheint jedoch auch dieser Bereich der Fassade nicht altmodisch. Neue Gesichtpunkte, das heißt Zurückhaltung in der formalen Durchbildung und die Betonung rationaler Qualitäten sind auch hier maßgebend.

Über den Hauptstockwerken, die Kapitelle und Gesimse ohne Verkröpfungen aufweisen, steht ein bekrönender Aufbau, der als Bauglied einer Attika verwandt

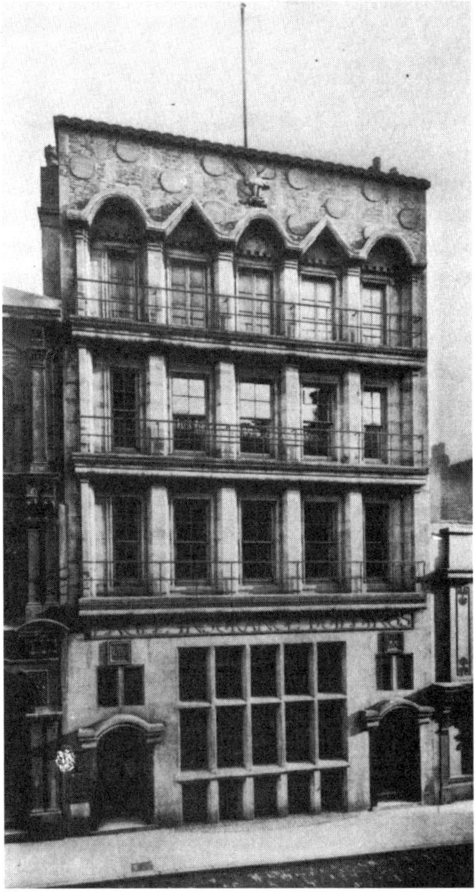

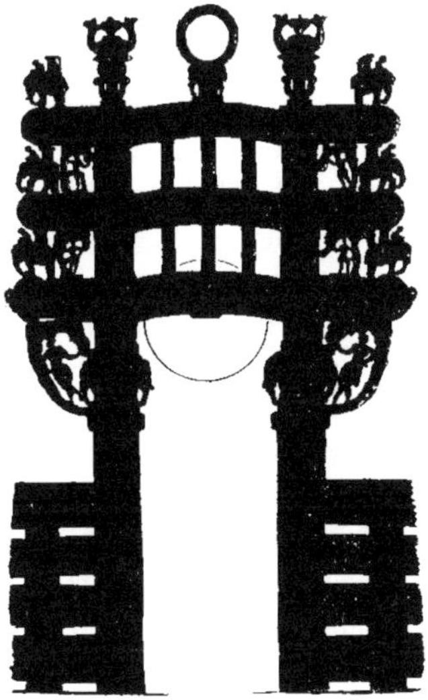

▲Abb.43: Stupa von Sanchi, Illustration von William Richard Lethaby

◄Abb. 42: William Richard Lethaby, Eagle Insurance Buildings, (Colmore Row, Birmingham 1900)

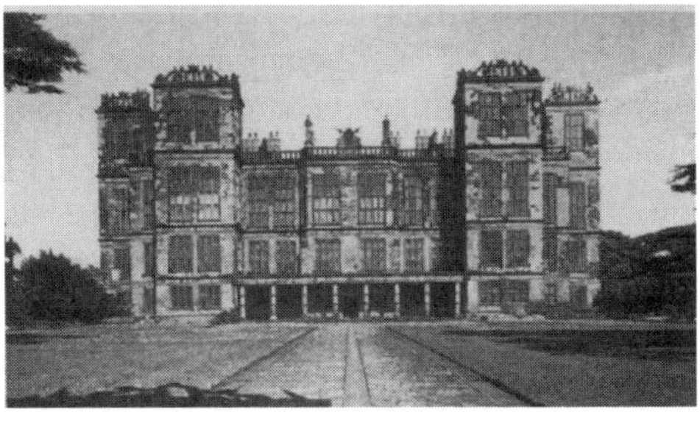

◄Abb. 44: Hardwick New Hall, Derbyshire, Westfront

ist, aber gleichzeitig auch an die Brustwehr fortifikatorischer Architektur erinnert. Statt eines Hauptgesimses werden als Abschluß der Hauptstockwerke unterhalb dieses Aufbaus abwechselnd Rund- und Dreiecksgiebel vorgeblendet. Wie Vergleichsbeispiele zeigen, kommt als Vorbild für den Aufbau die Brustwehr der Burgen- und Schloßbaukunst vom 15. bis zum 18. Jahrhundert in Betracht, die meist mit Zinnenkränzen versehen war. Diese Aufbauten besaßen Brüstungen, die nach unten hin, je nach Epoche, entweder mit Rund- oder Spitzbogenfries endeten. Formen dieser Art haben sich über lange Zeit hinweg bis zur posthumen Gotik Englands gehalten. Im 14. Jahrhundert war die Zinnenbrüstung meist durch ein schmales Gesims abgetrennt.[9] Ruskin erschien in der englischen Architektur, die er sarkastisch kritisierte, allein der Burgenbau seines Heimatlandes wertvoll: „Wir haben gebaut wie Frösche und Mäuse seit dem dreizehnten Jahrhundert, mit Ausnahme unserer Burgen."[10] Es scheint, als hätte Lethaby diese Schelte Ruskins über die englische Architektur beherzigt, wenn er den Eagle Insurance Buildings Merkmale der Burgen- und Schloßbaukunst verleiht.

Während die rasterförmige Fassadengliederung auf Spätgotik und beginnende Neuzeit zurückgeht, sind die Korbbögen der beiden Portalgiebel neubarock gestaltet. Letztere sind im Historismus in ganz Europa verbreitet und an zahllosen Beispielen alltäglicher Architektur zu finden. Es besteht daher kein Anlaß, asiatische Vorbilder, mit denen sich Lethaby in „Architecture, Mysticism and Myth" beschäftigt, zu unterstellen.[11]

An der Fassade der Eagle Insurance Buildings ist neben der Freiheit in der Verwendung verschiedener Bauglieder unterschiedlicher Herkunft als Widerspruch zu einem stilreinen Eklektizismus jedoch folgendes hervorzuheben: Lethaby setzt ein ähnliches Bauglied wie die Attika, die er an den Fassaden der angrenzenden Parzellen vorfindet, auf die Fassade auf. Er scheint sich also bewußt auf das Ensemble beziehen zu wollen. Das eher zurückhaltende Bauglied der Attika wird jedoch mit einer bestimmten künstlerischen Absicht zu einer hohen Stockwerksbekrönung umgestaltet. Lethaby unterscheidet seine „Attika" in ihrer Oberflächenbeschaffenheit durch Sichtmauerwerk von den glatten Wänden der übrigen Bauglieder. Kreisrunde Scheiben mit glatter Oberfläche und ein Adler im Flug, das Firmenzeichen der Eagle Insurance, wurden als Relief hinzugefügt. Die Bildelemente machen die dem Entwurf zugrundeliegende Konzeption kenntlich. Sie drücken Vorstellungen unmittelbar aus, welche die Struktur der Fassade selbst wachgerufen hat. Besonders die Attika scheint für die Assoziation eine entscheidende Rolle zu spielen. Zwei Bereiche werden wie in einem Architekturbild unterschieden, nämlich die Darstellung eines Himmels und die einer tellurischen Zone. Eine assoziative Auffassung von traditionellem Formenrepertoire wird durch diskrete bildliche Gestaltung von Adler und Himmelskörper konkret.[12]

Der vorläufige, nicht ausgeführte Entwurf der Fassade sah zwei Adler, beide in frontaler Ansicht, vor.[13] Einer der beiden Adler sollte mit ausgebreiteten Schwingen eine Dachbekrönung, eine Art Akroterion, auf einem Postament werden, als Relief in einer rechteckigen Tafel oberhalb des rechten Tors. In dem Katalog zu einer Lethaby-Ausstellung weist Julian Holder auf die Beschreibung einer antiken Legende in „Architecture, Mysticism and Myth" hin. Im darin enthaltenen Kapitel „The Centre of the Earth" schildert der Architekt die Bestimmung des Mittelpunkts der Erde durch Jupiter, der zu diesem Zweck zwei Adler aussendet.[14] Der antike Mensch, so der Tenor des Kapitels, war von der Bedeutung seiner Stadt oder Wohnstätte so sehr überzeugt, daß er genau dort den Mittelpunkt der Erde vermutete.[15] Im Kapitel „The Golden Gate of the Sun" beschreibt Lethaby die Ikonographie eines an einem Tür- oder Fenstersturz der antiken Stadt Palmyra befindlichen Adlers. Am geosteten Tor dieser Stadt, so Lethaby, scheint es, als flöge der große Adler in den Tempel. Der Rest der Fläche sei mit Sternen und zwei Genien der Morgendämmerung versehen.[16] Es könnte sein, daß Lethaby spielerisch an diese ikonographischen Programme anknüpft, weil dies zum Firmennamen paßt. Beweisbar ist dies allerdings nicht.

Evident erscheint jedoch die Bildqualität der Fassade. Betrachtet man sie genau, so fällt auf, daß die Gliederung der Fensterfront nicht auf die ganze Breite des Gebäudes ausgedehnt ist. Der „Himmel" erstreckt sich vielmehr als schmaler Wandstreifen bis zum Erdgeschoß und endet hier. Er wirkt auf diese Weise wie der Hintergrund von Architektur, die durch die Fensterraster und die Rund- und Spitzbögen repräsentiert ist. Die Unterscheidung zwischen Himmel und tellurischen Formen hatte, wie festzustellen war, die barocke Illusionistik des Innenraums vorweggenommen. Eine Fassade zu einem Bild unter Verwendung historischer Bauglieder zu gestalten, darf jedoch als Neuerung Lethabys gelten. Da die Darstellung eines himmlischen und eines irdischen Bereichs beabsichtigt zu sein scheint, reflektieren die Eagle Insurance Buildings Grundsätze und auch Einzelheiten aus „Architecture, Mysticism and Myth", allerdings als diskrete Reminiszenzen. Die Fassade als Darstellung von Welt auf einer architektonischen Fläche wurde aus einer gleichermaßen assoziativen wie spekulativen Zusammenstellung von historischen Baugliedern und ikonographischen Details entwickelt.

Spekulativ ist die Gestaltung schon allein deswegen, weil der Architekt, wie Godfrey Rubens in seiner Monographie über Lethaby bereits feststellte, mit den Schemata des Rundbogens und des Dreiecksgiebels als Abschluß der Hauptgesimse auf eine Illustration aus John Ruskins Werk „The Stones of Venice" zurückzugreifen scheint.[17] Der Rand der Bögen beziehungsweise der Giebel ist durch ein wulstiges Gesims hervorgehoben. Auch die Tympana sind der Flucht der Fensterlaibung vorgelagert, und ihre Kämpferlinie wird durch einen Zahnschnitt hervorgehoben. Das bedeutet, daß diesem Bauabschnitt besondere gestalterische, aber ganz offensichtlich auch inhaltliche Bedeutung beigemessen wird.

Die Zusammenfassung verschiedener Einflüsse und das Zitat des Schemas Bogen und Dreieck stimmen mit einem Geschichtsbild überein, das von analogen Grundlagen und Gesetzmäßigkeiten des Bauens ausgeht. Dadurch widerspricht Lethabys Entwurfsprinzip dem Gothic-Revival-Gedanken grundlegend. Scheinbar gegensätzliche und damit unvereinbare Formen wie Rundbogen und spitzer Giebel werden in einer Blendarkade vereinbar. Die Auffassung, die Architektur aller Zeiten und aller Völker werde von einer einzigen großen Gesetzmäßigkeit geleitet, nämlich von der Vorstellung von der Gestalt der Welt, wird im modernen Entwurf berücksichtigt. So ist die Fassade sozusagen eine diskrete Darbietung kosmologischer Architekturtradition durch die Zusammenfassung bestimmter formaler Schemata aus der Baugeschichte.

II.2.3. „Gothic Revival" und Lethabys neues Geschichtsbild in „Architec ture, Mysticism and Myth"

Lethaby entwickelt den Entwurf der Eagle Insurance Buildings durch eine Zusammenstellung von Entlehnungen aus unterschiedlichen Phasen der englischen Baukunst. Dieser Entwurf ist ohne die Tradition des „Gothic Taste" schwer denkbar, trotz bisher kaum dagewesener Freiheit im Umgang mit Vorbildern. Dadurch bleibt Lethaby einerseits der Tradition verhaftet, andererseits entfernt er sich von der bisherigen Entwicklung, ausgehend von der puristischen Einstellung des „Gothic Revivals" bis hin zu Ruskins ästhetischer Bewertung der europäischen Baustile und deren Formenrepertoire, bei der die englische Architektur eher schlecht abschneidet. Gegenstand von Theorie und Praxis der Architektur bis zur Jahrhundertwende bleibt trotz stilistischer Emanzipationsversuche während der

Edwardianischen Phase die Auseinandersetzung mit der Vergangenheit von Architektur. Auch die „moderne" Gestaltung von Lethaby bedient sich entlehnten Materials. Der Beitrag besteht in nunmehr legitimen Kombinationen historischer Elemente, ohne wirklich umwälzende Stilentwicklungen hervorzubringen. Lethaby demonstriert, daß Kombinationen von Entlehnungen dann möglich sind, wenn stilistisch genau definierbare Profile vermieden werden und Formen ohne zusätzliches Ornament und Verfeinerungen, die der Herkunft nach auf eine Epoche genau festgelegt sind, verwendet werden. So ist etwa ein Rundbogen oder ein Fenstergitter zwar entlehnt, doch auf keinen bestimmten Stil beschränkt.

Lethaby wendet sich dadurch von der ästhetischen Tradition des 19. Jahrhunderts ab, bei der es darum ging, einen bestimmten historischen Stil zu propagieren, der vor allen anderen für die jeweilige Bauaufgabe bevorzugt wurde. Er distanziert sich von Forderungen, wie sie besonders von Pugin erhoben wurden, bei denen technische und ästhetische Vorzüge bestimmter Phasen der gotischen Baukunst an erster Stelle standen. Ohne Rezeption gotischer Bauformen ist Lethabys Architektur jedoch nicht denkbar. Wenig läßt sich allerdings sein breit gefächertes Interesse mit tendenziösen Kunstströmungen gleichsetzen, die zunächst durch Pugin, dann, wenngleich in komplexerem Umfang, auch durch Ruskin vertreten wurden, die die Arts-and-Crafts-Bewegung zwar beeinflußten, die aber zugleich auch von ihr, besonders durch Lethaby überwunden wurden. Die Motivation der Architekturschriften Lethabys bleibt geprägt durch ein Klima der Beliebigkeit und künstlerischer Bedeutungslosigkeit. Die Kunstgeschichtsforschung hat diese Beliebigkeit dokumentiert, und Autoren fanden frühe Beispiele, die diese belegen.[1]

Schärfste Kritik findet sich in Pugins „Apology", nicht zuletzt durch wirkungsvolle Illustrationen. Die Tafel eines „New Central Cemetery for all Denominations" zeigt ein ägyptisierendes Portal mit großen Darstellungen ägyptischer Gottheiten. Hinter der Friedhofsmauer ragen Grabmäler in Form von Obelisken auf, die mit Pseudohyroglyphen und klassischen Säulen versehen sind. Beliebigkeit und Belanglosigkeit der Gestaltung wird durch die Darstellung von Werbeplakaten auf Portal und Friedhofsmauer betont.[2] Orientalische oder gar mesoamerikanische Elemente sind auch in Lethabys Architektur undenkbar. Zu sehr versucht er, seine Architektur nach gesellschaftlichen Maßstäben auszurichten. Zu weit ist die räumliche, zeitliche und weltanschauliche Distanz zu jenen untergegangenen Kulturen, über die er zwar schreibt, die er aber nicht kritiklos auf das eigene Schaffen überträgt. Seine Architektursprache bleibt autochton, was konkret bedeutet, daß die Anknüpfung an das englische Mittelalter bestehen bleibt.

Gerade in England hatte die Wiederbelebung mittelalterlicher Architektur eine weit in das 18. Jahrhundert zurückreichende und dadurch schwer angreifbare Tradition. Bereits 1747, also 24 Jahre vor Goethes Straßburger-Münster-Artikels „Von deutscher Baukunst“ (1771)[3] erschien in London ein Buch mit dem Titel „Gothic Architecture, Improved by Rules and Proportions in many Grand Designs of Columns, Doors, Windows, Chimney-Pieces, Arcades, Colonades, Portocos, Umbrellas, Temples and Pavilions Etc...“ von Batty und Thomas Langley. Der „Verteidigungschrift“ über gotische Architektur („Apology“), wie sie dann Pugin mustergültig unternimmt, ist das schriftstellerische Wirken Lethabys radikal entgegengesetzt, was allein in der Tatsache begründet ist, daß sich Lethaby für eine Trennung von Geschichtsforschung und moderner Architektur ausspricht. Der Favorit unter den Stilen wird durch eine Zusammenschau von Kriterien, die die Epochen verbinden, abgelöst. Während der gotische Stil durch Pugin entschieden und untrennbar mit dem christlichen Bekenntnis verbunden ist und die Vermittlung mystischer Inhalte allein durch bestimmte Phasen des Stils als gewährleistet betrachtet worden ist, konstatiert Lethaby mystische Durchdrungenheit des Kultbaus in allen Epochen.

Pugin hat im Sinne spiritueller Inhaltsfähigkeit zunächst die spezifische Wahl und Anwendung des Materials gefordert. Materialgerechtigkeit wurde nach Pugin allein durch mittelalterliche Bauleute gewährleistet: „Außerdem waren die Architekten des Mittelalters die ersten, die die natürlichen Eigenschaften der verschiedenen Materialien zu voller Geltung brachten und deren Beschaffenheiten („mechanism“) zu einem Träger (vehicle) ihrer Kunst machten.“[4] Lethaby gleicht die Einleitung von „Architecture, Mysticism and Myth“ in Aufbau und Terminologie an Pugin an. Auch Lethaby verwendet den Begriff „vehicle“, um den für ihn entscheidenden Unterschied zwischen „building“ und „architecture“ dazulegen.[5]

Griechische und römische Architektur hingegen wird laut Pugin der Steinbaukunst nicht gerecht und „Vitruv zeigte, daß ihre Gebäude ursprünglich Baumstämme waren.“[6] Lethaby führt gleich im ersten Abschnitt von „Architecture, Mysticism and Myth“ die Materialdiskussion auf einen, seiner Meinung nach für die Kunstdiskussion irrelevanten „Utilitarismus“ zurück.[7] Das heißt, die Verwendung des Materials ist für ihn ein untergeordnetes Kriterium für die Inhaltsebene von Architektur und eher dem Nutzen und Gebrauch und der Technik von Gebäuden zuzuordnen.

Über die Bewältigung der Materialgerechtigkeit hinaus hatte bei Pugin ein weiteres Kriterium, nämlich das der Nützlichkeit beziehungsweise die Konstruktion an erster Stelle gestanden, welche nicht durch Ornament „verschleiert", sondern „verschönert" werden soll. Das Ornament im Perpendicular Style, für das Pugin als Beispiel die Kapelle von Heinrich VII., Westminster Abbey in London, heranzog, erfüllt diese Forderung nicht. Trotz „ingeniöser Konstruktion" kündigte sich hier bereits der „schlechte Geschmack" späterer Zeit an.[8] Pugins Stilauswahl erfolgte durch Selektion konstruktiver und ornamentaler Eigenschaften. Waren schwer nachvollziehbare mystische Erwägungen nur vorgeschobene Gründe für diese Auswahl? Von einer Ablehnung neuzeitlicher und klassizistischer Tradition führte sie innerhalb gotischer Stilentwicklungen zu weiteren Einschränkungen, in denen sich „der gute Geschmack" des Architekten zeigen sollte. Der von mystischen Empfindungen beeinflußte Architekt sollte daher „nie ein Gebäude, das für Gott errichtet wurde, durch künstlerische Mittel besser erscheinen lassen, als es in Wirklichkeit ist."[9] Ruskins Ablehnung des Perpendicular Style und der Tudor-Epoche erfolgt aus pragmatischen und dadurch eher nachvollziehbaren Begründungen heraus. Dieser Stil besitzt, seiner Meinung nach, nicht die konstruktive Ehrlichkeit früherer Zeiten, sondern täuscht über die eigentliche Beschaffenheit des Bauwerks hinweg. Das heißt, bei Ruskin ist „schlechter Geschmack" nicht gleich ein Sakrileg an der Religion.[10] Pugin ist durch seine Ornamentfeindlichkeit jedoch ein Vorläufer Lethabys. Ebenso richtungsweisend ist Ruskins Empfehlung, einfachen und unvollständigen Formen den Vorzug gegenüber der „Vollendung" einzuräumen, die in vielen Fällen nur schlecht zu verwirklichen ist.[11]

Die Epochen werden im Klima der historischen Stile zunächst als abgeschlossene kunstgeschichtliche Ereignisse angesehen. Man betrachtet eher ihre Unterschiede als ihre Gemeinsamkeiten. Die Anwendung der „christlichen Architektur" wurde daher von Pugin aufgrund der christlichen Bekenntnisse als unumgänglich betrachtet, gemäß der Beharrlichkeit in der Tradition des Glaubens und der liturgischen Praxis. Die Beliebigkeit, mit der die Zeitgenossen die Bauaufgaben behandelten, führte unter diesen Gesichtspunkten zu Leere und Inhaltslosigkeit von Architektur, die besonders für den Kultbau unangemessen erschien. Die mangelnde Anpassung des Stils an die Bauaufgabe wurde von Pugin angeprangert, da er vom Katholizismus und dessen als ideal empfundenen Ausdruck überzeugt war: „Kirchen werden heute ohne die geringste Rücksicht auf Tradition, mystische Begründung oder selbst allgemeine Schicklichkeit gebaut."[12] Noch Ruskin hatte die Wiederaufnahme des Kirchenbaus, der an die Stelle von Industriearbeit treten sollte, gefordert. Er favorisierte zu diesem Zweck die romanische und frühgotische Architektur.[13] Obzwar Lethaby moderne Architektur als „leere Hülle ohne Bedeutung“ („envelope without meaning“) ebensosehr ablehnt, hat die „christliche Tradition“ hier ihren Absolutheitsanspruch in der Beziehung von Kult und Architektur verloren.

Lethaby ist jedoch auf seine Weise nicht minder subjektiv in seinen Äußerungen. Der Umgang mit Quellen und wissenschaftlichen Autoritäten ist unkritisch, und die aus ihnen abgeleiteten Ergebnisse sind, was ihre wissenschaftliche Qualität betrifft, einseitig und voller Voreingenommenheit. Als Grundlage der Beschreibung architekturgeschichtlicher Zusammenhänge fordert er die Unterscheidung zwischen dem Gebäude in seiner technischen Eigenschaft und der Architektur als Manifestation einer nicht zweckgebundenen Vorstellung. Lethaby legt, wie gesagt, eine Abgrenzung der Architekturthematik von dem auf Bauen bezogenen „Utilitarismus“ zugrunde. Das Bild vom historischen Baubetrieb trifft jedoch am ehesten die Ideale der Arts-and-Crafts-Bewegung und das handwerkliche und künstlerische Zusammenwirken mannigfaltiger Kräfte, das sich später der deutsche Werkbund zueigen macht. Als Aussage über das immens umfangreiche Themenfeld der gesamten Architekturgeschichte erscheint „Architecture, Mysticism and Myth“ aus heutiger Sicht zu undifferenziert: „Die Geschichte der Architektur, wie sie gewöhnlich geschrieben wird, mit ihrer Theorie von utilitaristischen Ursprüngen, von der Hütte und dem Tumulus und weiteren ähnlich gearteten Entwicklungen, - die Anpassung von Formen an die Bedingungen lokaler Gegebenheiten: der Lehm Mesopotamiens, der Granit Ägyptens und der Marmor Griechenlands, - ist eher eine Geschichte des Bauens. Eine Geschichte der Architektur mag sie in dem Sinn sein, in dem wir das Wort so oft gebrauchen, nicht aber die Geschichte der Architektur als Synthese der Schönen Künste und die Verbindung allen Handwerks.“[14]

Der Begriff des philosophischen Utilitarismus wurde insbesondere durch den britischen Philosophen und Historiker John Stuart Mill (1806-1873) geprägt und floß in ein komplexes philosophisches System ein.[15] Der Utilitarismus, der durch Nützlichkeit das größtmögliche Glück des Menschen erreichen möchte, entspricht nicht dem symbolischen Geschichtsbild und dem Bedürfnis nach der rituellen Qualität von Kunst. Unberücksichtigt beim reinen Nützlichkeitsprinzip bleiben geistige Bedürfnisse, die für Lethaby zur Veredlung des Bauwerks und zu eigentlichen Grundlagen von Architektur führen. Die Definition des Nutzwerts widerspricht dem Verständnis dessen, was „Stil“ bedeutet. Mill sah den Wert eines Gegenstandes in seiner Eigenschaft, den Lustgewinn zu steigern. Da Gegenstände bestimmte Assoziationen auslösen können, die Lust betreffen, etablieren sie sich so als wertvolle Gegenstände. Lethaby teilt diese Auffassung nicht, sondern sieht den „Wert“ der Architektur im „Stil“, der über die reine Nützlichkeit des Bauwerks hinausweist. Kurz zuvor hatte Semper zur Beschreibung des „tellurischen Daseins“ nicht etwa Lustgewinn, sondern „Seelenleiden“ als Ursache der „Veredlung des Geistigen im Menschen“ konstatiert. Der „kosmologische Instinkt“ des Menschen führe zu „Naturgenuß“, der vom „Kunstgenuß“ nicht prinzipiell unterschieden sei.[16]

Zur Abgrenzung vom Utilitarismus knüpft Lethaby an die vitruvianische Dreiteilung an, „firmitas, utilitas und venustas“: „Welches sind dann letztendlich, so möchte ich fragen, die aller Architektur zugrundeliegenden Komponenten, die ihr die Form verliehen haben? In der Hauptsache sind es drei: erstens, die ähnlichen Bedürfnisse und Sehnsüchte der Menschen; zweitens, auf struktureller Ebene die Notwendigkeiten, die die Materialien auferlegen, und die physikalischen Gesetze ihrer Errichtung und Kombination; drittens, auf der Ebene des Stils die Natur. Über diesen letzten Punkt zu schreiben habe ich mir vorgenommen...“[17] Punkt 1 paraphrasiert die „utilitas“, Punkt 2 die „firmitas“ und Punkt 3 die „venustas“. Während sich bei Vitruv jedoch die „venustas“ aus „symmetria“, „eurythmia“ und „decor“ zusammensetzt, setzt Lethaby als Erklärung eines eigenständigen „Stilbegriffs“ andere Maßstäbe.[18]

Die Natur, die Lethaby an die Stelle von „venustas“ rückt, wird nicht im Sinne eines ikonographischen Programms, einer Ansammlung von Naturformen relevant, sondern in einer Übereinstimmung des Baukörpers mit dem Aufbau der Welt gesehen. Es geht Lethaby um „den Einfluß des Wissens und der Vorstellungen vom Universum auf die Architektur, den inneren Zusammenhang zwischen der Welt als Struktur und dem Gebäude, nicht nur von bloßen Einzelheiten der Natur und Ornamenten der Architektur, sondern den dem ganzen innewohnenden Zusammenhang - den Zusammenhang zwischen dem himmlischen Tempel und dem irdischen Tabernakel.“[19] Eine sich ständig wandelnde Ästhetik als zentrales Moment von Architekturgeschichte entspricht nicht dem Interesse Lethabys, wenn es um den „Stil“ geht, den er eng mit dem kosmologischen Ausdruck verbindet. Lethaby versteht Baugeschichte und Kunstwissenschaft etwa in einer Weise, die Paul Frankl Jahre später mit wenig Sympathie einer „spiritualistischen Richtung“ zuordnet. Frankl führt Schnaase, Lübke und Worringer als Vertreter dieser Richtung an. Anstatt eine Baugeschichte „als illustratives Mittel“ zu verfassen, bei der Wandlungen und Umwälzungen aufgezeigt werden sollen, schlägt

Lethaby den umgekehrten Weg ein und legt Gemeinsamkeiten und nicht Unterschiede in der Baugeschichte dar, da er von großem Beharrungsvermögen in der Darstellungsweise architektonischer Inhalte ausgeht.[20]

Die Kontinuität des kosmologischen Bauens ist jedoch Lethaby zufolge dadurch eingeschränkt, daß Schwankungen im Bewußtsein von Bedeutung und Tragweite von Traditionen auftraten.[21] Er stimmt hierin mit Kanne überein, der, wie wir sahen, am Beispiel des Lingamsteins feststellte, daß der Kultgegenstand zwar permanent als heilig verehrt wurde, jedoch dessen eigentliches Naturvorbild aus dem Bewußtsein verschwinden konnte. Bewußtes Handeln ist für Lethaby nicht das Hauptkriterium für die Bildung von kulturellen Bedingungen. Er spricht in fast Freudschem Vokabular von „unbewußten Entwicklungen im Denken" („unconscious developments of thought"), um darzulegen, daß der Gehalt von Kunstwerken weit über das hinausgeht, was evident in der Form enthalten ist. Er rechtfertigt mit diesen unbewußten Bedingungen sogar eigene Interpretationsansätze, deren Subjektivität er offenbar nicht verhehlt. So habe noch Turner zugelassen, daß der Kritiker mehr erkannte, als der Maler in seinen Bildern verwirklichte.[22] Das Kunstwerk setzt sich gewissermaßen im Denken des Rezipienten fort. Ein moderner, symbolistischer Kunstbegriff äußert sich darin, das Kunstwerk als Auslöser einer Verkettung von Gedanken und Vorstellungen aufzufassen.

In vielen Fällen werden diese Interpretationen durch Aussagen moderner, sehr unterschiedliche Autoritäten gestützt, die auf der einen Seite vom praktizierenden Künstler und auf der anderen vom Kunstgelehrten stammen. Nach Zitaten von Rose Mary Rossetti, Tennyson, Walt Whitman, Chaucer, dem Ossian und Milton, die den verschiedenen Kapiteln voranstehen, leitet Lethaby das Kapitel „Pavements like the Sea" durch ein Flaubert-Zitat ein, um die Präsenz der zu beschreibenden Vorstellungen in der moderneren Dichtung zu dokumentieren: '...The sea, flat like a pavement of lapislazuli, ascended imperceptibly to the sky on the horizon.' Auch hier wird, wie so oft, der Eindruck erweckt, daß die Vorstellung von der Welt als Gebäude zwingend mit der umgekehrten Analogie, dem Gebäude als Weltmodell, einhergeht.[23]

Ein Zitat aus den „Stones of Venice" von John Ruskin bildet dann die eigentliche Einleitung des Kapitels über das kosmologische Programm venezianischer Beispiele, die Basiliken von Murano und von San Marco.[24] Eine Ambivalenz im Interpretationsansatz drängt sich auf, welche etwas über das Selbstverständnis des Autors mitteilt. Sujektiv-künstlerische Erfahrungen erscheinen als Möglichkeiten der historischen Erkenntnis ebenso legitim wie die Ergebnisse des Kunstgelehrten, der nach objektiven Kriterien strebt. So ist „Architecture, Mysticism and Myth" sicherlich nicht ausschließlich als Werk der Geschichtsforschung, sondern auch als Identifikation von Vorstellungen zu verstehen, die bis in die Gegenwart hineinreichen und somit auch das Wesen der Baukunst bis in die Gegenwart betreffen.

Das Gebäude dient wie die Farbpigmente der Malerei lediglich als Medium („vehicle") der eigentlichen Architektur. Bereits in seinen einleitenden Ausführungen gesteht Lethaby jedoch ein, daß sich die „bloßen körperlichen Bedürfnisse" („simple needs of the body") mit den „komplexen Bedürfnissen des Intellekts" („complex ones of the intellect") „treffen und überlappen" („meet and overlap") können. Das heißt, Lethaby räumt zumindest die Möglichkeit ein, daß Baukunst durch körperlichen Gewinn definiert werden kann. Die Polarität zwischen geistigen und körperlichen Bedürfnissen sind seiner Meinung nach ausschlaggebend für die Form von Bauwerken.[25]

Architektur ist jedoch primär ein Zeugnis fortwährender Mystik und Wissenschaft in der Menschheitsgeschichte. Architekturgeschichtliche Ereignisse werden nicht als Abfolge abgeschlossener Epochen, sondern als fortwährende, jederzeit gültige Übereinstimmungen und Übereinkünfte des Bauens betrachtet. Lethaby vollzieht eine Abgrenzung zur neugotischen Architekturtheorie, indem er als ein Hauptmerkmal der menschlichen Kultur eine kontinuierliche Entwicklung beschreibt, bei der Einschnitte nicht vordergründig sind. Den Hinweis auf diese sukzessive Entwicklung nimmt Lethaby durch ein Zitat von Reynolds vorweg, welches er der Einleitung von „Architectur, Mysticism and Myth" voranstellt. Das kombinierende Entwurfsprinzip, das Lethaby für die Eagle Insurance Buildings anwendet, wirkt wie eine Umsetzung des Zitats: „Streng genommen sind Erfindungen nicht viel mehr als neue Kombinationen jener Bilder, die früher gesammelt wurden und in der Erinnerung aufbewahrt werden: nichts kann aus nichts enstehen. Der, der kein Material angesammelt hat, kann keine Kombinationen herstellen. (Reynolds, Discourse II)."[26]

Ebenso wie in der Sprache vollziehen sich Wandlungen in der Kunst durch allmähliche Entwicklung. Sofern die Entwicklung nicht durch tiefgreifende Einschnitte und Unterbrechungen geprägt ist, können auch übereinstimmende Muster in allen Epochen vorgefunden werden. Lethaby bezieht sich in seiner Vorrede mehrfach auf Herbert Spencer und dessen Entwicklungsgedanken, der eher Trägheit als Sprunghaftigkeit im Frühstadium der Kulturentwicklung und dem dortigen Zeremoniell konstatiert: „Zäh allem verhaftet, was seine Altvordern ihm mitteilten, wendet sich der Primitive Neuem nur durch unbeabsichtigte Abwandlungen zu. Jedermann weiß, daß Sprachen nicht erdacht werden, sondern sich entwickeln. Das gleiche gilt für Bräuche.“ [27] Lethabys Meinung stimmt ebenso mit der Anmerkung Sempers überein, daß neue Kulturen aus Bruchstücken der alten entstünden.[28] Jede von Menschenhand hervorgebrachte Leistung - hierin schließt sich Lethaby vitruvianischen Entwicklungslehren an - beruht auf Naturvorbildern. So verberge sich etwa in der Form eines Schiffs die eines Fischs. Tische und Stühle seien vierfüßig wie die Tiere. Beispiele findet Lethaby in den Löwenfüßen damals gebräuchlicher Möbel sowie in antiken Beispielen von Thronsesseln in Griechenland, im Zweistromland, in Ägypten und Südostasien. Lethabys Vergleiche sind oft nicht unangreifbar. Formen, die oft technisch begründet werden können, werden stets symbolisch gedeutet. So ist der Fisch durch die Stromlinie unter Wasser geprägt, das Schiff dagegen durch eine Form, die Wasser verdrängt und Aufschwimmen ermöglicht. Was die vier Beine der Möbel betrifft, so ermöglichen sie bestmögliche Standfestigkeit und sind daher technisch folgerichtig.

In „Architecture, Mysticism and Myth“ entnimmt Lethaby Quellen unterschiedlicher Herkunft Informationen über die Gestalt der Welt, die in Kosmogonien der Frühgeschichte beschrieben wird. Da er annimmt, daß der Mensch der frühen Kulturen sich Erde und Firmament als Gebäude vorstellte, stellt er die These einer unmittelbaren Analogie zwischen der Vorstellung über den Aufbau der Welt (Makrokosmos) und dem menschlichen Bauwerk (Mikrokosmos) auf. Gestalt und Gestaltung der Architektur sind demzufolge offenbar generell kosmologisch zu deuten, in allen Epochen der Architekturgeschichte bis zur von Kopernikus eingeleiteten naturwissenschaftlichen Wende. Lethaby widmet sich lediglich Weltsystemen, die einem Gebäude, mit dessen tragenden und lastenden Teilen, Fundament, Keller und Dach etc. ähneln. Die Erde gilt bei diesen Systemen als Mittel-, Dreh- und Angelpunkt und Stütze des Universums. Die Vorstellung über die Formen von Welt und Himmel folgten geometrischen und mechanischen Kenntnissen, aus denen auch die Form der Gebäude entwickelt wurde. Daher erfolgte nach Lethaby eine wechselseitige Beeinflussung zwischen den Vorstellungen über das Universum und der Gestaltung des Bauwerks. Beide Entwicklungen vollzogen sich sozusagen „Hand in Hand“ in einer einzigen wissenschaftlichen Leistung. Spekulationen über das Weltgebäude beeinflußten somit formale Entwicklungen am Bauwerk und prägten die wissenschaftlichen Modelle der Welt. Um in späteren Kapiteln die Grundzüge dieser Vorstellungen an Beispielen der

Architekturgeschichte darzulegen, schickt Lethaby ein ausgedehntes Kapitel über die Entwicklung der Kosmographie, „The World Fabric", voraus, in dem die Urformen der Weltgebäude und spätere, immer komplexere geozentrische Systeme zur Sprache kommen. In der Einschätzung der kosmologischen Ausdrucksmittel von Architektur tritt die ikonographische Ebene hinter die strukturelle, rein architektonische Ebene zurück. Bedeutungsvoll für Architektur seien keineswegs „bloße, in der Natur vorkommende Details und die Ornamente der Architektur" („mere details of nature and the ornaments of architecture"), sondern ein Einfluß, der von der Gesamtheit „des himmlischen Tempels auf den irdischen Tabernakel" („the Heavenly Temple and the Earthly Tabernacle") ausgeht.[29] Es handle sich um eine Art maßstabgetreues Modell („a sort of model to scale"), und seine Form wird von der Wissenschaft der Zeit beherrscht.[30] Die alten Vorstellungen von der Welt bestehen als Relikt in der Grundstruktur von Architektur wie auch in sprachlicher Ideomatik und literarischen Topoi: „Die Gemeinplätze der Dichtung, in denen die Welt durch Begriffe wie „Himmelszelt", „Kuppeln in Azur" oder „Tore des Sonnenaufgangs" und ähnliches mit einem Gebäude verglichen wird, sind Relikte aus einer Zeit, in der die Erde noch keine kleine Kugel war, die mit unermeßlicher Geschwindigkeit durch den unendlichen Raum geschleudert wird..."[31] Erneut wird im Zusammenhang mit dem architektonischen Symbol die Wissenschaft als Ursprung von Form betrachtet. Die Form des „Welttempel" („World Temple") werde, so Lethaby, durch die Wissenschaft der Zeit regiert.[32]

Die Wissenschaft, nämlich moderne, heliozentrische Kosmologien, führen auch zu einem Bruch mit den alten, und so sind sie auch maßgeblich für das Ende der kosmologischen Architekturauffassung verantwortlich. Man kann sich nicht des Eindrucks von Wehmut erwehren, die bei der knappen und trostlosen Schilderung modernen Wissens über den kleinen Ball Erde mitzuschwingen scheint. Allein der Poesie blieb es vorbehalten, sich Relikte jener alten Weltbilder menschlicher Geborgenheit zu erhalten.

Lethaby weist darauf hin, daß das Gebäude sich in Analogie zur Welt durch Standfestigkeit auszeichnete. Seine Fundamente konnten ebensowenig wie die der Welt bewegt werden.[33] Wir haben gesehen, daß Standfestigkeit und Beweglichkeit von Körpern besonders in emblematischer Tradition eine wesentliche Rolle spielten. Lethaby beschränkt seine Interpretation allerdings auf Inhalte ohne moralische Komponente. Das Thema Moral wird nur einleitend berührt, wenn Lethaby die Geschichte von Gegenwart und Zukunft abgrenzt.

Als Ursache der gegenseitigen Beeinflussung von Kosmographie und Gebäude wird aber eine generelle, religiöse Grundlage vermutet. Der Unterschied, der in dieser Hinsicht zwischen Tempel und Profanbau bestehen kann, wird negiert: „Die hauptsächlichliche Bestimmung und die Bürde der sakralen Architektur - und alle Architektur, Tempel, Grabmahl oder Palast, war in früherer Zeit heilig - ist somit unentwirrbar an die Gedanken der Menschen über Gott und das Universum gebunden.“[34] „Welt“ und „Gott“ werden jedesmal wie austauschbare Begriffe gebraucht. Nie ist der Gedanke an das Universum rein wissenschaftlicher, sondern immer auch religiöser Natur. Der Gedanke an Gott ist immer zugleich der Gedanke an das Universum und umgekehrt: „Bräuche haben viele Erklärungen. Ich behaupte jedoch, daß die hier dargelegte Entwicklungsstufe in Anbetracht der Vorstellung von einem Universum und von universellen Göttern notwendig war.“[35]

Der Kultbau transzendiert nach Lethaby die Reproduktion einzelner Naturformen. Da er die Gedanken der Menschheit über Gott und das Universum widerspiegelt, geht der Architekt von einer formalen Analogie zwischen Tempel und den jeweils gültigen Weltmodellen der Menschheitsgeschichte aus, die im Kontext von Naturreligionen entstanden. So besteht engste Verwandtschaft zwischen dem Weltgebäude und dem Gebäude des Menschen, hervorgebracht durch die zumeist praktizierte Sakralarchitektur, die für einen Kult bestimmt war, der die Erde, den Himmel und die Sterne zu Objekten der Verehrung machte.“[36] Die Errungenschaften, die beim Sakralbau entwickelt wurden, wurden gewissermaßen auf alle übrigen Bauaufgaben übertragen.

Während Gottheiten als Personen keine Rolle zu spielen scheinen, wird dem geschichtlichen Denken stillschweigend eine Gleichsetzung von Welt und Gott unterstellt. So wird nicht etwa die Weihe an eine bestimmte Gottheit, sondern universal-religiöse Ahnungen als gestalterische Grundlage vermutet. Das Weltgebäude ist der Prototyp des Kultraums. Es ist der erste, nicht von Menschenhand gebaute Tempel, dem sich der gebaute Tempel als Reproduktion zwangsläufig anglich. So lag es nahe, daß das Kultgebäude auch gleichzeitig ein Observatorium sein konnte. Lethaby weist im Zusammenhang mit frühesten Observatorien besonders auf Chaldäa und Babylonien hin. Offenbar meint er die Zikkurate der frühen Hochkulturen des Zweistromlands.[37]

Trotz der Sonderstellung des Tempels mit seiner offenbar pantheistisch begründeten Gestaltung bilden sowohl der Profanbau als auch das Grabmahl keine Ausnahmen in einer allgemeinen Kosmologie der Architektur, sobald diese sich, ausgehend von gewissen Urformen, wie „Hütte oder Grabhügel", weiterentwickelt haben.[38] Auch diese Bautypen seien stets mit den Riten des Menschen verbunden gewesen, als eine Angleichung an Vorgänge der Natur, an natürliches „Ritual und Gepränge" („ritual and pomp").[39] Hierin unterscheidet sich Lethabys Theorie von der traditionell vitruvianischen Entwicklungslehre der Architektur, bei der das Obdach als Lebensnotwendigkeit am Anfang der Entwicklung stand.

Lethaby versucht, eine kosmogonische Qualität im Vorgang des Bauens selbst, das heißt in dem Akt, Gebäude zu errichten, nachzuweisen. In Berichten früher indischer Dichtung (Rigveda), die Lethaby wiedergibt, wird die Schöpfung der Welt durch Indra, Vishnu und die anderen Götter Indiens als bauhandwerkliches Ereignis beschrieben.[40] Das Bauhandwerk als Nachvollzug des Schöpfungsakts schildert Lethaby an anderer Stelle durch einen Ritus, den keltische Druiden vollzogen haben sollen. Diese sollen jährlich das Dach ihres Tempels abgetragen und wieder errichtet haben, um dem Schöpfungsakt immer aufs neue zu huldigen.[41]

Lethaby nimmt gleich eine Bandbreite von Vorbilder alter Kosmographien auf und stellt diese chronologisch im Kapitel „The World Fabric" vor.[42] Diese frühesten Weltmodelle entstammten Alltagserfahrungen des Menschen und konnten als lebendige Kreatur, Baum, Zelt oder Gebäude gelten. Am Anfang dieser Chronologie steht der Baum als tektonische Urform der Naturelemente und Urform der Weltmodelle. Der Weltenbaum gilt diesen alten Vorstellungen zufolge als Stütze eines als Dach vorgestellten Firmaments. Die Stütze wurde für notwendig gehalten, da das Firmament auf die Erde herabzustürzen drohte. Lethaby beschreibt unter anderem eine chaldäische Vorstellung über einen im Zentrum der Erde befindlichen Weltenbaum, über den ein blauer, sternenbestickter Teppich geworfen sei. Lethaby geht in fast allen Fällen, so auch was den Himmel und Erde verbindenden Baum betrifft, von einer globalen Verbreitung einer Vorstellung zu einem bestimmten Stadium der Kulturentwicklung aus. Für das Verständnis von „baumartigen" Baugliedern in der Tempelarchitektur, nämlich Säule und Pfeiler, ist dies folgenschwer, da diese somit nicht nur auf das Naturvorbild Baum, sondern auch auf den Aufbau der Welt verweisen. Die Säule und die auf sie basierende Architektur werden für Repräsentanten von Welt gehalten und zwar in sehr ähnlicher Weise wie Viel de Saint-Maux dies im 18. Jahrhundert bereits tat, allerdings mit größerem Aufwand, was die Beweisführung betrifft. Lethaby versucht, diese Tatsache durch eine breit gefächerte architektur- und kulturgeschichtliche Forschung nicht als ein rein griechisch-römisches Merkmal, sondern als globales Phänomen vor Augen zu führen. Im zweiten Kapitel von „Architecture, Mysticism and Myth“ mit dem Titel „The World Fabric“ geht Lethaby ausführlich auf den Baum als „ersten Tempel“ und früheste Form stützender Bauglieder ein.[43]

Der Baum des Weltgebäudes findet mannigfaltige Abbilder, deren Tradition nach Lethaby bis in die heutige Zeit hineinreichen. Das fünfte Kapitel ist ein Quellenbericht über den „Juwelen tragenden Baum“ („The Jewel-Bearing Tree“), der morgenländische Paläste schon seit vorchristlicher Zeit schmückte und angeblich direktes Abbild des „himmlischen Baums“ gewesen sein soll. Das „Chrysotriclinium“ des Palasts von Konstantinopel war sein geradezu paradiesisches Abbild aus feinsten Materialien und mit mechanisch betriebenen Vögeln, die den Gesang echter Vögel imitierten. In den Schilderungen Lethabys schwingt der romantische Enthusiasmus bei seinen Evokationen altertümlicher Prachtentfaltung mit, die dem Leser die Thematik „schmackhaft“ machen. So erstrecken sich diese Schilderungen zuerst über weite Passagen, bis dann schließlich eine Deutung dieses sagenhaften juwelentragenden Baums vorgetragen wird. Dieser entstamme dem „alles umfassenden Weltenbaum, der als Früchte Sterne am dunklen Nachthimmel trägt“, und zwar bei den Hindus, Iranern, Chinesen und vielen anderen.[44] Auch im Zusammenhang mit dieser Form macht sich Lethaby auf die Suche nach Gebrauchsgegenständen, die auf das Urbild des Weltaufbaus zurückzuführen sind. Der Armleuchter, der naturgemäß eine dem Baum überaus ähnliche Form aufweist, kann als Abbild des Weltenbaums gestaltet sein. Bestimmte kosmologische Attribute, die an den Ästen und Zweigen angebracht wurden, verweisen dann auf den mythischen Weltenbaum. So illustriert Lethaby seinen Text mit einem im Indian Museum, South Kensington, aufbewahrten Kandelaber, der nicht nur mit Blättern und Äffchen, sondern auch mit sternförmigen Kerzenhaltern geschmückt ist, die ihn als kosmisches Bild unverkennbar machen. Auch im westlichen Brauchtum wird, wie Lethaby feststellt, durch den mit Kerzen geschmükkten Weihnachstbaum ein Relikt des kosmischen Baums bewahrt.[45]

In der kosmischen Vorstellungswelt alter Zeit konnte statt des Baums auch ein Berg oder ein ganzes Gebirge diese stützende Verbindung zwischen Himmel und Erde bilden. Der Weltenberg Meru des indischen Kulturkreises ist hierfür das bekannteste Beispiel. Eine architektonische Masse, die sich formal mit einem Berg vergleichen läßt, ist dann, so läßt sich ableiten, ebenso mit dem Weltgebäude in Verbindung zu bringen. Die Pyramide, der indische Tempel und die Säulenarchitektur gleich welcher Herkunft erscheinen plötzlich artverwandt, da sie zwar von einer unterschiedlichen Vorstellung vom Weltaufbau geprägt sind, ihnen allen jedoch immer die Repräsentanz von Welt zugrunde liegt.

Lethaby fährt fort, indem er einfachste Behausungen, Dach und Zelt mit Vorstellungen vom Firmament vergleicht. Er berichtet über Weltmodelle, deren Himmel Fenster oder eine Perforierung aufweisen, durch die der lebensnotwendige Regen auf die Erde gelangen kann.[46] Der Mensch befindet sich im Erdgeschoß des „Hauses" Welt mit darunterliegenden Kellergeschossen. Ebenso wie der Mensch seine Behausung bald rund und bald kantig errichten konnte, hätten sich, so Lethaby, als Ablösung der Naturform Baum zunächst die Formen Kubus („cubical box with a lid on") und Halbkugel als grundlegende Errungenschaften der Geometrie verbreitet.[47] Im Falle der Halbkugel kann aber auch eine Beziehung zur Natur, und zwar zum „Mikrokosmos Mensch" bestehen. Lethaby zitiert die Edda, nach der das Firmament in Form eines Schädels gebildet wurde. Das heißt, die Halbkugel wird nicht überall als rein abstrakte Form gesehen, sondern muß in manchen Fällen als eine vom Naturvorbild abgeleitete Form aufgefaßt werden.

Mit der Sondierung solcher einfacher Weltmodelle und deren naiv anmutenden Herleitungen gelingt Lethaby zu Beginn seiner Schilderungen eine Kosmographie der Grundformen. So konnte der Kubus als Weltmodell, den Lethaby auch „Kammerform" („chamber type") nennt, entweder mit einer Platte oder einer Wölbung nach oben hin abschließen. Im Falle der Kuppelvariante liegen Vorstellungen vor, die das „Problem der Pendentifs nicht berücksichtigten".[48] Die Grundformen treffen also zunächst unvermittelt aufeinander, und komplexere Formen zeigen stets ein späteres Stadium an. Die Grundformen repräsentieren daher immer ein unverfälschtes Bild der frühen Kosmographien.

Lethaby berichtet über ägyptische Vorstellungen, denenzufolge der Himmel mit der Decke eines Gebäudes verglichen wird, die in zwei Varianten existiert habe. Bei der einen schwimmen die Sterne auf einer Flüssigkeit, und bei der anderen sind die Sterne wie Lampen am Himmel befestigt.[49] Im einen Fall handelt es sich um einen der Architektur fremden, im anderen um einen ihr entsprechenden Aufbau. Lethaby verliert auch den Bezug zur Architektur, wenn nach Kubus und Halbkugel die Vollkugel des Himmels sowie der Erde als Weltmodell in der Menschheitsgeschichte in Erscheinung tritt.[50] Die Schilderung der Beschaffenheit und Verbreitung dieser Weltbilder läßt den Bezug zur Architektur vermissen, da es bis Boullée, den Lethaby wahrscheinlich gar nicht kannte, keine architektonischen Vollkugeln gab. Die einzige Parallele, die Lethaby aufzuzeigen vermag, besteht in der Entwicklung von eingeschossigen zu mehrgeschossigen Bauten. Letztere sollen angeblich eine Analogie zu den Sphären des Firmaments runder Weltmodelle bilden. In einem Beispiel besteht jedoch eine direkte Übereinstimmung zwischen einem konkreten mechanischen Gerät und einem kreisrunden Weltmodell, wenn auch die Kugelform damit nicht erfaßt wird. Es handelt sich um eine Stelle aus den Apokryphen, in der die Welt mit einer großen Mühle, die von den Winden angetrieben wird, verglichen wird. Die kreisende Bewegung des Geräts soll die Planetenbewegung veranschaulichen.[51]

Lethabys Argumentationen sind, was die Systematik betrifft, sprunghaft. Einerseits wird er nicht müde zu belegen, daß die Welt als Haus begriffen wurde und sie so in den Quellen beschrieben wird. Unvermittelt wird dann aber der Faden der architektonischen Entwicklung wieder aufgenommen, die mit der Erde, dem Firmament und den Himmelskörpern in Verbindung gebracht wird. Ein Beispiel ist die Wiedergabe von Scipios Traum aus Ciceros „De re publica" und dessen komplexen Schilderungen des sphärischen Weltaufbaus. Ohne aus dieser langen Schilderung etwas über architektonische Strukturen abzuleiten, wechselt Lethaby nach ausführlichem Bericht zu Bischof Severianus aus Syrien, der die Welt als Haus beschreibt, dessen Fußboden die Erde, der untere Himmel die Decke und der obere Himmel das Dach sei.[52] An einer anderen, fast beliebigen Stelle stellt Lethaby, wenn auch knapp geschildert, eine interessante Entwicklungstheorie auf. Die Entwicklung eines Bauglieds geht hier angeblich Hand in Hand mit Entwicklungen des damaligen Weltmodells. Lethaby stellt die Chaldäer als die Erfinder der Kuppel vor, deren Prototyp er in der chaldäischen Barke sieht, die, wie erhaltene Bilder zeigen, völlig rund gewesen sein soll. Lethaby hält sie nicht nur für die Urform der Deckenwölbung, sondern auch für ein Vorbild für die Vorstellung einer hemisphärische Erde.[53] Außerdem vermutet er den Buckelschild als Vorbild griechischer Theorien über die Form der Erde, was einen weiteren klaren Bezug zwischen Artefakt und Welt darstellt.[54] Die Entwicklungslinien verlaufen zwischen Naturformen, Artefakten, Architektur und Weltmodell. Der Einfluß fällt vom Weltmodell zurück auf das Artefakt, wenn der Buckelschild mit der Darstellung des Sonnensystems geschmückt wird und das primitive Modell des Kosmos dadurch allgemeinverständlich wird. Der Schmuck war die Ergänzung der Formanalogie, die die Vorstellung verdeutlichte. Die Sonne im Zentrum des Buckelschildes wird, auf Architektur übertragen, zur Sonne im Scheitel des Gewölbes.[55] Die kosmische Symbolik erstreckt sich also keineswegs nur auf Architektur, sondern auf verschiedenste Dinge, die der Mensch für das tägliche Leben hervorbrachte. Viel de Saint-Maux hatte bereits im 18. Jahrhundert sämtliche vom Menschen hervorgebrachten Gegenstände als Symbole gedeutet. Die Bildung von Symbolen erfolgt Lethabys Ansichten zufolge immer dann, wenn aus unterschiedlichen Gründen Übereinstimmungen zwischen Gegenstand und Welterfahrung erkannt werden. Viel de Saint-Maux hatte diese Symbolbildung auf den rituellen Ackerbau zurückgeführt.

Nach ausführlichem Bericht über die sieben, acht oder neun Schichten der Planetensphären zieht Lethaby Vergleiche zur Architektur. Der geschichtete Aufbau wurde, wie sich zeigt, am ehesten im Städtebau verwirklicht. Die Form der Planetensphären als mehrschichtige Gebilde läßt sich mit runden Stadtgrundrissen vergleichen, die in konzentrischen Ringen weiter aufgeteilt sein konnten.[56] Lethaby konstatiert eine besondere Bedeutung der Zahl sieben in Analogie zu den sieben Planeten, die schon in den frühesten Traditionen bekannt gewesen waren. Noch Ruskin, so Lethaby, habe nach eigenen Aussagen große Schwierigkeiten darin gesehen, seine „Seven Lamps“ zu beschränken, um nicht acht oder neun zu erhalten.[57] Lethaby weist darauf hin, daß die Zahlensymbolik, die in der Wahl von Farben und Materialien oder in der Stockwerkzahl bestehen kann, auf die Planeten verweisen kann.[58] Ebenso können bestimmte Zahlen, die bei der Berechnung von architektonischen Proportionen vorkommen, auf die Tage des Jahres zurückgehen. Lethaby beschreibt ausführlich die Entwicklung des Jahres im Kapitel „Die Fenster des Himmels und dreihundertsechzig Tage“ („The Windows of Heaven and Three Hundred and Sixty Days“).[59] Die Ägypter sind, wie Lethaby hinweist, die Urheber des Sonnenjahres mit 365 Tagen, nachdem zunächst im Frühstadium der Menschheitsgeschichte das Mondjahr, wie Lethaby meint, in der Länge von 360 Tagen üblich war. Fünf Tage waren zusätzlich zu den 360 Tagen notwendig, um jahreszeitliche Verschiebungen zu vermeiden. Lethaby entnimmt Herodot, daß die Griechen wegen dieser Verschiebungen jedes dritte Jahr einen weiteren Monat einschalteten. Er identifiziert anhand von mehreren Beispielen die Tageszahl des „primitiven Jahres“ oder des vollentwickelten Sonnenjahres als symbolischen Maßstab in Baukunst und Städtebau. Das Augenmerk Lethabys richtet sich hier, wie in den meisten Fällen, auf den Orient, doch nennt er wie beiläufig, inmitten von Beschreibungen Babylons und Karthagos, auch Beispiele aus dem englischen Alltag, ohne sich jedoch auf nähere Beschreibungen dieser Beispiele und Belege ihrer kosmologischen Qualität einzulassen.[60] Die wissenschaftliche Schlagkraft von These und Argument mag gering, der tendenziöse Charakter des Geschichtsbildes jedoch dadurch umso intensiver erscheinen. Kulmination der Jahressymbolik findet Lethaby im Morgenland. Die Fensteröffnungen in der Anzahl der Tage eines Jahres sind in einem Beispiel einer Moschee in Damaskus

(„a Mohammedan Mosque") so in Gruppen angeordnet, daß sie das Sonnenlicht dem Stundenverlauf des Tages folgend eindringen lassen.[61]

Lethaby konstatiert besonders in Bezug auf den Kubus eine auffällige Verwobenheit zwischen Bauwerk, Ritus und kosmischen Vorgängen. Wie der rituelle Umgang mit der Form zeigt, werden Vorstellungen mit ihr verknüpft, die diesseitige Begriffe von Welt überschreiten. Anhand mehrerer Beispiele, unter denen die Kaaba in Mekka das bekannteste ist, erläutert Lethaby den „Symbolismus des Tabernakels". Oft, so Lethaby, sei durch die kubischen Denkmäler weniger Himmel und Erde, wie wir sie vor Augen haben, symbolisiert, als vielmehr „die ursprüngliche himmlische Welt des Goldenen Zeitalters, des Paradieses" („the original celestial world of the golden age-Paradise") Der Ritus, solche Heiligtümer anbetend zu umschreiten, erfolge in Analogie zu den anbetenden Engeln um das „himmlische Tabernakel".[62] Dem Viereck als global verbreitete rituelle Form widmet Lethaby ein ganzes Kapitel. Er legt dar, daß die Mystik des Tabernakels auch beibehalten worden ist, als bekannt wurde, daß die Erde rund ist. Der Kubus tauche als Repräsentant der „himmlischen Erde" immer wieder auf.[63] Kubus und Halbkugel werden als die „heiligsten Formen" bezeichnet. Dies gilt Lethabys Beispielen zufolge für die meisten Kulturen. Zur Sprache kommen zwei nicht näher bestimmte Altäre in Peking, von denen der eine eckig und der Erde, der andere rund und dem Himmel geweiht sei.[64]

Zu der abbildenden Funktion des Quadrats kommt Lethabys Ansicht nach noch die Qualität des heiligen Zeichens hinzu, das nicht nur den Städtebau beeinflußte, etwa den der Etrusker oder „Roma Quadrata", sondern auch die apokalyptischen Visionen des Johannes, der ein quadratisches „himmlisches Jerusalem" beschreibt. Das Kapitel „Four Square" ist reicher illustriert als die vorangegangenen. Es enthält unter anderem eine Rekonstruktion der Idealstadt nach der Vision von Ezechiel.[65] Die „heiligste" Form des Halbkreises bestimmen die indischen Stupas, deren schirmförmige Baldachine in Lethabys Interpretation die Form des geschichteten Himmels andeuten und als Symbole für die verschiedenen Himmelszonen gelten.[66]

Viereckige Grundrisse bieten den Vorteil der Orientierung, den man beim Bau der Pyramiden Ägyptens oder Südamerikas nutzte. Lethaby konstatiert eine fast generelle Ostung der Kultbauten, die eine Hauptfassade besitzen. Das kosmologische Gebäude orientiert sich dadurch nach dem Aufgang der Sonne und den Planetenbahnen.[67] Das geostete Hauptportal bezeichnet er als „Goldenes Tor der

Sonne“ („The Golden Gate of the Sun“). Lethaby beschreibt Beispiele der im Orient verbreiteten Sonnenikonographie, die an Türstürzen und Bogenlaibungen vorzufinden ist.[68] Diese werde besonders in der byzantinischen Tradition zum „dekorativen Gemeinplatz“ („decorative commonplace“). Das Sonnenrad des Stupas von Sanchi korrespondiert in der Zeichnung Lethabys mit dem dahinter dargestellten Sonnenaufgang, der genau auf der Mittelachse des Tors angebildet ist. Lethaby strebt dadurch eine die Kosmologie des Gebäudes unmittelbar veranschaulichende Darstellungsweise an. Dadurch ist die Abbildung den Zuordnungen von Architektur und Himmelskörpern durch Albert Trachsel sehr ähnlich.[69] (Abb. 43) Lethaby findet auch für das „goldene Tor des Sonnenaufgangs“ zahlreiche Beispiele unter anderem in chinesischer, assyrischer und diesmal auch japanischer Tradition.

Anderen Kriterien folgt die christliche Kirche mit ihrer gewesteten Hauptfassade. Doch Lethaby zufolge gehorcht sie nicht minder einem kosmologischen Programm. Ihre architektonische Struktur repräsentiere die Welt und das Jenseitige zugleich, und zwar durch ihre Raumaufteilung in Kirchenschiff und Chor.[70] Ihre beiden mystischen Ebenen werden oft durch den Lettner voneinander geschieden. Lethaby arbeitet aber keineswegs Unterschiede heraus, die zwischen christlicher und vorchristlicher Architektur hinsichtlich ihres religiösen Inhalts bestehen mögen. Wenn nämlich die christliche Kirche die erneute Verkörperung einer als Gott verehrten Welt darstellt, so bestünde doch ein Widerspruch zwischen christlicher Heilslehre und dem Kultgebäude, das eher einer pantheistischen Konzeption folgen würde. Lethaby läßt sich aber, wie gesagt, kein einziges Mal auf wirkliche interpretatorische Differenzierungen ein, die angesichts geistes- und religionsgeschichtlicher Wandlungsprozesse angemessen wären.

So ist seinen Beobachtungen zufolge auch das Labyrinth als Muster des Fußbodens gotischer Kathedralen nicht von Labyrinthen orientalischer Grabmahlsarchitektur vorchristlicher Zeit zu unterscheiden. Das Interesse besteht in ihrem für übereinstimmend gehaltenen kosmologischen Gehalt, der durch die analoge formale Struktur erreicht wird. Auch in diesem Zusammenhang sind Unterschiede zwischen christlicher und vorchristlicher Architektur nicht von Interesse, was für die Verfechter des Gothic Revivals ein Sakrileg bedeutet haben muß. Den Ort, wo das Labyrinth anzutreffen ist, sei es der Fußboden einer Kathedrale oder der Grundriß einer Pyramide, hält Lethaby nicht für zufällig, sondern er führt ihn auf eine Durchdrungenheit der Architektur von kosmologischen Vorstellungen zurück. Das Labyrinth kommt immer auf dem untersten Niveau des Gebäudes, dem

Parterre vor. Da es im Zusammenhang mit Tod oder Unterwelt steht, hätte es ein Architekt oder Dekorateur nie an Wand oder Decke angebracht. Das Labyrinth sei in kosmologischer Sicht der Idealplan des Grabmahls, „eine künstliche Imitation der Unterwelt" („artificial imitation of the lower world"). Lethaby tritt den Beleg durch das Beispiel des Grabs von Seti I an, das einen Sarkophag mit karthographischen Gravuren enthielt, die dem Toten den rechten Weg in das Schattenreich weisen sollten. Die metaphorische Qualität des Labyrinths besteht darin, daß hier die Suche nach dem Ziel ähnlich beschwerlich ist wie die Reise des Verblichenen, der die Suche nach der letzten Ruhe durch die jenseitige Welt antreten muß.[71]

Während Lethaby mystische Repräsentanzen jedoch eher gelegentlich zur Sprache bringt, überwiegen Beschreibungen von ikonographischen Details, die auf Erde, Firmanent und Himmelskörper hinweisen. Demzufolge entfaltet sich die Kosmologie in erster Linie durch die Darstellung der diesseitigen Welt, wie etwa bei den „Böden wie das Meer" („Pavements like the Sea") in den Kirchenräumen Konstantinopels und Venedigs, vom Salomonischen Palast bis zu Hypnerotomachia Poliphili. Das Meer konnte durch Anwendung und Anordnung verschiedenster Bodenbeläge nachgeahmt werden, und die Darstellung mannigfaltiger Meerestiere konnte das Bildprogramm ergänzen. So identifiziert Lethaby verschiedene Stilisierungen von Wellen, die durch die Bodenbeläge erzeugt wurden, und fügt Beispiele von ihnen als Illustrationen in seinen Text ein.[72] Einige von Lethabys Zeitgenossen, die im Folgenden noch zu behandeln sein werden, integrieren diese Stilisierungen, die Zickzack- und S-förmige Linie als Darstellung von Wasser in ihre Innenraumgestaltungen. Die Zickzack-Linie hat ihren möglichen Ursprung in der entsprechend gezackten Hieroglyphe, die Wasser bedeutet, welche Lethaby aber nicht zu kennen scheint.[73] Diese abstrahierende Darstellung von Wasser im Umfeld der Arts-and-Crafts-Bewegung, die auch in der mittelalterlichen Buchmalerei zu finden ist, könnte durch das Buch Lethabys angeregt worden sein.[74]

Für die „Decken wie der Himmel" („Ceilings like the Sky") führt Lethaby geläufige Beispiele an wie die sternenbesetzten Gewölbe der Sainte Chapelle in Paris, der Dome von Siena und Orvieto und der Arenakapelle in Padua, aber auch viel weiter in die Geschichte zurückreichende Präzedenzfälle, die in manchen Fällen auch eine astronomische Qualität besaßen.[75] Neben diesen eindeutigen Darstellungen von Himmel und Erde existieren auch Symbole, die eine Deutung durch den Betrachter erfordern. So stellt Lethaby ein Spätwerk von William Burges als frühen Byzantinismus des 19. Jahrhunderts vor, dessen Innenarchitektur in seinem eigenen, in später Lebensphase entstandenen Wohnhaus angeblich unter dem Eindruck einer Reise nach Istanbul und der Hagia Sophia standen.[76] Burges, der aus dem Gothic Revival hervorgegangen war, übernahm für die Decke die orientalische Tradition, ovale Schmuckformen inmitten des Sternenhimmels sowie Sonne und Mond anzubringen. Lethaby sucht also ständig nach Relikten kosmologischer Formen in der zeitgenössischen Architektur, die aus dem Orient stammen. Das Beispiel des Wohnhauses von Burges geht dem Kapitel „Symbol of Creation“ voraus, in dem er zahlreiche Beispiele ovaler Gebrauchsgegenstände beschreibt, die meist an Lampen byzantinischer Herkunft angebracht sind. Sie sind Symbole der „typischen Keimzelle“ („the typical germ“) und somit symbolisch für die Weltentstehung. Wiederum geht Lethaby nicht etwa von etwaigen Unterschieden im Verständnis einer traditionellen Form, sondern von einer globalen Verbreitung und von immer gleichem Inhalt der gleichen Form aus. Das Symbol des Eis sei allumfassend und uralten Ursprungs und seit vorchristlicher Zeit in Gebrauch.[77] Lethaby bringt es auch mit der Situation des Christen in Verbindung, der auf Wiedergeburt hofft. So ist es nicht nur ein Symbol für die Entstehung der Welt, sondern auch für die Überwindung des Diesseits durch das Bekenntnis des Gläubigen. So berichtet auch Lethaby, wie dies in kosmologischer Architekturtheorie fast immer der Fall ist, über Jenseitsvorstellungen und ihre Auswirkungen auf die architektonische Form. Die Überwindung des Diesseits ist also ein konstantes Themenfeld der Literatur über kosmologische Architektur.[78]

II.2.4. Die Wirkung von „Architecture, Mysticism and Myth“ auf den Entwurf von Lethaby

Lethabys Werk „Architecture, Mysticism and Myth“ ist schwer in die Bereiche Architekturforschung oder Architekturtheorie einzuordnen. Während beispielsweise bei Trachsel ein enger Zusammenhang zwischen Schrift und Entwurf bestand, ist diese Kohärenz bei Lethaby geringer ausgeprägt und sehr unterschiedlich im Resultat. Oft löst sich Lethaby völlig von kosmologischen Einflüssen und geht besonders bei seinen Wohnhausentwürfen nach rein gestalterischen Gesichtspunkten vor. Man braucht nur ein besonders auffälliges Beispiel herauszugreifen, etwa „Avon Tyrell“ bei Christ Church, bei dem sich der Einfluß von Vorläufern, besonders der von Philip Webb (vor allem das berühmte „Red

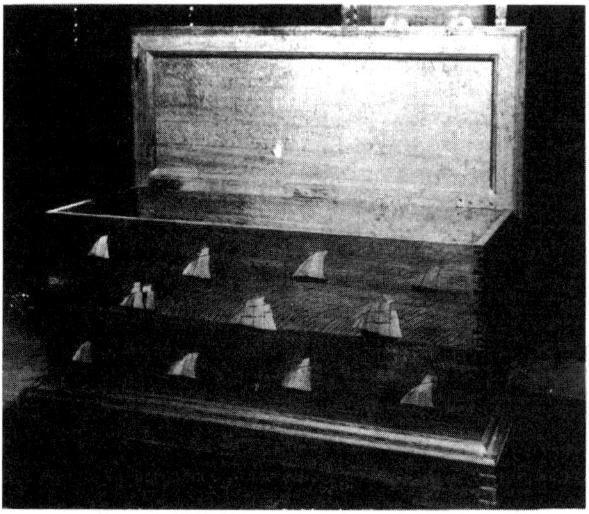

Abb. 45: W. R. Lethaby, Eichentruhe für Kenton & Co., 1891

House") oder Norman Shaw, nicht nur bemerkbar macht, sondern in der Gesamtheit prägsam ist.[1] Bei diesem Haus handelt es sich um eines der Hauptwerke Lethabys im Wohnhausbau, in welchem Formationen von Erkern und verschieden gestaffelte Risalite einheitlichen und spiegelgleichen Formen und einem symmetrischen Aufbau entgegenstreben. Norman Shaw hatte wenige Jahrzehnte zuvor mit „Cragside" in Northumberland (1870-75, erweitert 1882) ein ähnlich unregelmäßiges Bild herbeigeführt.[2] Dieses orientiert sich an mittelalterlichen Vorbildern, die nach langen Bauphasen mit Planänderungen aufgrund sich ändernder Bedürfnisse und baukünstlerischer Anforderungen gewachsen waren oder nach Gesichtspunkten des Raumbedarfs ihre äußere Gestalt erhielten.

Wie der größte Teil der Ergebnisse in „Architecture, Mysticism and Myth" deuten auch hauptsächlich ikonographische Details in Lethabys Entwürfen auf kosmologische Themen hin. Zahlreicher treten bildliche Details in Lethabys Beiträgen zur Innenarchitektur in Erscheinung, also weniger in der Architektur als im Design von Einrichtungsgegenständen und in der Ausstattung von Innenwänden. Besonders beim Mobiliar fällt sofort eine malerische Verwendung von Material auf. Lethaby wendet die Ergebnisse seiner „Pavements like the Sea" im Möbeldesign an, wo, wie wir gesehen haben, bestimmte Marmorfliesen beschrieben werden, die den Eindruck einer Wellenstruktur erzeugen. So zeigt eine Eichentruhe für die Firma Kenton & Co. eine Intarsienmalerei mit elf kleinen Segelschiffen.

(Abb. 45) Die Einlegearbeiten werden mit dem Hell-Dunkel der Holzmaserung, die zur Darstellung von Wellen verwendet wird, zu einem Seestück. Das Bild wird also aus einer natürlichen Struktur des Materials entwickelt. Das Verfahren, das natürliche Erscheinungsbild des Materials in einen bildlichen Zusammenhang zu integrieren, ist ebenso einfach wie überzeugend. Es genügt die formale Analogie zwischen Material und Objekt. Die zwangsläufige Abweichung vom Naturvorbild führt zu einer verblüffenden Abstraktion. So waren es sicherlich diese raffinierten Darstellungstechniken mit sparsamen Mitteln, die die Wirkung Lethabys auf Zeitgenossen begründete. Hermann Muthesius merkte in seinem berühmten dreibändigen Werk über das englische Haus an, daß Lethaby vielleicht vielmehr als in der Architektur im Kunstgewerbe für seine Zeit richtungsweisend gewirkt habe, und zwar in seiner Eigenschaft als Direktor der 1896 gegründeten Central School of Arts-and-Crafts in London.[3]

Neben darstellerischen Details treten im Design auch diskret Zeichen der Hieroglyphik in Erscheinung, die Lethaby in „Architecture, Mysticism and Myth“ als heiligste Zeichen der Geschichte beschrieb. Der in das Quadrat gezeichnete Kreis ist in Lethabys Architektur Hauptmotiv von Kassettengliederungen wie etwa im „main office“ der Eagle Insurance Buildings. Das Motiv ist hier an der Decke des „ground floor“ angebracht und bestimmt maßgeblich die Wirkung des Innenraums. (Abb. 46) Die Plastizität der Wandgliederung ist gegenüber dem Deckenprofil, das durch Karnies und Ornament traditionell geprägt ist, deutlich zurückgenommen. Der fliegende Adler tritt, wie schon an der Fassade, auch innerhalb der beherrschenden Deckengestaltung des „main office“ in Erscheinung.[4] Werden Interpretationen aus „Architecture, Mysticism and Myth“ zugrunde gelegt, so sind diese Gestaltungsmerkmale des Innenraums symbolisch zu verstehen und eine Fortsetzung des kosmologischen Symbolismus der Fassade. Der Kreis mit Mittelpunkt, der hieroglyphische Repräsentant für Welt, findet sich bereits an der Gebäudefront, und zwar so diskret wie die bildhaften Details der Fassadengestaltung. Die beiden dunklen Türen zeigen sechs quadratische Kassettenfelder, die Kreise umschließen.[5] Den Mittelpunkt dieser Kreise bildet eine kleine Halbkugel. Lethaby beschreibt den Kreis mit Mittelpunkt als altes Zeichen für das Zentrum der Welt.[6] In alten Kulturen seien geistliche oder weltliche Hauptstädte für den Mittelpunkt der Erde gehalten worden. Ob die Anwendung des Weltnabelsymbols in und an einem Versicherungsgebäude als Reminiszenz ohne eigentlichen Inhalt verwendet wird oder ob hier sogar ein ironisierender Umgang mit der Bauaufgabe vorliegt, ist kaum zu beurteilen. Fest steht jedoch, daß kosmologische Interpretationen den modernen Entwurf beeinflußt haben.

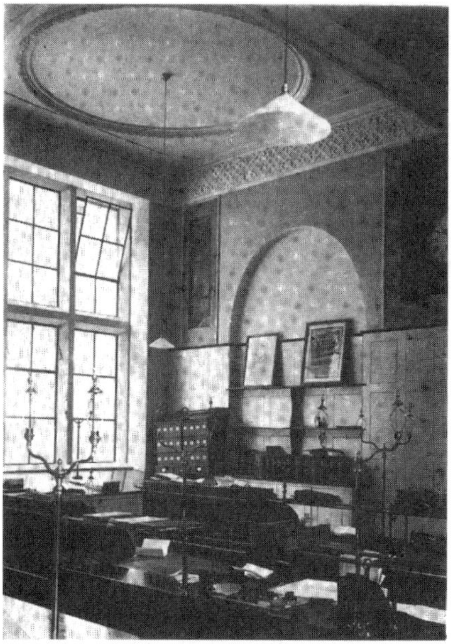

Abb. 46: W. R. Lethaby , Eagle Insurance Buildings, „main office“

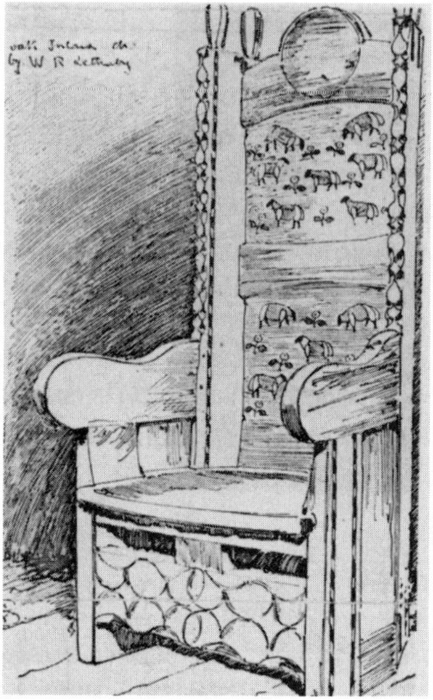

Abb. 47: W. R. Lethaby, Armsessel

In einem von Lethaby ganz mit Marmor und Onyx verkleideten, offenen Kamin dienten ebenso jene assoziativ-bildhafte Verwendung von Material wie auch die Verwendung von Zeichen hieroglyphischer Tradition als künstlerisches Mittel. (Abb. 48) Der Sturz ist in drei quadratische Felder unterteilt, in denen große kreisrunde Flächen ausgespart wurden. Wiederum tritt die diskrete Art Lethabys zutage, bei der es nahezu ausschließlich dem Betrachter überlassen ist, einen Inhalt zu erkennen oder auch nicht. Jedenfalls ermunterte der Architekt den Betrachter zu eigenständigen Assoziationen, als er die Bilder Turners als Beispiele für Werke heranzog, die mehr andeuten als ausführen.[7] Das Bild darf sich also in den Gedanken des Betrachters fortsetzen. So ist, was den vorgeblendeten Onyx des Kamins betrifft, sicherlich die hell-dunkel gebänderte Beschaffenheit des Onyx bewußt gewählt, und wenn man sie vor dem Hintergrund von „Architecture, Mysticism and Myth“ betrachtet, darf die an Wolkenströmungen von Planetenatmosphären, etwa von Jupiter oder Venus, erinnern, auch wenn dies nicht mit aller Deutlichkeit evident ist. Teleskope zur Planetenbeobachtung standen seit langem zur Verfügung und Darstellungen der Planeten müßten auch dem damaligen Betrachter geläufig gewesen sein. Die natürlichen Strukturen führen zu künstlerischen Assoziationen, die bei Lethaby immer etwas mit Himmel und Erde zu tun haben.

Wie die Attika der Eagle Insurance Buildings zeigt, kann allein durch Zusammenstellung von Baugliedern ein Bild abgeleitet werden. Deutlicher ist dies, wie bereits gesagt, in der Innenarchitektur. Der Entwurf eines Armsessels zeigt eine Lehne, die nach konstruktiven Gesichtspunkten mit drei Querstreben aufgebaut ist. (Abb. 47) Allein diese Anordnung von Streben und Füllflächen genügt für eine Assoziation, die erneut in einer Vision von Himmel und Erde besteht. Aus den Voraussetzungen, die die Konstruktion vorgibt, entwickelt Lethaby das in sich schlüssige Bild einer am Flußufer weidenden Schafherde. Für den Eindruck fließender Gewässer sorgt die Maserung der unteren Streben. Die oberste Querstrebe, die als Himmel des Bildes dient, bekrönt die pastorale Szenerie durch ein großes zentrales Sonnenrad. In der Einleitung wurde bereits auf das Verfahren hingewiesen, die technische Form eines Gebrauchsgegenstands in ein Bild umzudeuten.

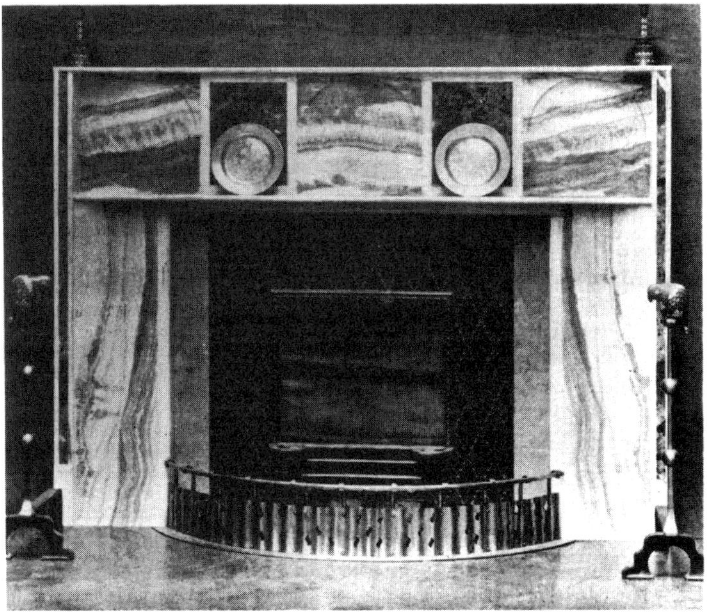

Abb. 48: W. R. Lethaby, Kamin für die fünfte Arts & Crafts Exhibition, 1896

Kosmologische Darstellungen und Symbolik verschmelzen im Fassadenentwurf der Liverpool Cathedral mit christlicher Ikonographie. (Abb. 49) In der Giebelzone der Westfront, die wie entmaterialisiert erscheint, wird der thronende Jesus Christus abgebildet. Am Giebelrand schweben Engel, die Himmelskörper in ihren Händen tragen und diese Christus anbetend darbieten. Zu Füßen Christi ist ein großer Globus vorgesehen, der von Wächterfiguren flankiert wird. Lethaby hat im Kapitel „The Golden Gate of the Sun" auf die Wächterfiguren hingewiesen, die häufig als Assistenzfiguren in Darstellungen der aufgehenden Sonne auf Portalen in Erscheinung treten. Tatsächlich enthält auch Lethabys Entwurf die Abbildung eines kleinen Tors zu Füßen Christi direkt unterhalb des Throns. In Lethabys Entwurf geht der Aufgang der Sonne mit dem Erscheinen des christlichen Weltenherrschers einher. Inmitten des schwebenden Personals sind im Giebel Zinnenbrüstungen kleinsten Maßstabs zu erkennen, die wohl im christlichen Zusammenhang als himmlisches Jerusalem zu verstehen sind. Demselben Zusammenhang sind auch die Darstellungen kleiner Walmdächer über den Lisenen, die die Fassade in drei Travéen teilen, zuzuordnen. Unterhalb des Giebels, also knapp unterhalb der Kämpferlinie, tauchen Wellenlinien auf, die nach dem Kapitel „Pavements like the Sea" als abstrakte Darstellung von Wasser zu gelten haben. Vielleicht soll durch die eigenartige Lokalisierung des Wassers in Lethabys Fassadenentwurf, nämlich direkt unterhalb des „oberen Himmels", an die in „Architecture, Mysticism and Myth" beschriebene, weit verbreitete Vorstellung der Vorgeschichte erinnert werden, wonach der untere Himmel aus Wasser besteht: „Über dem Firmament ist das obere Meer, und der Regen fällt daraus durch eine Perforierung hindurch herab. Es dient als Boden für die oberen Bereiche und fließt das Firmament oder die Seiten eines Gebirges herab, um die irdischen Meere zu speisen. Die Sterne sind entweder am Firmament befestigt oder sie treiben auf diesem oberen Meer."[8] In Lethabys Bild treiben die Sterne nicht auf dem Wasser, sondern werden von Engeln bewegt, die sie auf ihren Händen tragen.

Im Entwurf der Liverpool Cathedral wird an der Westfassade erneut die Tradition des Fenstergitters aufgegriffen, der wir bereits an den Eagle Insurance Buildings begegnet sind. Sie sieht drei Fenstergitter vor, die diesmal in ihrer Struktur differenziert sind. Ausgehend vom orthogonalen Raster werden runde, rauten- und sternförmige Formen hinzugefügt. Im Unterbereich wird das Stabwerk wie eine Rundbogenarkade gestaltet. Anordnungen von Rauten und Kreisen bilden in allen drei Fenstern ein lateinisches Kreuz. In den beiden Seitenfenstern ist der obere Schenkel des Kreuzes durch einen aus Rauten zusammengesetzten Stern ersetzt. Am Fuß dieses Bereichs befindet sich in allen drei Fällen zusätzlich ein kleiner,

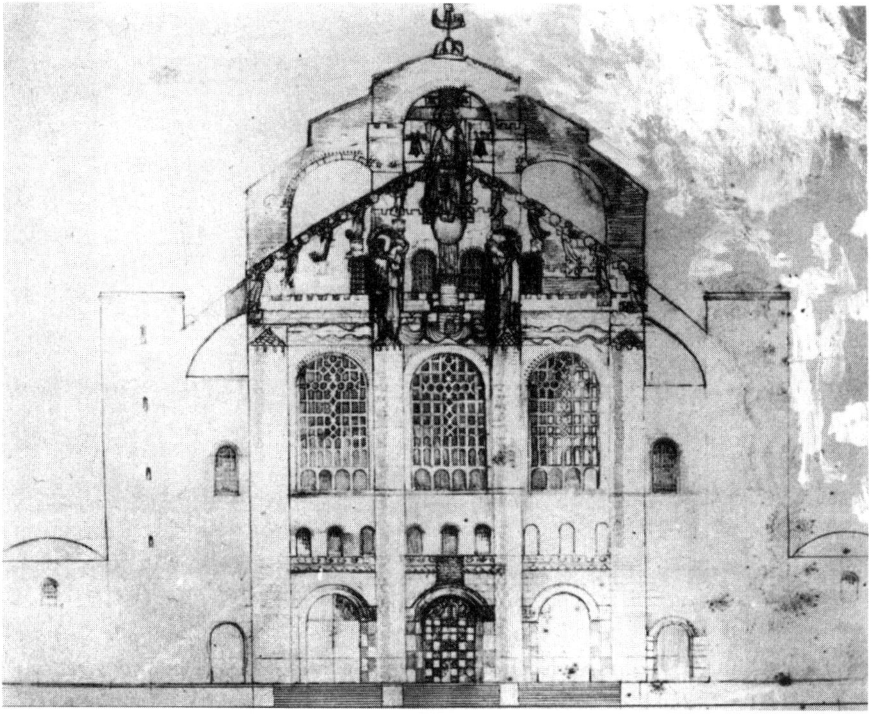

Abb. 49: W. R. Lethaby, Liverpool Cathedral, Wettbewerbsbeitrag, Westfassade, 1902.

massiver Stern als kleinstes und gleichzeitig auffälligstes Element innerhalb des Stabwerks. Den beherrschenden Akzent setzt die himmlische Szene darüber, die durch eine großangelegte Arkade überhöht wird. Sicherlich weniger zur Aufnahme von Schubkräften als vielmehr zur Überhöhung dienen auch die wuchtigen Strebebögen. Besonders an diesen gotisierenden Elementen ist abzulesen, daß Lethaby eine Synthese von christlicher Tradition, die immer noch mit dem gotischen Stil zusammenhängt, und den Erkenntnissen aus „Architecture, Mysticism and Myth" anstrebt.

Das Taufbecken mit Baldachin der Kirche St. John the Baptist, Low Bentham, Yorkshire (1890) nach dem Entwurf Lethabys, wird von einem astronomischen Bändermodell mit sieben Umlaufbahnen bekrönt. (Abb. 50) Ein flaches, sechs-

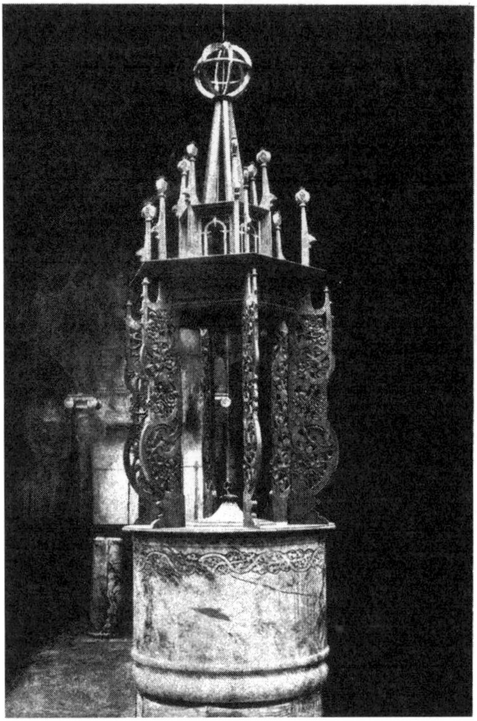

◄Abb. 50: W. R. Lethaby, Taufbecken mit Baldachin, St. John the Baptist, Low Bentham, Yorkshire, 1890

▼ Abb. 51: W. A. Forsyth, Sonnenuhr

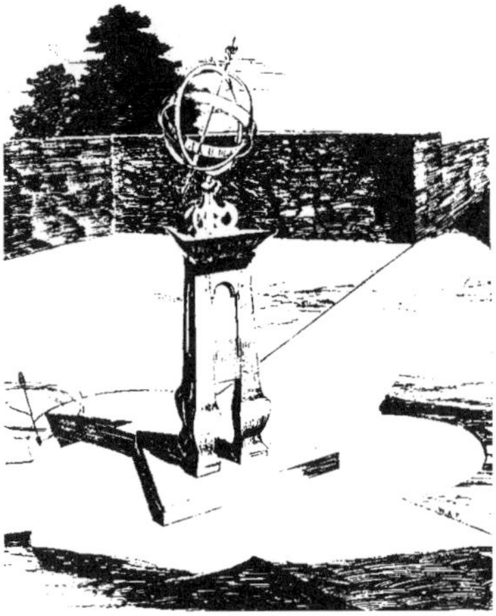

eckiges Brett, ein sechseckiger Baldachin und zu einer Spitze zusammengefügte Stäbe bilden das Dach des Taufbeckens. Das Planetenmodell ist an der Spitze angebracht. Auf den beiden sechseckigen Dächern stehen zwölf kleine, laternenartige Schmuckmotive auf schlanken Stäben, die das Planetenmodell umringen. Ein analoges Modell als Bekrönung ziert den Entwurf einer von Herrmann Muthesius wiedergegebenen Bändersonnenuhr von W. A. Forsyth. (Abb. 51) Die Sonnenuhr, so Muthesius, sei ein jetzt mit Eifer wieder aufgenommenes altes Motiv, für das es besondere Fachleute gebe.[9] Das Planetenmodell ist als Schattenwerfer der Sonnenuhr verwendet. Sicherlich ist auch beim Taufbecken von Lethaby das Wandern des Schattens, das durch wechselnden Lichteinfall bewirkt wird, miteinkalkuliert. Auch die Anzahl der an jeder Ecke der beiden Sechsecke stehenden Laternen scheint nicht zufällig, sondern bezieht sich sicherlich auf die zwölf Stunden des Tages.

Die sechseckigen Dächer und der Baldachin des Taufbeckens werden von flachen geschwungenen Reliefen gestützt. Das vegetabile Ornament dieser Hölzer scheint nach dem Vorbild nordischen Tiergeschlings des sechsten und siebten Jahrhunderts gestaltet zu sein. Lethaby unterscheidet zwischen Zonen des Aufbaus und ihrem Bezug zum Weltgebäude. Während die oberen Bauglieder dem Sternenhimmel und die mittleren tellurischen Wachstumsformen zugeordnet sind, wird auch die Gestaltung des runden Wasserbeckens mit Bildsymbolen ausgestattet. In einer vegetabilen Ranke bildet eine Schlangenlinie einen Ornamentfries am oberen Rand das Becken, offenbar als Zeichen für das darin enthaltene Wasser. Durch die der Welt entsprechende Anordnung von Zeichen und Bildelementen wird Wasser, Erde, Wachstum, Himmel, Licht, Zeit und Bewegung repräsentiert.

II.2.5. Die Wirkung auf das Umfeld

Godfrey Rubens weist in seiner Monographie über Lethaby auf den Einfluß hin, den „Architecture, Mysticism and Myth“ auf die Architekten der Arts-and-Crafts-Bewegung ausübte. Auch im Katalog zur Londoner Lethaby-Ausstellung von 1984 ist ein Kapitel von Julian Holder diesem Thema gewidmet.[1] Der wiederentdeckte kosmologische Symbolismus drückt sich in architektonischer Struktur und Dekoration aus. Rubens weist insbesondere auf die Werke hin, die aufgrund ihrer Ikonographie eindeutig von der theoretischen Vorlage „Architecture, Mysticism and Myth“ abzuleiten sind.[2]

Ein Beispiel hierfür ist der Entwurf des Fußbodens der Chapel of St. Andrew, Westminster Abbey, von R. Schultz Weir, welcher aus den Beschreibungen der Kapitel „Four Square“ und „Pavements like the Sea“ entwickelt wurde. (Abb. 52) Eine annähernd quadratische Grundfläche wird in ein kleineres zentrales Rechteck, das knapp die Hälfte der Gesamtfläche einnimmt, und einen breiten Rahmen gegliedert. Das innere Rechteck ist schmucklos und aus acht rechteckigen Fliesen zusammengesetzt. Die rahmende Zone ist dagegen ornamental mit einer umlaufenden Schlangenlinie und Darstellungen von Meerestieren ausgestattet. Für die „Erde“ wurde das Zeichen des „four square“ ohne Schmuckmotive herangezogen, während das umgebende Meer durch das Zeichen für Wasser, nämlich die Schlangenlinie, und konkrete Abbildungen, nämlich Darstellungen von Meeresfischen, in seiner Bedeutung definiert ist. Für die Decke sah Schultz Weir nach ei-

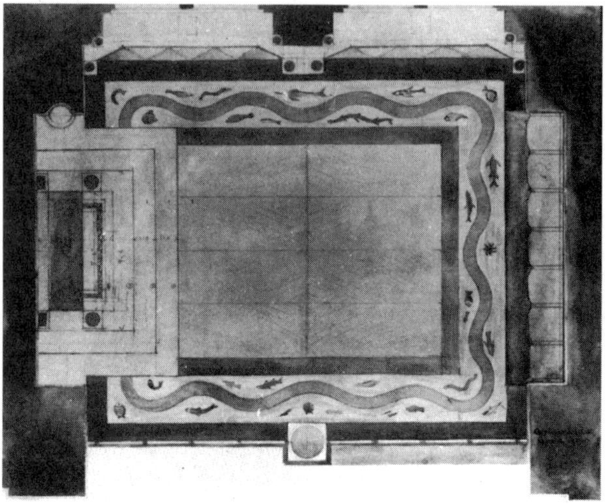

Abb. 52: R. Schultz Weir, Entwurf des Fußbodens der Chapel of St. Andrew, Westminster Cathedral

genen Aussagen ein „Ceiling like the Sky“ vor. Er sei durch das Buch von Lethaby zu diesem Programm angeregt worden. Das Buch habe den jungen Leuten eine bis dahin ungeahnte Romantik eröffnet.[3]

Ruskin hätte sicherlich wenig für einen derartigen Dekor übrig gehabt, wenngleich Lethaby dies nicht wahrhaben will.[4] Lethaby benutzt eine Beschreibung des Innenraums der Basilika von Murano aus den „Stones of Venice“ als Einleitung seines Berichts über die „Pavements like the Sea“. Die eher geringschätzigen Äußerungen Ruskins werden im Sinne der besseren Verwertbarkeit von Lethaby als positive Äußerungen wiedergegeben. Ruskin beschreibt jedoch den Innenraum der Basilika im Gegensatz zum Außenbau besonders knapp, da allerlei Zutaten späterer Bauphasen, hauptsächlich klassisches Ornament, die eigentlich interessante Ausstattung stören und zum Teil verdecken. Mit wenig Freude nimmt Ruskin dann auch die Gestaltung des Fußbodens in der Apsis auf. Beim ersten Schritt auf den Fußboden überkomme ihn Schwindel, denn auch er sei „aus griechischer Mosaik, wellenförmig wie die See, und farbig, schillernd wie ein Taubenhals“.[5]

Daß die Generation Lethabys dies anders sieht, zeigt nicht nur das Beispiel von Schultz Weir. Vielmehr wiederholt sich das wellenförmige Ornament zur Darstellung von Wasser in den Zwanziger Jahren, in einer Spätphase der Arts-and-

Crafts-Bewegung, als unbekümmert bunte Variante. In der Dekoration des Altarraums eines der bedeutendsten Kirchenbauten der Arts-and-Crafts-Architektur, St. Andrew in Roker bei Sunderland (1905) von Prior, prägt es maßgeblich das Erscheinungsbild des Raums und die Präsentation des Inhalts. Die Himmelsdecke von Macdonald Gill (1925) zeigt diese Darstellungsform von Wasser am Fuß des Klostergewölbes flächenfüllend als farbige Streifen, die schwarz umrandet sind. (Abb. 53) Das Wasser steht im Zusammenhang mit dem Inhalt des Deckengemäldes. Der Inhalt besteht im biblischen Schöpfungsakt, an dessen Anfang der Geist Gottes über den Wassern schwebt. Wenn hier Wasser mit abstrakten Wellenlinien dargestellt wird, handelt es sich nicht um eine eigenständig entwickelte Abstraktion, sondern um die Rezeption einer Form, die weit in die Geschichte zurückreicht. Für den modernen Menschen ergibt sich durch altehrwürdige Zeichen, die fremdartig und hieroglyphisch erscheinen, der Charakter des Rätselhaften und Magischen. Edward Prior hatte schon durch einen im Scheitel des Gewölbes an-

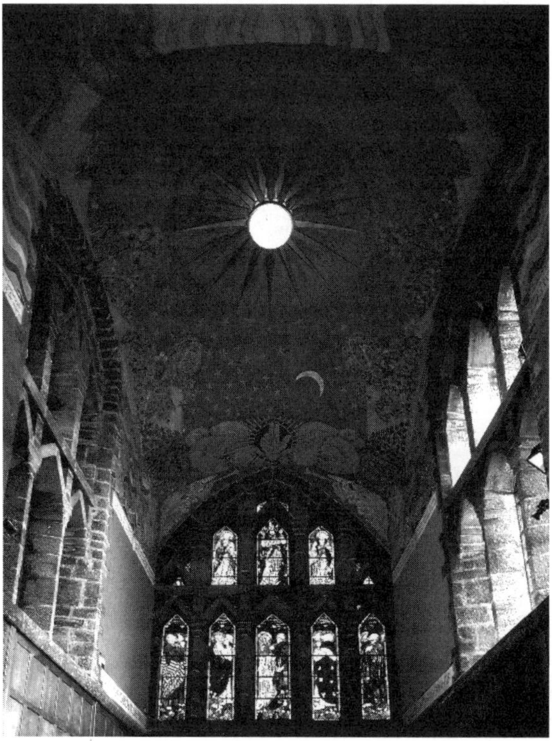

Abb. 53: Macdonal Gill, Himmelsdecke, St. Andrew in Roker bei Sunderland, 1925

gebrachten Okulus einen ersten Schritt hin zum kosmologischen Programm gemacht. Der Okulus, durch den das natürliche Licht scheint, wird durch einen breiten, goldenen Strahlenrand zum Abbild der Sonne.

Während Schultz Weir und Macdonald Gill sich durch die ikonographische Forschung von Lethaby anregen ließen, entwickelte Charles Harrison Townsend für die Edwardianische Architektur eine persönlich gefärbte Form des sogenannten „Free-style“, die sich die geometrischen Formen der kosmologischen Tradition zunutze machte. Während Lethabys Entwurf noch spürbar von mittelalterlichen, sprich gotischen Gesichtspunkten ausging, finden sich bei Townsend Stilzitate

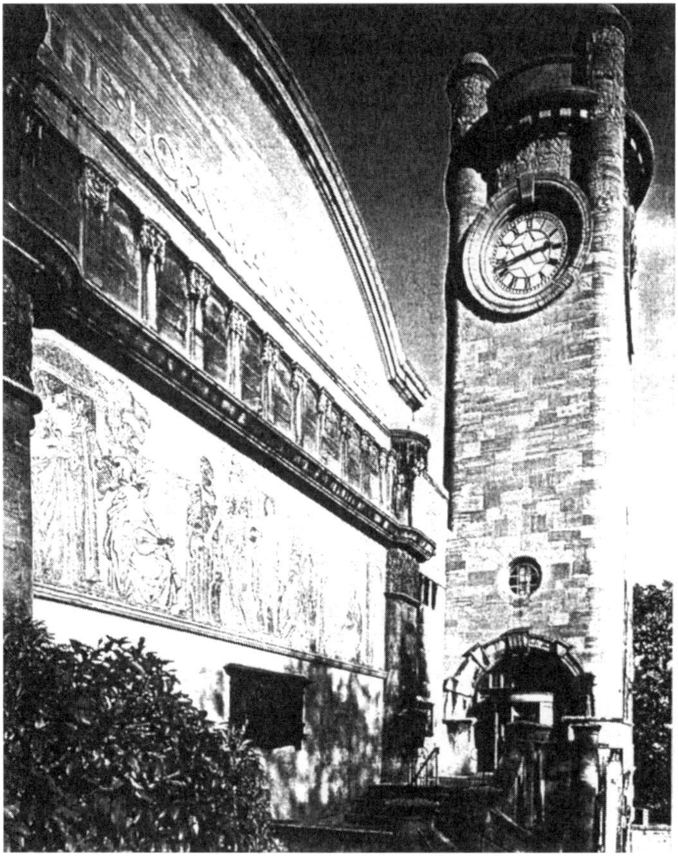

Abb. 54: Ch. H. Townsend, Horniman-Museum, London 1896

aus der Architekturgeschichte nur als spärliche Zutaten, die den eigentlichen Architekturcharakter lediglich hie und da ergänzen. Diese beleben die weitenteils glatten Oberflächen einfacher Baukörper.

Die Preisgabe von Komplexität in der Baustruktur zeigt der Turm des Horniman-Museums in London (1896), das bekannteste Werk von Townsend. (Abb. 54) Alle vom Architekten bevorzugten Elemente, die zu einem unverwechselbaren Erscheinungsbild führen, sind hier verwendet. Zu diesen gehören abgerundete Kanten des Vierkantturms, ein überdimensionales Portal mit Rundbogen und großzügiger Laibung, welches Torbauten entlehnt ist, sowie zylinderförmige Turmaufsätze mit runden Helmen. Bauornament ist auf die Darstellung von Bäumen in Flachrelief beschränkt. Eine Besonderheit des Turms ist das Fehlen einer Turmspitze.

Die abgerundeten Kanten des Grundrisses weisen zurück auf einen in der Edwardianischen Architektur bedeutenden Vorläufer, nämlich den Observatory Tower der Stirling High School in Schottland (1887-88) von James MacLaren. (Abb. 55) Der hier in Erscheinung tretende, mit der Halbkugel überkuppelte Vierkant bleibt eine beständige Form der Edwardianischen Architektur.[6] Im Klima der Wiederentdeckung kosmologischer Architektur ist der Bezug zu dem modernsten Observatorium der Zeit, welches in zeitgenössischen Architekturzeitschriften gepriesen wurde, sicherlich nicht zufällig.[7] Bereits beim Turm von MacLaren schließt der Vierkant mit Zylinder und Halbkugel ab.

Das Portal am Turm des Horniman-Museums nimmt die gesamte Seitenlänge der Eingangsfront ein. Die Idee dieser Eingangssituation ist vom Torturm abgeleitet, für den es in der mittelalterlichen Baukunst Englands Vorbilder gibt.[8] Während eindeutige Entsprechungen hinsichtlich des Bautyps bestehen, unterscheidet sich der Turm des Horniman-Museums beträchtlich in der Gestaltung der einzelnen Bauglieder von mittelalterlichen Vorbildern. Die Laibung des Tors erhält durch ein breites Band mit vorgeblendeten Keilsteinen wuchtige Plastizität. Durch das flache Profil der Laibung ähnelt es der Zeichnung eines syrischen Portals in „Architecture, Mysticism and Myth", mit der Lethaby sein Kapitel „The Golden Gate of the Sun" illustriert hatte. (Abb.56) Besonders was die Proportionen betrifft, besteht größere Übereinstimmung mit Lethabys Zeichnung als etwa mit neuromanischen Schöpfungen, so zum Beispiel dem erhaltenen Teil des „Sir Hubert Herkommer House" („Lululand"), Melbourne Road, Bushey, Hertfordshire von H. H. Richardson (entworfen 1886, vollendet 1894) und dessen Dissonanzen in Proportion und Symmetrie und gewolltem Alterswert. (Abb. 36) Richardsons Portal ist zwar gemessen an den Gesamtmaßen ebenso überproportioniert, doch ist es romanischen Vorbildern dadurch verhaftet. Es ist nicht übermäßig breit, der Kämpfer liegt weiter oben und hat einen der mäßigen Breite entsprechend dimensionierten Rundbogen mit Tympanon. Der Akzent der Gestaltung liegt hier in der Ästhetik des Archaischen, die das Bauwerk als Relikt eines frühen Stadiums der abendländischen Architekturgeschichte erscheinen läßt. Elemente des „Vernacular Style", sowie Unregelmäßiges und Rauhes sind Townsend fremd. Lethabys Zeichnung und Townsends Portallösungen zeigen im Gegensatz zu romanischen Vorbildern einen großangelegten Bogen mit niedrigem Kämpfer. Unterschiede zwischen diesen bestehen in der Gestaltung des Bandes, das in Lethabys Zeichnung mit Weinranken versehen ist, die zum Sonnenrad emporwachsen. Es ist möglicherweise kein Zufall, daß im Innern des Horniman-Museums ähnliche Weinranken als Ornamente der Kapitelle auftauchen, wie sie das Portal in der Zeichnung Lethabys trägt. Das zum Tor ausgeweitete Portal des Turms von Townsend könnte auch eine Reaktion auf Ruskins Klage über die kleinen Eingangssituationen der englischen Bauten seit dem 13. Jahrhundert sein. Die Eingänge der Salisbury Cathedral erscheinen ihm wie „Taubenlöcher" und erinnern ihn auch an „Eingänge zu einem Bienenkorb oder Wespennest".[9]

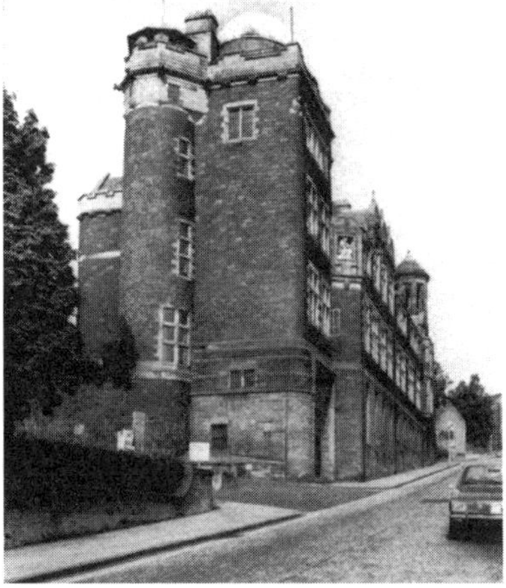

Abb. 55: J. MacLaren, Observatory Tower, Stirling High School, Schottland, 1887-88

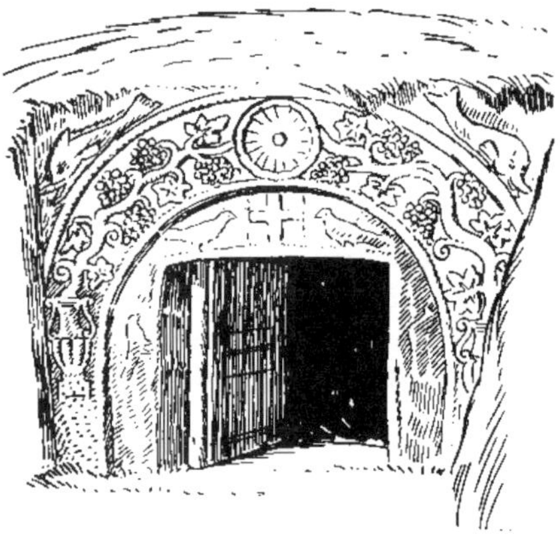

Abb. 56: W. R. Lethaby, Syrisches Portal, Illustration

Die Beschäftigung mit den Portallösungen führt in der Edwardianischen Architektur zu eigenwilligen Schöpfungen. Townsend mit seinen fast übertrieben kräftigen Portalen scheint Lethaby und dessen architekturgeschichtlichen Erkenntnissen verpflichtet zu sein. Etwa zeitgleich mit den kubischen Architekturideen von Trachsel verwirklicht Richardson sein englisches Werk, das bereits erwähnte „Sir Hubert Herkommer House" („Lululand"), dessen Torbau erhalten blieb und den Entwicklungen des Schweizer Architekten ähnlich ist. Der Torbau besteht aus einem Kubus mit Eckzinnen, jener Form die in Olbrichs Sezessionshaus nochmals aufgegriffen wird, hier jedoch den Entwürfen Trachsels entsprechend mit Kuppel versehen ist.

Das Tor des Mary Ward Settlement (1896-97), Tavistock Place, London, von Arnold Dunbar Smith und Cecil Brewer gewichtet auf seine Weise die Portalanlage geradezu als bedeutendstes Bauglied der gesamten Entwurfsgestaltung. (Abb. 57) Ein großzügiger Segmentbogen aus vorkragenden Keilsteinen überspannt ohne Stütze den Eingang. Die Front ist eine verbreiterte Mauer vor einem kubischen Foyer. Die beiden flankierenden „Straußeneier" bilden kuriose Aufsätze, die möglicherweise eine Reminiszenz zu der von Lethaby beschriebenen Symbolik eierförmiger Schmuckformen darstellen („The Symbol of Creation").[10]

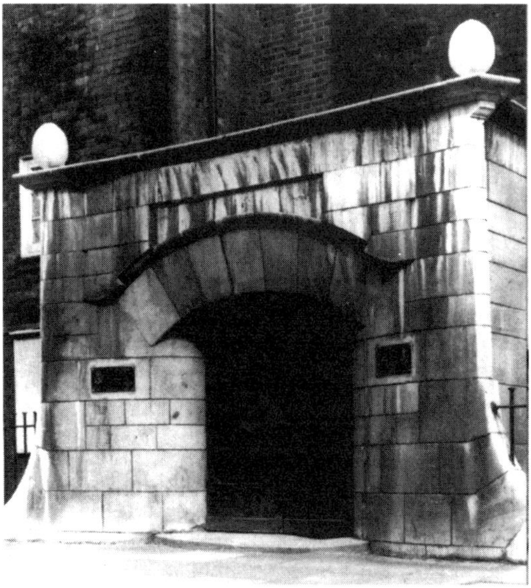

Abb. 56: A. D. Smith, C. Brewer, Tor des Mary Ward Centre, Tavistock Place, London, 1887-88

Lassen wir es mit dem Exkurs über Torbauten Edwardianischer Zeit bewenden und schenken wir wieder der ungewöhnlichen Struktur des Horniman-Museums Aufmerksamkeit. Der oberste Abschnitt des Turms oberhalb der großen Turmuhren ist durch kräftige Wülste betont und mit zylinderförmigen Baugliedern komponiert. Dadurch ergibt sich eine Spannung zwischen dem Vierkant des Unterbaus und den runden Formen des oberen Abschlusses. Viereck und Zylinder, nach Ruskin „die Elemente äußerster Kraft in allen baukünstlerischen Verhältnissen und Anordnungen", läßt Townsend als spannungsgeladene Komposition unmittelbar aufeinandertreffen.[11] Der große zentrale Zylinderstumpf wird flankiert von vier schlanken Zylindern. Die äußeren Zylinder, die den mittleren verklammern, bilden die nahtlose Fortsetzung der abgerundeten Kanten des quadratischen Unterbaus. Ein weit vorkragender Ring mit Zahnschnitt teilt den mittleren Schaft in zwei Zonen. Die untere ist mit vegetabilem Ornament verziert, die obere nicht. Eine ähnliche Differenzierung besteht zwischen den kleinen Zylindern und den Halbkugeln, die sie über Schaftringen tragen. Townsend übernimmt Lethabys Verfahren, im Aufriß zwei architektonische Zonen in Analogie zu Himmel und Erde zu unterscheiden. Er konkretisiert diese Inhaltsebene durch diskrete Baumornamente. Diese sowie die Halbkugeln und Ringe wiederholen sich an der Fassade des Hauptgebäudes über dem Mosaik, das an Burne Jones oder Walter Crane erinnert. Die hier angebrachte Blendgalerie ist aus Pilastern zusammengesetzt, deren Kapitelle als stilisierte Baumkronen gestaltet sind.

Die Gesamtstruktur des Gebäudes erreicht in England besonders durch Townsend wieder das Terrain der Planimetrie. Der Entwurf wird hauptsächlich aus den Elementen Kreis und Quadrat gebildet, wobei auf traditionelle, einem Stil angehörende Bauformen verzichtet wird. Unter diesen Gesichtspunkten ist es zu verstehen, wenn in der Zeitschrift „The Studio" im Zusammenhang mit dem Horniman-Museum von „einem Prozess der Umwälzung" („a process of upheaval") die Rede ist und am Gebäude „eine neue Reihe freier und furchtloser Gedanken" („a new series of frank and fearless thoughts") konstatiert werden.[12] Für Ruskin waren Kubus und Zylinder „Elemente äußerster Kraft", für Lethaby Ausdruck kultureller Beständigkeit des Kosmologischen. Auch Semper, der sie in den „Steinkreisen" als „Reflex des einheitlichen Begriffs" wiederfand, sah sie im Zusammenhang mit dem kosmischen Kräftespiel.[13] Townsend, der Praktiker, verwirklichte sie in einem modernen, persönlich gefärbten Entwurf. So würdigt auch Herrmann Muthesius Townsend als denjenigen Architekten, „der in dem Bestreben der eigenartigen, auf einer persönlichen Formensprache fußenden Gestaltung die vollkommensten Ergebnisse erzielt hat".[14] Letzlich schließt sich mit Townsend der Kreis zu Herders Interpretationen der Grundformen, der Erfassung ihres Ausdruckswerts und der Möglichkeit ihrer Dekomposition. Die kosmologische Komponente des Horniman-Museums tritt deutlich und naiv anmutend in Erscheinung, neben der Unterscheidung von unterer und oberer Zone durch die neue Anwendung bedeutungsvoller Grundformen.

Townsends Horniman-Museum zeigt außen, wie all seine anderen Werke, ornamentale Reliefs, die vom Baum abgeleitet sind. Diese sind an den zylinderförmigen Aufbauten im Oberbereich des Turms und an der Fassade des Hauptgebäudes zu finden. Das von Townsend weitaus am häufigsten verwendete Schmuckmotiv der Fassade variiert zwischen organischer und stilisiert-geometrischer Gestaltung der Ornamentflächen. Äußerste Abstraktion des Baums ist in Townsends Archi-

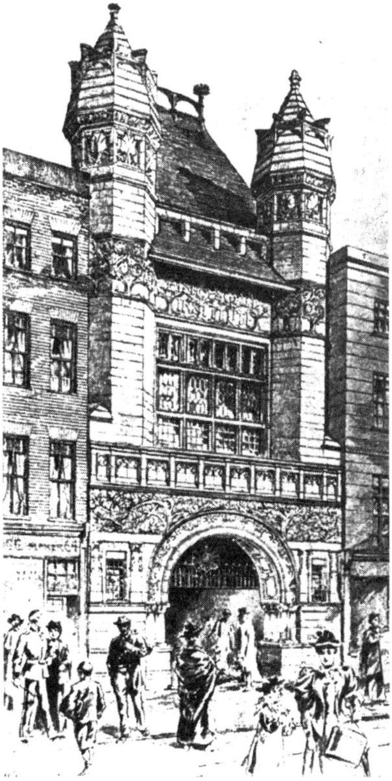

◄Abb. 58: Ch. H. Townsend, Bishopsgate Institute, London 1892, erbaut 1893-1896

▼Abb. 59: Ch. H. Townsend, Linden Haus, Düsseldorf 1896

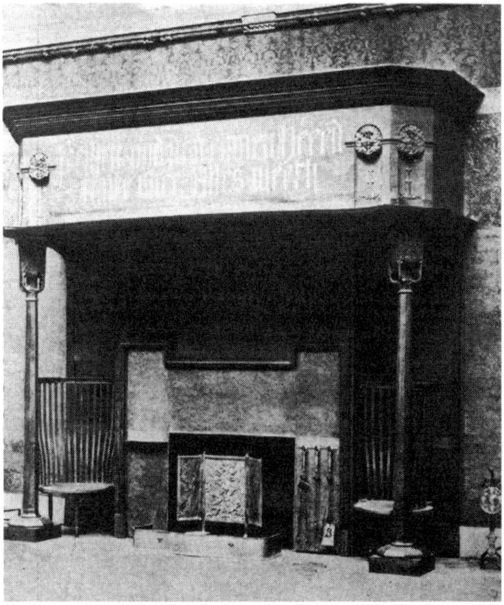

tektur die Säule.[15] In Townsends Entwurf des Bishopsgate Institute in London (entworfen 1892, erbaut 1893-1894) bilden zwei breite Ornamentfriese einen Kontrast. (Abb. 58) Dem dichten Geflecht des Erdgeschosses, das ganz und gar organisch gestaltet ist, werden regelmäßige Baumreihen mit geometrischen Kronen als Gegensatz gegenübergestellt. Im einen Fall werden Bäume organisch-unregelmäßig dargestellt, im anderen nähern sich Baumreliefs architektonischen Formen, etwa einer Blendgalerie. Wie Lethaby berichtete, ist der Baum die Urform der Stütze und in Urzeiten die Stütze des Weltgebäudes. Der Baum als Stütze ist, gemeinsam mit dem geometrischen Repertoire, wichtigster Bestand des Entwurfs von Townsend. In einem seiner Werke, dem Kamin für das 'Linden Haus' in Düsseldorf (1896), entwirft er eine Art Zwitter zwischen Baum und schlanker Säule. (Abb. 59) Die polygonalen Stützen enden in Stilisierungen zarter Baumkronen, deren Art mit dem kontinentalen Jugendstildekor kaum gleichzusetzen ist. Auch die Gestaltung kleiner Bäumchen darüber, Schmuckmotive des Sturzes, wechseln zwischen Geometrie und naturgetreuer Unregelmäßigkeit. Townsend scheint immer wieder andeuten zu wollen, daß architektonische Form vom Baum abstammt, seine Eigenschaften beibehält und sich lediglich graduell durch das Eingreifen der Geometrie von ihm unterscheidet.

Dieser Architektonisierung des Baums folgt William Reynolds-Stephens für die Chorschranke eines Chors von Townsend in St.Mary the Virgin, Great Warley, Essex, in einer halb kantigen, halb vegetabilen Stilisierung.[16] Die hier vorzufindende Beschränkung auf Baum, Kreis und Quadrat macht die Unabhängigkeit vom kontinentalen Jugendstil aus, die Townsends Architektur auszeichnet. Eine dem bereits erwähnten Artikel in „The Studio“ beigefügte Zeichnung der Frontansicht des Horniman-Museums von Percy Gossop zeigt eine sensible Reflexion über die Eigenart dieser Gestaltungskonzeption durch den parkähnlichen Vorplatz. Das flache Terrain ist lediglich durch beschnittene Baumreihen gestaltet, wodurch ein geschlossenes Erscheinungsbild von Architektur und Landschaftsgestaltung erreicht wird.[17]

II.2.6. „Astrale“ Formen in der Edwardianischen Architektur

Ein weiteres Detail des Turms am Horniman-Museum, nämlich die Gestaltung der Turmuhren, die durch kräftige Ringe ungewöhnlich betont sind, weist auf einen kosmologischen Sinnzusammenhang hin. Ihre Zifferblätter sind mit Sternen verziert, die aus zwei ineinander geschobenen Dreiecken gebildet sind. Im Falle der Eingangsseite ist der Stern zu einem freien Muster in rautenförmige Zellen zerlegt. Er ist somit an einer unübersehbaren Stelle des Gebäudes angebracht und gleichzeitig der Zeitmessung zugeordnet. Die Architekten neigen also dazu, - hierin bildet Townsend keine Ausnahme - Darstellung und Symbole von Himmelskörpern in den Zusammenhang von Zeit und Bewegung zu stellen.

Auch bei Lethaby ist der Stern ein nicht unwesentliches Motiv insbesondere im Kirchenbau, wie bereits die Hauptfassade der Liverpool Cathedral gezeigt hat. (Abb. 49) Sternförmige Luken zieren die Ostwände der beiden Kirchen SS Colm and Margret, Melsetter, (1900) und All Saints Church, Brockhampton, (1902) als zentrales, dem Sonnenaufgang zugewandtes Motiv". (Abb. 33-35)[1] In der All Saints Church ist der Chorraum gegenüber der Vierung bewußt finster gehalten. Dadurch werden die Fenster trotz ihrer Einfachheit zum beherrschenden Motiv des Chors, ja der ganzen Kirche, die auf den dunklen Chor ausgerichtet ist. (Abb. 35) Der Stern sticht in diesem einfachen, fast groben Raum auch wegen seiner Geometrie umso strahlender hervor. Über einem Drillingsfenster, das mit seinen spitzen Giebeln wie die Abbildung schlanker Türmchen wirkt, bricht das Sonnenlicht in sechs Strahlen in die Dunkelheit hinein. Lethaby erzeugt auch hier, diesmal durch Fenster, die Wirkung eines flächigen Bildes, nämlich Türme mit Himmelskörpern, dem der architektonische Raum sinnvoll untergeordnet und nach dem dieser ausgerichtet ist. Für diese Bildwirkung, die von den Kirchenbänken aus den beherrschenden Eindruck darstellt, ist die einfachste, nämlich gerade Chorlösung hinreichend. Auch die Gestaltung des Außenbaus konzentriert sich auf die Anordnung der Fenster, da die Bossen des Mauerwerks ansonsten völlig ungegliedert sind. Auffällig ist hier, daß der Giebel den First und der Kämpfer die Traufe überragt und dadurch die Giebelfront betont und überhöht wird.

In einem weiteren Beispiel von Lethaby scheinen ebenfalls Giebel und Stern in gegenseitiger gestalterischer Wechselbeziehung zu stehen. Der Ostflügel des Hauses Melsetter, Hoy, Orkney, (fertiggestellt 1990) wird durch Sternmotive als Giebelbekrönung des Südrisalits und durch den weit hervorkragenden Stein im Ostgiebel geziert. (Abb. 60) Die Sterne treten zusammen mit Reliefs von Sonne und Mond und einer ovalen Giebelbekrönung als Reminiszenz der bedeutungsvollen Form des Eis in Erscheinung. Diese Ostseite des Gebäudes mit den kosmologischen Verzierungen fällt durch ihre unregelmäßige, ja unorthodoxe Anordnung von Dachflächen und Giebeln und insbesondere durch ihre Gestaltung aus spitzen und stumpfen Winkeln auf. Betrachtet man den Grundriß, so ist die Ostseite der einzige Teil des gesamten Gebäudes, in dem vom rechtwinkligen System abgewichen wird. Die Wand ist zum Kamin hin im stumpfen Winkel übereck geführt. Lethaby spitzt auch den Giebel über der angrenzenden Wand an, indem dieser, bei gegebener Firsthöhe, nicht die volle Breite des Risalits überspannt. Der Giebel trägt also nicht nur die kosmologischen Symbole, sondern er ist schmaler als das Joch, woraus sich weitere stumpfe Winkel ergeben. Grund- und Aufriß zeigen dadurch ein winkliges Gebilde, das von den Strahlen des Sterns abgeleitet zu sein scheint. Es kommt sicherlich nicht von ungefähr, daß gerade der Ostgiebel des Gebäudes, der dem Sonnenaufgang zugewandt ist, so ausgestattet und so geformt ist. Spitze Giebel ähnlicher Art prägen noch spätere Bauten der Arts-and-Crafts-Architekten, so zum Beispiel die Häuser in Chelsea von Ashbee.[2]

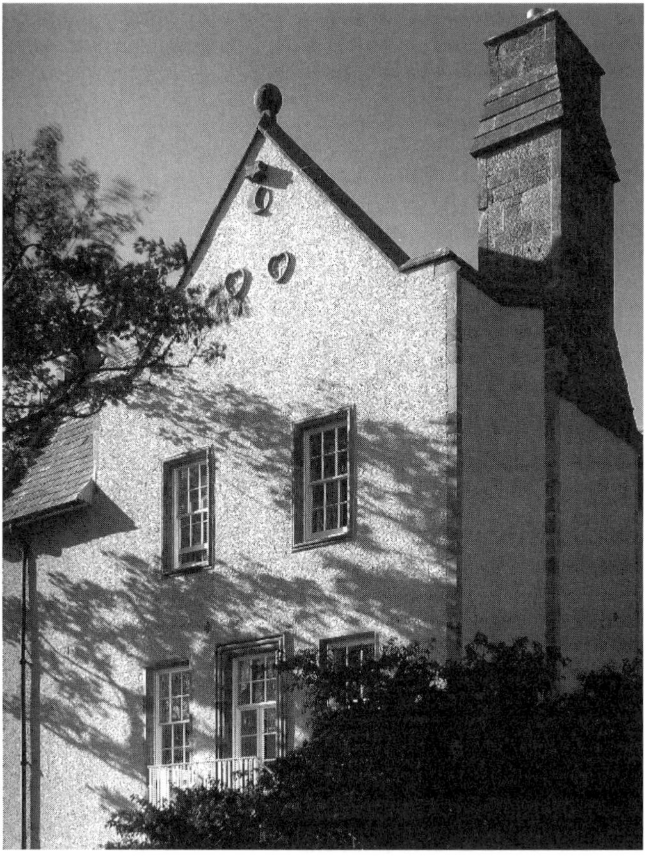

Abb. 60: W. R. Lethaby, Haus Melsetter, Hoy, Orkney 1900

Wir erinnern uns, daß in „Architecture, Mysticism and Myth“ ein Ausdruck von Architektur für die Moderne gefordert wird, der an die Stelle des Prunks vergangener Zeit Schlüsselbegriffe wie „Süße, Einfachheit, Freiheit, Vertrauen und Licht“ setzt.[3] Diese Einfachheit wird durch die Allgemeinverständlichkeit der Symbolik eingehalten. So tritt für Licht, Natur und Weltkräfte hauptsächlich der Stern als allgemeinverständliches Zeichen auf. Charles Robert Ashbee greift diese im Arts-and-Crafts-Umfeld erzeugte Symbolik auf, wenn er sein Meisterzeichen, einen vor einem Obelisken befindlichen Bogenschützen, mit den oberen Strahlen des Sterns bekrönt. (Abb. 61) Im Entwurf des Chelsea Embankment in London, in dem Ashbee das Zeichen wiedergibt, bringt der Architekt die Jahreszahl (1897) unter einem analogen Stern an. Daß das allgemeingültige Bild des Sterns mit dem Schönheitsbegriff zusammenhängen kann, haben die Jahrzehnte älteren Ausführungen Sempers über die „stereometrischen Körper“ gezeigt. Die „astrale“ Durchbildung der Giebelspitze wird dann zu einer wesentlichen Form des Expressionismus. In einem expressionistischen Beispiel besteht nahezu völlige Übereinstimmung mit dem Zeichen von Ashbee. Ein in alle Richtungen vollplastisch strahlender Stern bekrönt den Grabstein Reibedanz auf dem Luisenkirchhof in Berlin von Max Taut, der als Obelisk ausgeführt wurde. Ein Strahlenkranz unterhalb des Sterns führt zu einer zusätzlichen Bereicherung des Obelisken. (Abb. 62)

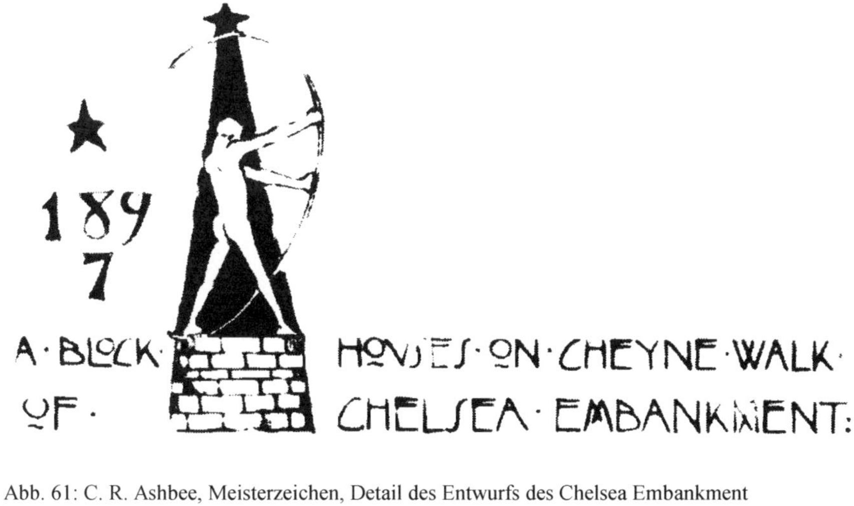

Abb. 61: C. R. Ashbee, Meisterzeichen, Detail des Entwurfs des Chelsea Embankment

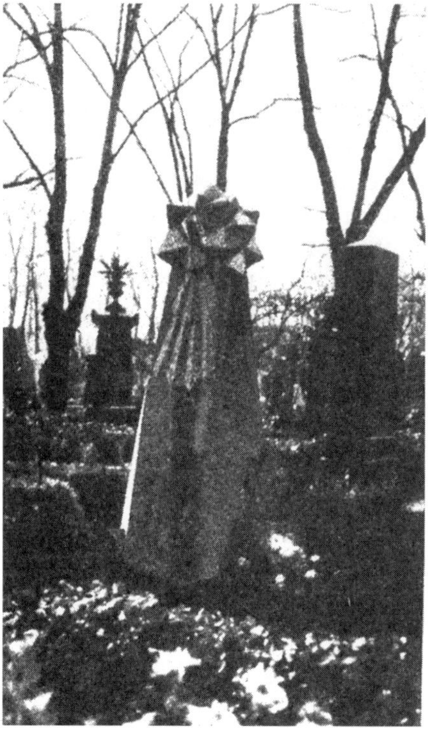

◀Abb. 62: Max Taut, Grabstein Reibedanz, Luisenfriedhof, Berlin 1920

▼Abb. 63: Ch. Dresser, Ornamententwurf

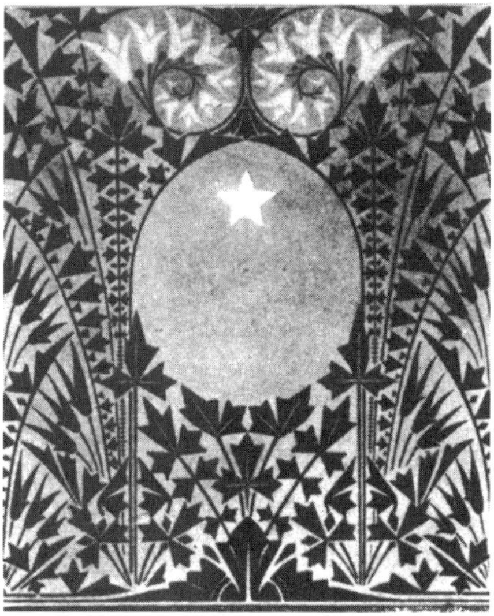

Formanaloge und an die Autorität einer Hauptform angeglichene Gesamtstrukturen charakterisieren den Entwurf der Arts-and- Crafts-Bewegung nicht nur in der Architektur, sondern auch im Design. So zeigt ein Ornamententwurf des Arts-and-Crafts-Designers Christopher Dresser eine spiegelgleiche Struktur aus den Elementen Stern, Ei und Bätterwerk, eine Komposition, die gewissermaßen unter dem Motto der Wachstumsprozesse in der Natur infolge kosmischer Kräfte steht. Die geometrische Konstruktion des Ornaments und die Flächenaufteilung durch Wuchsformen ergeben das zentrale Ei, laut Lethaby ursprünglichstes und allgemeinverständliches Zeichen der Keimzelle. Am oberen spitzen Ende des Eis leuchtet ein fünfzackiger Stern. Die einfachen und regelmäßigen Blattgebilde sind der Sternform angeglichen. Die Blütenformen, die durch ihren Wuchs zwei einander spiegelgleich zugeordnete Schneckenhäuser (oder Gehäuse des Nautilus?) bilden, erstrahlen ebenso wie der Stern und sind diesem in jeder Hinsicht ähnlich. (Abb. 63)

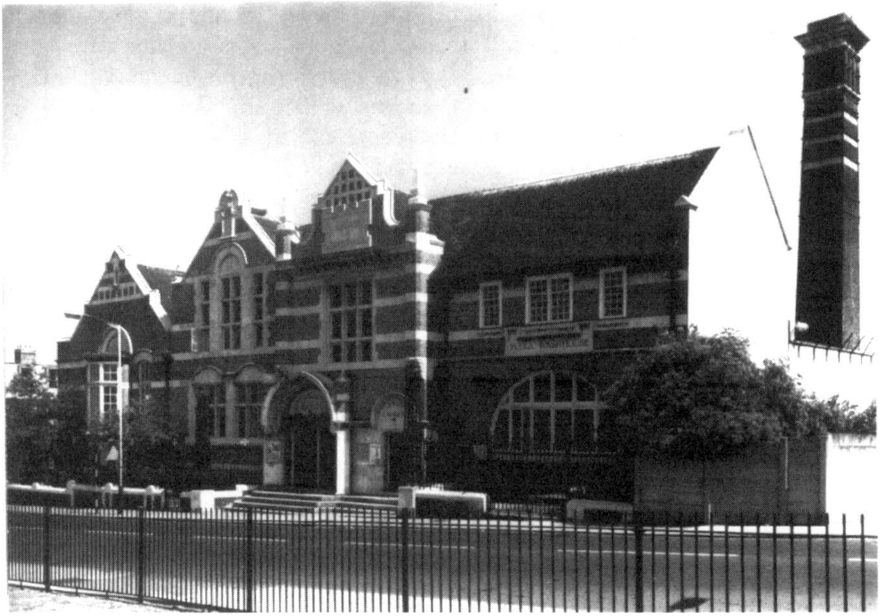

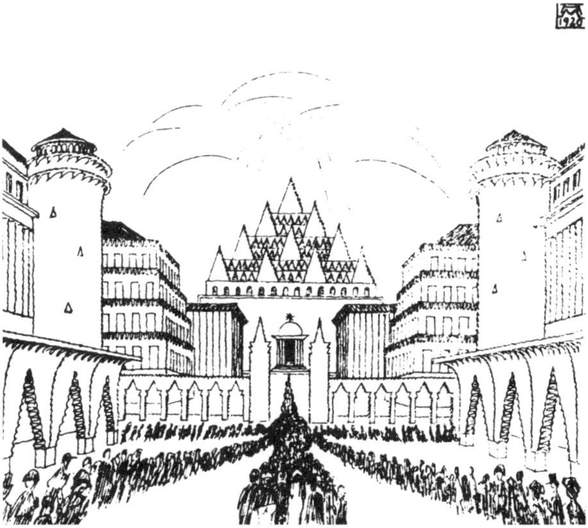

▲Abb. 64: M. B. Adams, Public Baths, London 1902

◄Abb. 65: Albinmüller, „Volkshausgedanke“, 1920

Das auffälligste und zugleich bahnbrechendste Beispiel für eine Fassade, die von der Sternform abgeleitet ist, ist die Fassade der Public Baths, London, von Maurice B. Adams (1902). (Abb. 64) Die Front zeigt drei verschieden gestaltete Giebel, die alle am Rand wie Sternspitzen gezackt sind. Die Giebel weisen außerdem jenes Gittermotiv auf, das das Erdgeschoß der Eagle Insurance Builings in sehr ähnlicher Art geprägt hatte. Das Gebäude der Public Baths ist dadurch erstaunlich, daß seine Giebelgestaltung expressionistische Erscheinungen und deren winkelige Formen wie kein anderes Beispiel vorwegnimmt. Dies geschieht dadurch, daß der Dreiecksgiebel mit weiteren Dreiecken versehen wird, die strahlenförmig abzweigen. Diese Vorwegnahme läßt sich anhand einer Zeichnung von Albinmüller, „Volkshausgedanke" (aus Stadtbaukunst alter und neuer Zeit, Jg. 1/23, 1920) dokumentieren: Arkadenreihen und spitze Tortürme zeigen die gezackten Profile, die die englische Architektur schon kurz nach Beginn des 20. Jahrhunderts einführt. (Abb. 64, 65)

III. Die Affirmation des Weltgebäudes durch die deutsche Architektur

III.1. Beobachtungen zum Motiv des Sterns im Expressionismus

„Es scheint das Wort Bau = »Kunst« fast zu gering für etwas, was steingewordenes Leben und steingewordene Gedankenwelt ist."
Bruno Taut[1]

Wie Wolfgang Pehnt feststellte, verstehen sich die Architekten und Künstler des Expressionismus ein letztes Mal als „Gemeinde von Auserwählten". Da diese „in der Rolle des Propheten" auftreten[2], besteht eine grundlegende Übereinstimmung mit dem Künstlerverständnis, wie es im Symbolismus, beispielsweise im Péladan-Umkreis, verbreitet war. Es ist daher nicht verwunderlich, daß auch im architektonischen Denken der Zusammenhang zwischen Form und Inhalt in ähnlicher Weise und mit ähnlichem Sendungsbewußtsein behandelt wird.

Kristall und Stern - letzterer vorweggenommen in der Edwardianischen Architektur - werden zu bestimmenden Motiven der expressionistischen Architektur in Deutschland. Sie sind bedeutende Grundlage schwärmerischer Visionen bis hin zur Gestaltung des Wohnungsbaus, der aufgrund seiner weiten Verbreitung jedem Architekturkenner geläufig ist. Besonders hatte Semper, wie wir sahen, Stern und Kristall für den architektonischen Ästhetikbegriff aktualisiert. Während jedoch dieser allgemeine Schönheitsgesetze von kristallinen Bildungen, zu denen für ihn auch organische Formen zählten, ableitete und sie bei der Anwendung historischer Stile berücksichtigte, betrachtete der Expressionismus sie als formalen Grundsatz, der Unabhängigkeit von traditioneller Formensprache ermöglichte. Wenn sie in der Architekturtheorie zur Sprache kommen, wird auf Analogie hingewiesen, da sie für Repräsentanten kosmologischer Ordnungsvorstellungen gehalten werden. Aus zahlreichen Beispielen ihrer Verwertung wird im Folgenden eine Auswahl getroffen werden.

Diese kosmologische Aussage wird also einerseits durch Formen, die in ihrer Art tief in der abendländischen Tradition wurzeln, gesucht. Wolfgang Pehnt hat sich außerdem in einem Kapitel seines Buchs über die expressionistische Architektur insbesondere der kosmologischen Charakteristik zugewandt, die durch Zahlenverhältnisse, Proportionen und ähnliche arithmetische Gesetzmäßigkeiten erreicht werden soll.[3] Auch am Beispiel Otto Bartnings läßt sich, wie sich zeigen wird, die Gewichtung dieser Thematik durch bestimmte Vertreter der Moderne erkennen.

Wolfgang Pehnt hat auf die Vieldeutigkeit des Expressionismus hingewiesen.[4] So hinterlassen die Architekten auch kein einheitliches Bild der kosmologischen Forminterpretation, bei der sich aus heutiger Sicht die Frage über den Naturbezug aufwirft. Wie sich zeigen wird, hat der moderne Architekt ein persönlich geprägtes Verständnis, was das kosmologische Repertoire betrifft, und zwar in einem Maße, wie dies wohl nie zuvor der Fall war. So kann etwa der Kristall als Abbild der Naturform oder als Mittel der Abstraktion dienen, eine Abstraktion, die, wie Regine Prange darlegte, „in letzter Konsequenz zur Negation des Abbildungscharakters" führt.[5] Kristalline Kunst vollziehe „den Paradigmenwechsel von der mimetischen zur abstrakten Kunst". Mit anderen Worten, das „Kunstwollen" führt dieser Ansicht zufolge in letzter Konsequenz dazu, auf Abbildung als künstlerische Möglichkeit zu verzichten.[6] Wie jedoch das Studium des Werks von Bruno Taut zeigt, kann die Symbolik wieder zum Mimetischen zurückkehren. Hierfür müssen nur die schriftlichen Äußerungen herangezogen werden, in denen sich Taut explizit zum Naturbezug äußert. Auch der Entwurf gewinnt in vielen Fällen evidente, ja intensivierte darstellerische Züge. Die vermeintlich abstrakte Kunst bewahrt sich also jederzeit die Option der „Mimesis", da diese im Sinne des Inhalts zu stehen scheint.

Bruno Taut behandelt Stern und Kristall begrifflich nahezu als Synonyme, und fast ebenso ununterscheidbar sind sie oft in seinen Projekten. Besonders in Tauts Architekturbuch „Die Auflösung der Städte" nimmt die Architektur tatsächlich die Formen von Stern oder Schneeflocke an, was sie zu Abbildern von Naturformen in zum Teil äußerst konkreter Art und Weise macht. (Abb. 66) [7] Auch „kristalline Bildungen" sind keine Abstraktion, sondern bildhafte Angleichungen an Schneeflocken, Himmelskörper, Blumen etc. und zeigen eine darin vorzufindende, allgemeine Analogie, die sicherlich auch ohne die Grundlage Riegls und Worringers denkbar ist. Jedenfalls sind die Architekturschriften Tauts eher von sinnlichen Erfahrungen ihres Verfassers als von intellektueller Weitschweifigkeit geprägt.

Sternsymbolik kann naiv anmuten und mit alten Bräuchen zusammenhängen, so wie uns Lethaby den Schmuck des Christbaums erklärt. Architektur kann jedoch

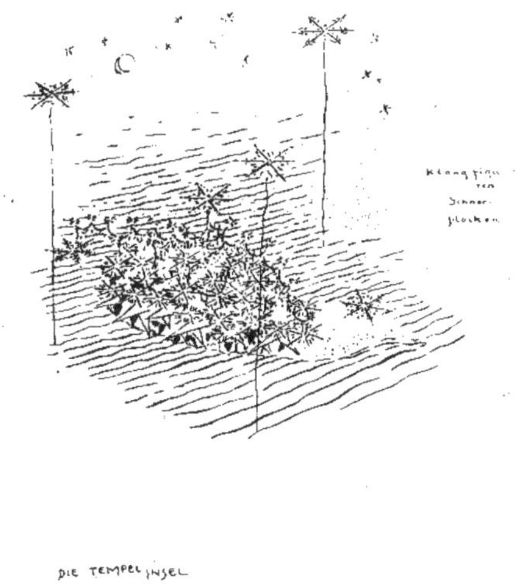

◄Abb. 66: Bruno Taut, Die Tempelinsel, 1920

▼Abb. 67: Bruno Taut, Die große Blume

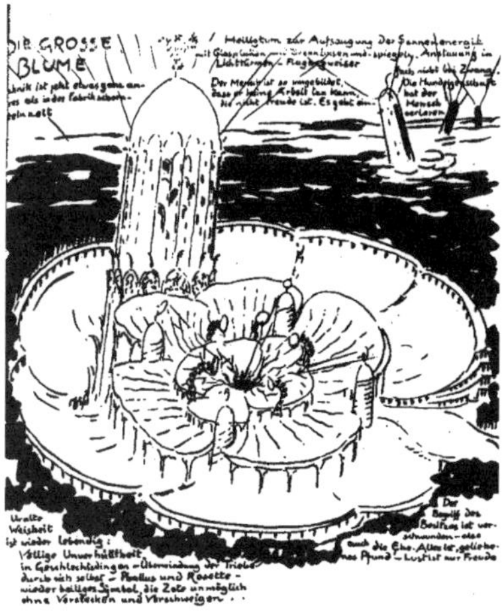

auch, besonders bei zunehmender Abweichung vom Naturvorbild, als Symbol für die inneren Gesetzmäßigkeiten der Welt gelten, was die intellektuelle Variante darstellt. Damit ist das Niveau einer Symbolik erreicht, die im künstlerischen Verfahren eine Entsprechung zu Naturvorgängen sieht. Die Analogie von Ordnungsprinzipien muß in diesem Fall nicht mit formaler Identität einhergehen, und Architektur wird dann als „weitergedachte Natur“ betrachtet, ein Phänomen, das Pehnt am Beispiel Poelzigs feststellte.[8]

Was bei Taut jedoch auffällt, ist die Betonung von Analogien, besonders von Kristall und Stern und allen übrigen ihnen verwandten Formen. Sie werden nicht nur aus rein ästhetischen Gesichtspunkten zur favorisierten Form, sondern auch zur Verdeutlichung von weltanschaulichen Gesichtspunkten, die von Wesensverwandtschaften in der Natur ausgehen. Die Analogie zwischen Stern und Kristall beschäftigte nicht nur Bruno Taut. So zeigt etwa ein Aquarell von Hans Scharoun „Tor und Tür“ (um 1919) einen großen Kristall vor verschieden großen Torbögen, welcher einem großen leuchtenden Stern gegenübergestellt wird.[9] Kristall und Stern sind hinsichtlich ihrer inneren, absolut regelmäßigen Struktur wesensgleich. Scharouns Aquarell zeigt auch die Unregelmäßigkeit, die beim Wachstum des Kristalls auftritt. Innere Strukturen sind jedoch ein Beleg für den Monismus der Dinge, einer allumfassenden Identität der Welterscheinungen, der sich der Künstler durch seine monistische Kunst annähert. So zeigt auch die wohl bekannteste Zeichnung von Johannes Mohlzahn, „Ohne Titel“, ein kristallines Architekturprojekt vor einem überdimensionalen Sonnenaufgang, dessen Strahlen die glasklare Architektur durchdringen. Eine Beschriftung der Zeichnung sieht „Innenraummalereien“, eine „Cosmische Komposition“, vor.[10]

Diese Analogie zwischen Kristall und Stern ist, wie wir gesehen haben, sicherlich erstmals von Semper festgestellt und in Zusammenhang mit den Kräfteverhältnissen und Wachstumsbedingungen in der Natur gesetzt worden. Im deutschen Expressionismus greift sie dann definitiv in die künstlerische Praxis ein. Lethaby etwa hatte in „Architecture, Mysticism and Myth“ an keiner Stelle von dieser Analogie zwischen Stern und Kristall gesprochen. Ruskin hatte neben dem Mäander das „Abbild eines sorgfältig präparierten künstlichen Kristalls“, das er unter anderem in Pisa vorfand, aus ästhetischen Gründen abgelehnt, da der Kristall seiner Meinung nach ebensowenig wie der Kubus echten Naturformen entspricht.[11] Die „Formen der Durchlöcherung“, die sich während der Entwicklung des Maßwerks verdichteten, veranlaßten Ruskin dagegen zu Vergleichen mit dem Leuchten der Sterne, wobei gotische Architektur für ihn darin bestand, den „Sternzwischenraum“, wie er Durchfensterungen nannte, zu schaffen.[12] Mit dem Stern ist die direkte Übereinstimmung zur Naturschönheit gegeben, wohingegen der geschliffene Kristall ebensosehr ein künstliches Gebilde darstellt wie die ornamentale Verwendung des Feston oder der Trophäe. Natürliche Kristallbildungen, wie sie Semper in der Schneeflocke vorfindet, beschreibt Ruskin nicht, da sie nicht im Formenschatz der Vergangenheit enthalten sind und er neue Formansätze für unnötig hält.[13] Semper jedoch ging mit seiner Bildung von Analogien noch weit über den anorganischen Bereich hinaus und dehnte die Übereinstimmungen zwischen Stern und Schneeflocke auf das Planzenwachstum von Blüte bis hin zur Baumkrone aus. Er entwickelte aufgrund allgemeiner Gesetzmäßigkeiten von Wachstum und Kräfteverhältnissen der Natur ästhetische Grundsätze. Auch im Expressionismus, besonders bei Bruno Taut, beschränken sich die „astralen“ Formen keineswegs auf den anorganischen Bereich. Wie Wolfgang Pehnt gezeigt hat, tauchen in Tauts Architekturvisionen formanaloge Blumengebilde auf, die in einigen Fällen Geschlechtssymbole tragen. (Abb. 67) Das heißt, inhaltliche Bezüge, die bis hin zur natürlichen Fortpflanzung reichen, werden wieder durch die Mittel der Abbildung angestrebt.[14]

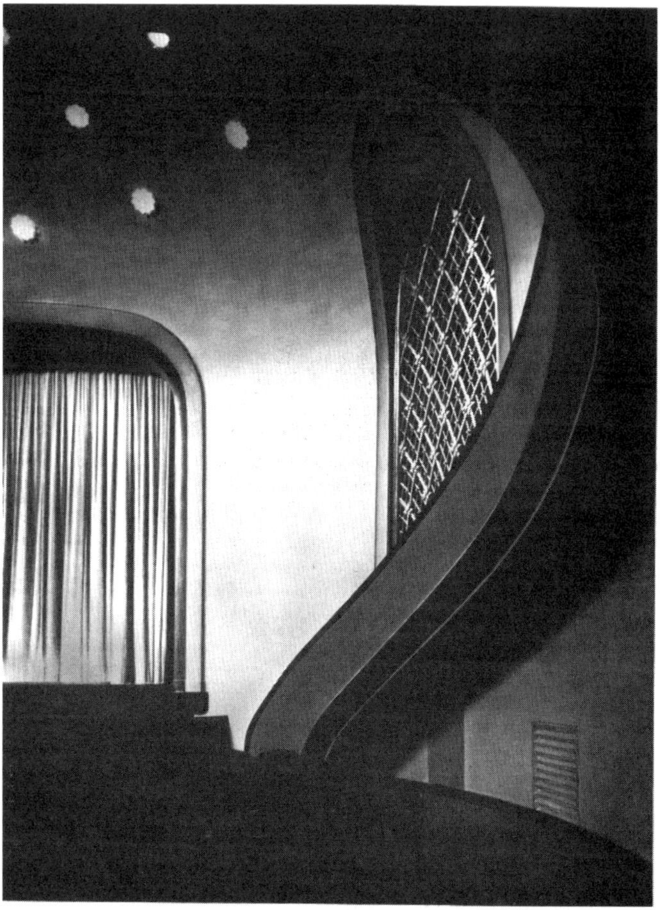

Abb. 68: H. Poelzig, Kino „Deli“, Breslau 1926

Bleiben wir jedoch vorerst noch bei der Form des Sterns als eindeutiges Zeichen für einen Himmelskörper. Seine Anwendung ist in einigen Beispielen des Expressionismus auch bar jeglicher Analogien und kann als völlig naiv anmutendes Motiv in die Architekturgestaltung einfließen. In diesen Fällen gibt es keinerlei Hinweise darauf, daß der Architekt beabsichtigte, Bezüge etwa zwischen Kristall, Stern und Blüte herzustellen. Der Architekt ist auch im Expressionismus nicht auf eine spekulative Anschauung festzulegen. Er kann auch zu einfachen Konzeptionen neigen, wenn etwa die Decke zum Bildträger der Darstellung des Sternenhimmels wird, traditionellen Verfahren folgend, über die Lethaby ausführlich und mit Bewunderung berichtete.

Ein solch affirmatives Verfahren ist an mehreren mehr oder weniger bekannten Beispielen der Zwanziger Jahre nachweisbar. Ein auffälliges, ja plakatives Beispiel ohne Anspruch auf tiefschürfende Analogien ist eine Himmelsdecke von Hans Poelzig. Poelzig nutzte in seinem 1926 entstandenen Kino „Deli“ in Breslau moderne Lichttechnik für eine Darstellung des Sternenhimmels in moderner Architektursprache. Der Innenraum des Filmtheaters ist schirmförmig gewölbt, wie Betontechnik dies erlaubt. Bis auf die Eingänge und die Leinwand blieben die Wände ungegliedert. Durch geschickte Lichtführung bei der nur die Wände, nicht aber das Gewölbe, von Scheinwerfern angestrahlt werden, ergibt sich das eindrucksvolle Bild des Nachthimmels, in dessen Finsternis sternförmige, in dieDekke versenkte Lampen leuchten. Poelzig verwirklichte die Verbindung einer alten abbildenden Raumkonzeption mit modernsten Mitteln in Übertragung auf einen modernen Bautyp. Eine organische Architektursprache, die durch das frei formbare Baumaterial (Beton) möglich ist, intensiviert die abbildende Wirkung der traditionellen Konzeption, da eine Vermeidung von Ecken und Kanten dem alltäglichen Anblick des Firmaments entspricht. (Abb. 68)

III.2. Otto Linder. Traditionelle Bauformen und der Stern

Der aus Württemberg stammende, von Paul Bonatz ausgebildete und ausschließlich im württembergischen und badischen Raum tätige Kirchenbaumeister Otto Linder ist, verglichen mit Poelzig, ein wenig beachteter Vertreter des Expressionismus. Ein nicht ausgeführtes Projekt eines Kirchenraums zeigt ein sternenbesetztes Zellengewölbe als, auch gemessen an den Werken Linders, einfachste Variante der kosmologischen Konzeption. (Abb. 69) Die Charakteristik der Gestaltung bestand darin, daß die Schlußsteine als Sterne durchgebildet werden sollten. Ergänzt wurde diese Darstellung in den Feldern der Scheidbögen, die ebenfalls den Nachthimmel abbildeten. Linder sah eine naiv anmutende Art von Schwellenmystik vor, die später von Rudolf Schwarz beschrieben wurde. Die Himmelsillusion ist nämlich an der Bogenwand vor dem Chor bis zum Fußboden heruntergeführt. Für diesen Abschnitt der Kirche wurde also die tellurische Zone gegeben, da sich durch sie gewissermaßen der jenseitige Himmel ankündigte. Wäh-

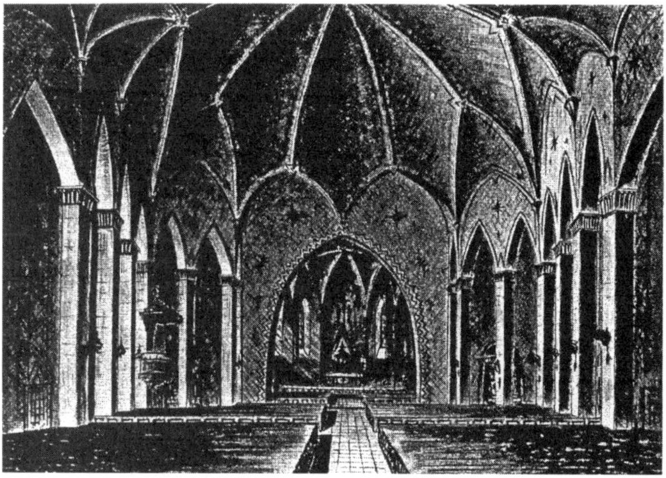

Abb. 69: O. Linder, Entwurf eines Kircheninneraums

rend der Stern hier noch auf Schlußsteine und Dekorationsmalerei beschränkt ist, wird er in anderen Projekten und Bauten Linders zum übergreifenden Gestaltungsmerkmal. Er ist jedoch im Schaffen Linders weitgehend dem Kirchenbau vorbehalten.

Winkelige Bauglieder in Form von regelmäßig zugeordneten oder ineinander geschobenen Dreiecken prägen weite Teile der expressionistischen Architektur bis hin zum sozialen Wohnungsbau.[1] Oft korrespondiert ein an exponierter Stelle angebrachter Stern mit der Geometrie des Baus. Diese formale Korrespondenz ist bis hin zum expressionistischen Städtebau eingehalten, der noch in großen Teilen in den deutschen Städten erhalten ist. Das Verfahren, den Stern als formale Autorität heranzuziehen, betrieb Otto Linder in der expressionistischen Phase seines Kirchenbaus mit großer Konsequenz, und er hebt sich durch markante Kirchenbauten von Alltäglichkeit ab. Dem Bonatz-Schüler ist nicht zuletzt deshalb Aufmerksamkeit zu schenken, weil seine Formensprache in bestimmter Hinsicht auffällig auf die Arts-and-Crafts-Stilistik zurückgreift. Wenige Jahrzehnte zuvor hatte die rauhe Außenwand als Bruchsteinmauerwerk in die Ästhetik der Architektur Großbritanniens Einzug gehalten, und sie ist auch für die expressionistische Phase Linders in den meisten Fällen verbindlich. Lehrer Bonatz hatte die Rustika bereits am Gebäude des Stuttgarter Hauptbahnhofs auf die gesamten Wandflächen des Außenbaus ausgedehnt. Im Kirchenbau Lethabys wurde durch das sozusagen unverfeinerte, rauhe Erscheinungsbild dem provinziellen Raum

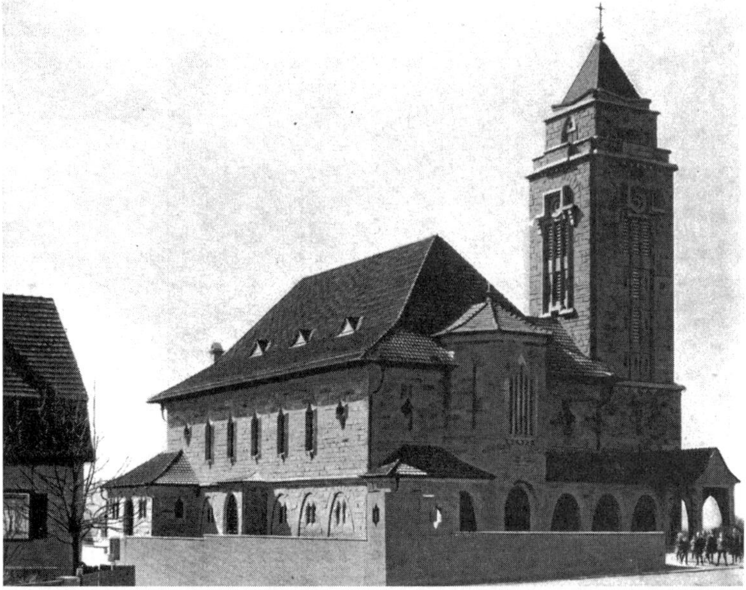

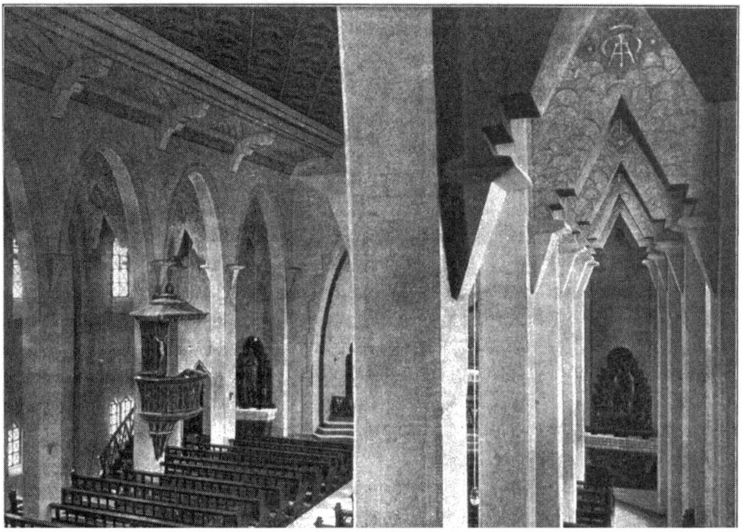

Abb. 70, 71: O. Linder, Herz-Jesu in Mühlacker 1924/25

durch Materialbeschaffenheit Entsprechung und Genüge geleistet. Der Expressionismus überträgt die rauhe Maueroberfläche auf das urbane Schaffen. Durch Übernahme der Unbehauenheit und durch Verschiebung der Dimensionen mit denselben Mitteln wird, besonders im Falle des Stuttgarter Hauptbahnhofs, eine fast martialisch anmutende Wucht erzielt.[2]

Auch die Verarbeitung des Sterns durch Linder hängt eindeutig von britischen Vorbildern ab, wie das bereits beschriebene Beispiel der Public Baths von M. B. Adams zeigt. Im Turm der Herz-Jesu-Kirche in Mühlacker bei Pforzheim (1924/25) erscheint das Motiv als Luke fast identisch mit Lethabys Kirchenbau. (Abb. 70) In Linders Werken überwuchert gewissermaßen der Strahlenrand des Sterns jedoch das gesamte Kirchengebäude bis hin zum Grundriß. Der Wohnungsbau bleibt davon so gut wie unberührt.[3] Aus der Form, die den Kosmos schlechthin repräsentiert, werden komplexe Formen des Gebäudes entwickelt. Eindrucksvoll verdeutlicht dies das Projekt einer Kapelle auf der Bauausstellung in Stuttgart (1924). (Abb. 72) Im Mittelpunkt der Saalkirche ist ein vierzackiger Stern als Motiv des Fußbodens angebracht. Die Strahlen des Sterns beeinflussen die Gesamtstruktur des Grundrisses, der einen Kompromiß zwischen Sternform und oblongem Gebäude darstellt. Die gezackte Struktur umgibt den gesamten Bau, der neben einer Anhäufung rechter, spitzer auch stumpfe Winkel zeigt. Die Winkligkeit des Baus setzt sich in den Treppen der Westfront fort, und auch die vorgesehenen Aufschüblinge des Dachwerks passen in das verwinkelte Konzept. Der Architekt nutzt im Giebel auch die Möglichkeit von Schrägstellungen der Backsteinklinker, um weitere Dreiecke zu schaffen.

Über dem ellipsenförmigen Grundriß der Herz-Jesu-Kirche in Pforzheim von Linder erhebt sich ein gegenüber dem Untergeschoß deutlich höheres Obergeschoß, welches durch stumpfe Winkel in Travéen gegliedert ist. (Abb. 73) Mit anderen Worten, das Obergeschoß zeichnet den Strahlenrand des Sterns im Rahmen des ellipsenförmigen Grundrisses nach. Wieder überlagert die artfremde geometrische Form der Strahlen einen gegebenen Baukörper. In der Bildung des Turms verfährt Linder ähnlich. Im Gegensatz zum rechtwinkligen Vierkant des Unterbaus ist der Turmaufsatz ein dem Stern angeglichener Quader mit vier Strahlen, der mit acht spitzwinkligen Klangöffnungen versehen ist.

Während Linders Kirche Herz-Jesu in Mühlacker im Grundriß von der Sternform unberührt bleibt, wirkt sich diese Form in besonderem Maße und in vielfältiger Weise auf die einzelnen Bauteile aus. Einem quaderförmigen Kirchenschiff ist im

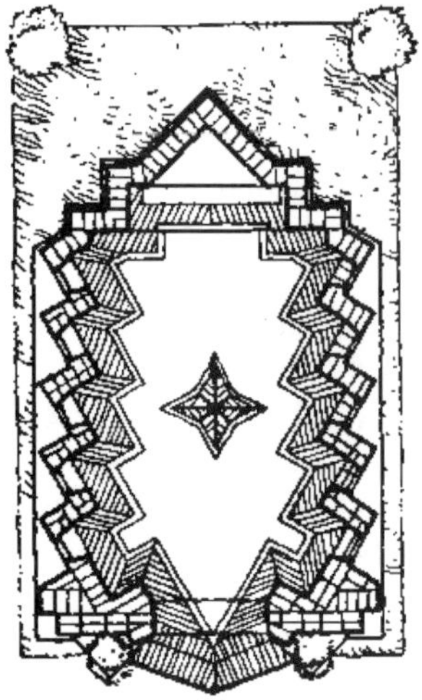

▲Abb. 72: O. Linder, Kapelle, Bauaustellung, Stuttgart 1924

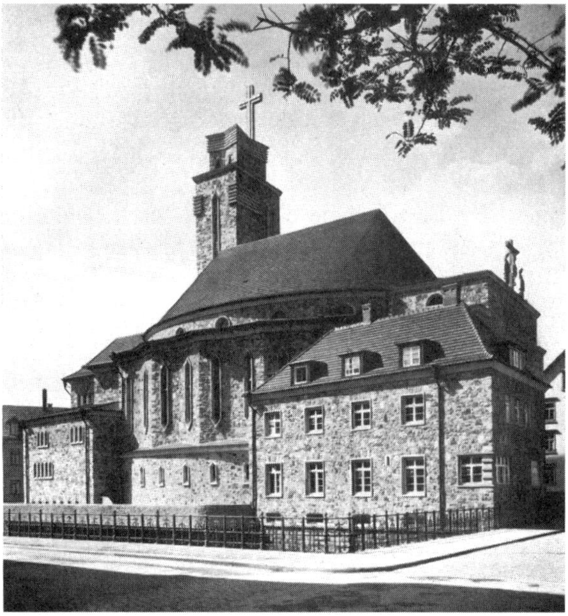

Abb. 73: O. Linder, Herz-Jesu, Pforzheim 1929►

Abb. 74: Max Taut, Erbbegräbnis Wissinger, 1920►

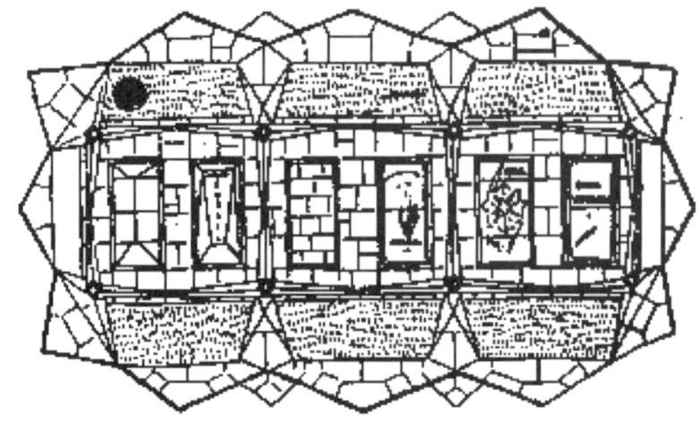

Südwesten ein freistehender Glockenturm angefügt. (Abb. 70) Der Westbau erhielt Laubengänge und eine polygonale Apsis. Auch durch eine angebaute Sakristei ergibt sich leicht der Eindruck einer Ansammlung von Gebäudeteilen. Der Kirchenkomplex folgt jedoch, wie der Grundriß zeigt, dem traditionellen Schema des lateinischen Kreuzes. Er folgt also mittelalterlichen Vorbildern, deren Gebäudeteile wie Nartex, Kapelle und Sakristei als Anbauten von außen sichtbar sind, sich jedoch dem Schema des Kreuzes unterordnen. Was dem Komplex der Kirche von Linder Einheit verleiht, ist die Tatsache, daß der gesamte Bau von astralen Strukturen förmlich überwuchert ist.

Der Stern, konstruiert aus zwei ineinander geschobenen Dreicken, ist über den Klangarkaden des Turms als Giebelfenster achtmal angebracht. Alle übrigen Fenster behalten ihre Grundstruktur, sind jedoch planimetrisch nach dem Vorbild des Sterns als sekundäres Grundmotiv dekomponiert. So ergeben sich einmal mehr und einmal weniger gestreckte Fenster mit spiegelgleichen Winkeln. Die Laibungen sind im Querschnitt ebenfalls winklig und der Wand als plastische Elemente vorgeblendet. Das große Westfenster erhielt einen Giebel, wie ihn die Arts-and-Crafts-Architektur entwickelte, das heißt, er ist schmaler als die Breite des Fensters und dadurch besonders spitzwinklig bei gegebener Höhe. Selbst durch die Form des Walmdachs ist die winklige Konzeption weitergeführt. Ein langer Aufschübling reicht bis zu einem Drittel der Höhe der Sparren. Dadurch ergibt sich unten eine Veränderung der Dachneigung und ein ähnlicher Querschnitt wie der des Giebels über dem großen Westfenster. Auch die Gauben sind nicht von ungefähr dreieckig.

Ein Element des Baus weicht jedoch von der Geometrie des Sterns erheblich ab. Bereits der Laubengang der Westfassade setzt sich aus parabelförmigen Arkaden zusammen. An den übrigen Fassadenseiten sind die Arkaden als Blendbögen fortgesetzt. Im dreischiffigen Innenraum kehren die Ellipsen als Scheidbögen und besonders großangelegt am Triumphbogen zum Chorraum wieder. Auf liturgische Zusammenhänge bezogen könnte die Ellipse, sofern man sie gegenüber in sich ruhenden winkligen Formen als dynamisches Motiv auffaßt, als eine architektonische Reflexion der Kulthandlung, etwa der Anbetung, gemeint sein.

Die „astrale“ Form der Bauglieder ist nämlich im Innenraum noch gesteigert. (Abb. 71) Fast alle Bauteile, die Kanzel und zwei Altäre sind davon betroffen. Die Konsole der polygonal gebrochenen Kanzel ist an jeder Seite mit einem vierstrahligen Stern versehen. Am wirkungsvollsten ist der Blick in die Seitenschiffe, die durch Gurtbögen in Joche unterteilt sind. Die Gurtbögen ruhen auf Konsolen, und ihre Bogenform besteht in sternförmigen Aussparungen mit fünf Strahlen. Diese auf spitzen Konsolen ruhenden Wandstücke, die den Raum gliedern, sind mit einer wolkigen Dekorationsmalerei versehen. Über diesen Wolken, die zu einem Schuppenmuster stilisiert sind, erscheinen Alpha und Omega, die Schlüssel des Universums, und die göttliche Krone an einem Nachthimmel, umringt von drei Sternen als Symbol der Dreifaltigkeit. Linders „Kompromißform“, eine Verbindung von Längsbau und Stern, haben einen weitaus bekannteren Vorläufer, nämlich das Grabmahl „Erbbegräbnis Wissinger“, Stahnsdorf, von Max Taut. (Abb. 74) Das im „Frühlicht“, einer von Bruno Taut ab 1920 herausgegebenen Zeitschrift, vorgestellte Grabmahl zeigt eine herkömmliche Reihung von sechs rechteckigen Grabparzellen, die in drei Gräberpaare rechteckig untergliedert sind. Wie das Modell zeigt, erhebt sich das Grabmal über einem Podest, das aus stumpfwinkligen Formen geschichtet ist. Das astral-stumpfwinklige System findet Entsprechung in einer über den Gräbern aufgehenden Rippenarchitektur, die dem gotischen Dienst-Rippensystem entlehnt ist, jedoch als reine Würdeform, nämlich als kosmologischer Impetus, eingesetzt wird.[4]

III.3. Otto Bartning. „Liturgische Spannung“ und „Baubesonderheit“

Max Tauts „Erbbegräbnis Wissinger“ und das genau zeitgleich entstandene Projekt der Sternkirche von Otto Bartning (1921/ 22, unausgeführt) sind beide gleichermaßen durch eine moderne Abwandlung gotischer Systeme charakterisiert. (Abb. 75) Der Grundriß wird durch ein Bogensystem ohne Kämpferzone mit feingliedrigen Rippen überbaut. 1909 tritt Bartning der Gedanke des „Monismus der Kunst“, dem er einen Aufsatz widmet, „klar vor das Bewußtsein“ - ein Gedanke, der solche Architekturformen ermöglichte. Die Folge waren Einheit stiftende Raumgebilde, eine Ästhetik, die „zahllose Bauglieder zusammenfaßt zu einer einzigen Wirkung“.[1] Mit der Struktur der Sternkirche scheint der Versuch unternommen worden zu sein, konstruktive und gestalterische Gesichtspunkte zu einer Synthese zu führen und dadurch die beschworene „einzige Wirkung“ zu erreichen.

Die Form der „Sternkirche“ wird allein durch die Organisation von spitzbögigen Trägern hervorgerufen. Durch verschieden steile und geschichtete Krümmungen wird eine neuartige Architekturkonzeption erzielt. Einer Gestaltung mit variierten Schmuckformen, die einer gegebenen Grundgestalt des Baukörpers hinzugefügt werden, wie dies bei Linder der Fall ist, steht Bartnings Architektur fern. Er überträgt vielmehr den Stern auf die Grundform des Baus selbst und schafft dieser gestalterischen Prämisse folgend im Falle der Sternkirche einen Zentralbau mit flachen Spitztonnen über einem siebeneckigen Grundriß. Bartning sieht über den

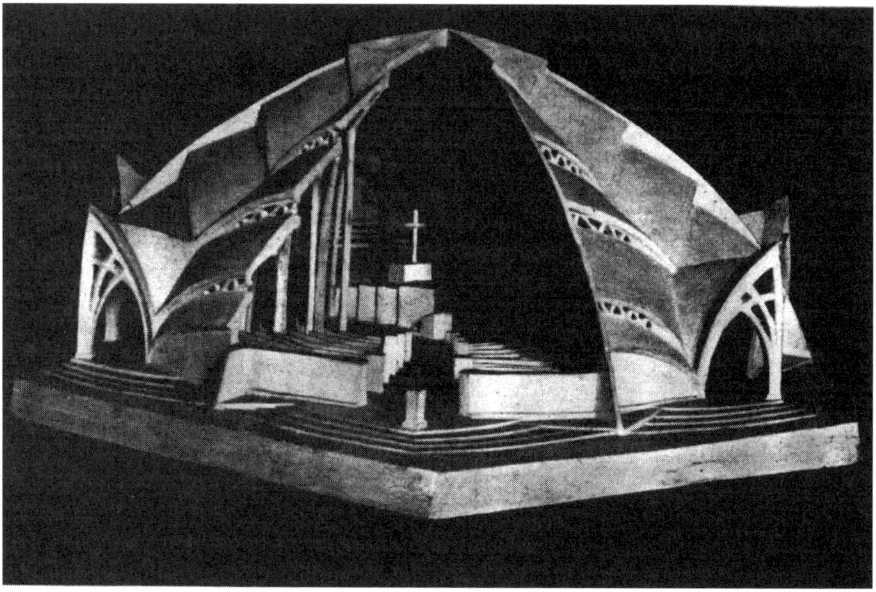

Abb. 75: Modell der Sternkirche, 1922

einzelnen Jochen verschiedene Dachhöhen vor, das heißt, die äußeren Joche sind niedriger als die inneren, wodurch unterschiedlich steile Bögen notwendig wurden. Die Schichtung verschieden hoher Dachflächen ergab Schlitze, die es ermöglichten, in den oberen Zonen einzelne voneinander getrennte Zellen eines Lichtgadens anzubringen, die in unregelmäßige Dreiecke gegliedert und in ihrem kristallinen Habitus der modern-sternförmigen Charakteristik ideal angepaßt sind.

Bartning nutzt den Spitzbogen zur Neuerfindung eines abgeschlossenen Raums und außerdem zur formanalogen Gestaltung angebauter Bauabschnitte, die der Raumöffnung dienen. Bei diesen angefügten Anbauten handelt es sich um sieben Portalgebilde, die sich in der Form ihres Querschnitts nach außen hin öffnen. Erst durch sie mit ihrem dreieckigen Grundriß ergeben sich im Gesamtgrundriß die sechs Strahlen des Sterns, deren Umrisse durch eine sternförmige Treppenanlage eingerahmt sind.[2]

Mit der Sternkirche erfüllt Bartning gleich mehrere seiner theoretischen Postulate. Der Zentralbau mit der Kanzel im absoluten Zentrum erfüllt die Anforderungen der „Predigtkirche“. Dem „konservativen Bauprogramm der protestantischen Kirche“ kommt Bartning durch die Integration der „Feierkirche“ entgegen, die auf den Altar als mystisches Zentrum ausgerichtet ist. (Abb. 76) Der Grundriß ermöglicht die Vereinigung der beiden von Bartning konstatierten „liturgischen Spannungen“, die sich „in Sammlung und Ordnung der Gemeinde zu Altar und Kanzel“ ausdrückt. Er ermöglicht ein Doppelzentrum, nämlich das der Kanzel im Mittelpunkt des Gesamtraums und das des leicht exzentrisch liegenden Altars für das Raumsegment der „Feierkirche“, deren Achsen direkt auf den Altar zulaufen. Die Kanzel, die sich auf einer abgesenkten runden Plattform befindet, ist von der Feierkirche aus unsichtbar, da der Altar, aufgesockelt wie ein Monument, den Blick darauf versperrt. Zwei voneinander unabhängige Räume werden in eine Grundform im Sinne der Einheit integriert, denn umsonst geschähe der Kirchenbau, so Bartning, wenn die Spannung im Raum sich spalte.[3]

Bartning gelingt ein architektonischer Kompromiß zwischen der liturgischen Ebene der Verkündigung und der mystischen Ebene der Religionsausübung, ohne daß er hierbei die beiden gegensätzlichen Paare durch räumliche Organisation

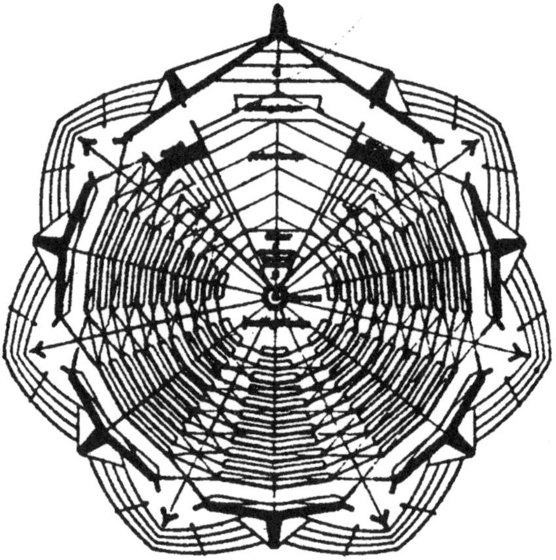

Abb. 76: O. Bartning, Grundriß der Sternkirche

voneinander trennen würde. Durch ein einheitliches Zentrum von Altar und Kanzel, auf die die „geistige Spannung" gerichtet ist, versucht Bartning einen Raum zu verwirklichen, der seiner Meinung nach „die Seele zur kosmischen Gestalt" führt. Als Gegenbeispiel zu dieser räumlichen Kohärenz führt Bartning moderne Zentralbauten an, die durch einen exzentrischen Altar oder eine exzentrische Kanzel einen „vielspältigen" Raum bilden, also zu einer Inkohärenz zwischen räumlicher und liturgischer „Spannung" und als Resultat zu Verwirrung führen.[4] Die Vereinigung der beiden Spannungen von Architektur und Liturgie strebte Bartning analog auch im Projekt der Rundkirche (1929/30) an.

Mit der sphärischen Schichtung der Sternkirche und den aus den unterschiedlichen Niveaus der Dachschalen entstehenden Öffnungen wird das architektonisch Besondere geleistet, welches über die reine Versammlungsstätte hinausweist und für die Unterstützung des Kultischen durch Architektur als notwendig empfunden wird. Die Verfeinerung der „Umzirkung und Gestaltung" des Orts entspringt nach Bartning einer Seelennot, ganz im Sinne Sempers. Aus diesem Grund macht er die „Wohlgestalt" des Gebäudes zur religiösen Aufgabe.[5]

An einer anderen Stelle in seiner Abhandlung „Vom Raum der Kirche" bezieht sich Bartning auf Karl Scheffler, wenn er darauf hinweist, daß die Kirche den „Geist der Stätte" zu repräsentieren habe.[6] Karl Scheffler stellt in seinem Buch „Der Geist der Gotik" klassische und gotische Kunst als Antipoden dar. In der griechischen Kunst erkennt er die Suche nach der „physischen Wohlgestalt", durch die, seiner Meinung nach, die Form zur Vollendung gelangte. Das heißt, Griechenland brachte den Endpunkt eines formalen Entwicklungsprozesses hervor, dessen Resultat nicht mehr verbesserungsfähig ist. Um auf Natursymbolik hinzuweisen, vergleicht Scheffler die gotische Architektur mit einem Berg, der „von der Erdrinde faltenden Kraft" modelliert ist. Während die griechische Kunst in sich selbst ruhend das Schöne schlechthin repräsentiere, hafte der gotischen Kunst die „Übersteigerung ins Symbolische" an.[7] Scheffler entdeckt ein Wiedererwachen der schöpferischen Gotik in der Moderne, zunächst überraschenderweise im Impressionismus, dann aber findet er Formen einer Reduzierung gotischer Prinzipien, wie sie in der Arts-and-Crafts-Architektur bereits auftraten, die er allerdings nicht nennt. Er schildert den Pessimismus des 19. Jahrhunderts, der in den Menschen den Wunsch nach einem „geistigen Serum" hervorgebracht habe. Es habe sich „in neuer Weise das große Erstaunen wieder eingestellt". Dieses Erstaunen habe sich nicht „auf das Einzelne der Natur" gerichtet, sondern „auf das Ganze, auf das kosmische Spiel der Kräfte, auf das Dasein von Welt und Leben überhaupt". Die Kunst sei das Gebiet geworden, auf dem dieses moderne Welterlebnis sich dargestellt habe. Diese neue künstlerische Auseinandersetzung mit Welt ist für Scheffler die Wiedererweckung des „gotischen Geistes", der in der modernen Architektur im „Ingenieurhaften" gefunden wird. Scheffler spielt auf rohe Formen der neuen Baukunst an. Sie [die neuen Architekten] hätten die abstrakte Form kultiviert, und das am meisten Revolutionäre sei das am meisten Gotische.[8]

Bartning, angeregt durch Scheffler, nimmt sich in seinem Aufsatz „Begriff des Sakralbaus" (1919) den symbolischen Gehalt der Weltarchitektur zum Beispiel und rechtfertigt seine Postulate unter anderem mit der indischen Pagode, die mit ihren abgestuften Geschossen eine symbolische Darstellung der Weltsphären sei, und mit dem Grundplan der Stiftshütte in Jerusalem, in der er das Symbol der „Welteinteilung" sieht. All das, so Bartning, sei mehr als ein „accidentielles Spiel der Phantasie".[9] Die Formen seien die sichtbare Erscheinung des Inhalts, gleichwie der Gedanke seine abstrakte Erscheinung sei. Baukunst, Raumkunst entsteht nach Bartning, da „Religion" „raumartig, raumhaft" ist. Bartning bringt zum Ausdruck, daß Glaubensvollzug ohne Raum nicht möglich ist. Der heilige Bezirk stellt also eine Analogie zur Religion dar. Die theologische Grundlage der Allgegenwart Gottes rechtfertigt den Kultbau jedoch nur bedingt, sie erfordert lediglich Versammlungs- nicht aber Kultstätte. Bartning spricht sich für einen Kompromiß zwischen dem von ihm beschriebenen „radikalen" und dem „konservativen" Bauprogramm der protestantischen Kirche aus. Aufgrund eines „Fortlebens des Urgefühls", das auch für den aufgeklärten Christen zu einer örtlichen Gebundenheit der Religionsausübung führt, ergibt sich die Notwendigkeit des echten Sakralbaus, der der Glaubensgeste entspricht und Glaubensaufgabe wird. Diese Aufgabe besteht in jener „Umzirkung und Gestaltung" des Ortes.[10] Der „Urbezirk" der Religion ist nach Bartning die Welt selbst und ihre Elemente.

Der Standort des Altars wird in Bartnings Konzeption als einzige „Raumgestalt aus dem Universum herausgehoben", eine Aufgabe, die jedoch hinter der eines Versammlungsorts zurücksteht.[11] So wie die „tausend Seelen", die im Kirchenraum zusammentreten, „ein Stück Weltseele" sind, so ist der Kirchenraum „ein sichtbares Stück des unendlichen" Raums, dem der Gläubige angehört und dessen er sich durch das Raumerlebnis bewußt werden soll. Bartning nennt als eine der Hauptquellen dieser Wirkung die „einfältige Gestalt", die sich im wesentlichen mit jenen von Semper konstatierten „planimetrischen Erscheinungen" deckt. Nicht komplexe Formen sind es, die sie hervorrufen können.[12] Die Formen sind wirkungsvoll, wenn das geometrische Zentrum mit dem liturgischen Zentrum übereinstimmt.

Als beispielhafte Vorbilder für die Entwicklung des „protestantischen Bauprogramms“ mit der Kanzel in der Mitte führt Bartning das Baptisterium in Nocera de'Pagani und die Pfalzkapelle in Aachen an. Solche mittelalterlichen Zentralbauschöpfungen kennen keine „Raumspaltungen“ wie Kirchen, an die der Chor, Seitenkapellen, Vorhallen etc. angefügt sind. Sofern kein „Zwiespalt“ zwischen „Spannung“ und geometrischen Achsen geschaffen wird, sind statt des echten Zentralbaus auch weniger regelmäßige Formen für Bartning zulässig. Die Übereinstimmung von Geometrie und Kult kann, so Bartning, auch durch den Grundriß eines Kreissegments gewährleistet sein. So enstehen dann Projekte wie die Fächerkirche, deren Formen ausgehend von divergierenden Achsen, denen sich die Sitzreihen anpassen, entwickelt sind. Neben der Zweckmäßigkeit der Predigtkirche wird das Raumerlebnis gefordert, das, wenn es gelingt, nach Bartning der Wirkung nach „kosmisch“ ist. Ein sakrales Kirchengebäude wird, so Bartning, jedoch erst durch die Mystik des Altars geschaffen, die dem „radikalen“ Konzept nicht entspricht. Das „radikale“ Konzept kann somit nur „pseudosakral“ sein, ungeachtet jener „kosmischen“ Entfaltung, die Bartning in der idealen Verkündigungsstätte konstatiert. Die Entfaltung, zu der ein Raum führen kann, fällt nicht in den Bereich der liturgischen Notwendigkeit. Sicherlich verhindert dies einerseits die Dogmatik konfessioneller Glaubenssätze, wobei sich Bartning dem Schwerpunkt Verkündigung verpflichtet weiß. Die Welt an sich wird jedoch als Kirche angesehen, da Gott allgegenwärtig ist. Die Versammlungsstätte ist „pseudosakral“, während Kirche überall ist. Dies gilt insbesondere für den naturverbundenen Menschen: „Die Kirchen des Bauern sind Heimstätten von mäßigem Ausmaß und mäßigem Pathos, sie sind nur relativ zur Landschaft, die wahre Kirche ist die Himmelskuppel...“[13] Was ist aber jene Bereicherung der Seele durch den Kunstgenuß des Raumerlebnisses? Eine Antwort bietet sicherlich die Sternkirche, die die kosmologischen Besonderheiten neben die Vorzüge der Bergung und der Versammlungsstätte stellt. Sie bildet eine Formensprache, die der Forderung nach einer „monistischen“ Kunst folgt, sowie auf die Gotik als christliche Kunst schlechthin verweist. Letztendlich meint die Sternkirche die „Bergung“ des Menschen durch die Welt an sich, die die eigentliche Kirche ist und der die gebaute Kirche als Abbild oder Analogie gegenübergestellt wird. Im Hinblick auf den sich nach innen absenkenden und nach außen wölbenden Raum merkt Bartning an: „Es war, was uns alle bewegte und heute bewegt: innige Wendung nach innen, äußerstes Ausgreifen nach außen. Primitivste Zuflucht des Leibes und der Seele, im Wohnraum wie im Weltraum."[14]

Die auf schlanken Stäben ruhenden Betonschalen des Gewölbes und die unterschiedlichen Bodenniveaus der Sternkirche scheinen auch uralte Zufluchtsstätten wiederzugeben, zumal Bartning von der Wiederkehr solcher Erscheinungen spricht, die er auf das „Instinktmäßige des Menschen" zurückführt. So sind Vertiefung und Wölbung nichts anderes als der „primitive" Zufluchtsort, das natürliche Relief der Erdoberfläche: „Die Bauten des frühen Menschen zeigen auch instinktmäßige, man kann also sagen, gesetzmäßige Grundformen: z.B. die in die Erde vertiefte oder überwölbte runde Höhle, das aus Stangen in steilem Dreieck aufgerichtete Zelt."[15] Die Bodenniveaus reproduzieren in der Sternkirche ein Abbild der Erdoberfläche, während die Schalenkonstruktion das Zeltprinzip darstellt. Die Architekturtheorie ist hier wieder bei der Weiterentwicklung der Urbehausung angelangt und bezieht die Beschaffenheit der Erdoberfläche ein.

Das Kosmologische, das durch das naive Symbol des Stern angedeutet wird, darf, was die Architektur Bartnings betrifft, jedoch keineswegs als unbewußt oder unfreiwillig gelten. In dem Aufsatz „Musik und Raum" spricht der Architekt von „raumbildender Kraft der Musik" ausgehend von Goethes berühmter Bezeichnung der Baukunst als „eine erstarrte Musik" und angeregt durch die Lektüre der frühen Veröffentlichungen Hans Kaysers, auf die sich Bartning am Schluß des Aufsatzes ausdrücklich bezieht. Die Proportionsgesetze der Musik sieht Bartning im Zusammenhang mit der Form und dem Wachstum der Kristalle und führt die Wissenschaftsgeschichte über den Bau der Welt auf die Kenntnis allgemeiner Harmoniegesetze zurück. Nachdem Bartning Maßverhältnisse der Kristalle mathematisch herzuleiten versucht und zu Ergebnissen über die Übereinstimmung von Architektur und Musik kommt, erklärt er, jede Kristallart habe ihre glockenreine Melodie, von der sie nicht abweiche. Die letzten Pythagoräer, so Bartning, die etwa 400 Jahre vor Christi Geburt lebten, seien, von ihren harmonischen Proportionsgesetzen ausgehend, schon zu der Erkenntnis gekommen, daß die Sonne das Zentralgestirn unseres Sonnensystems sei. Bartning fährt mit weiteren Beispielen, den Ergebnissen von Kopernikus und Kepler, fort, um darzulegen, daß eine harmonische Ordnung übereinstimmend in Weltgebäude, Himmelsmechanik und Musik bestehe, eine Übereinstimmung, die sogar wissenschaftliche Erkenntnisse ermögliche. Die Spekulationen, die Bartning hier anstellt, wirken wie eine paraphrasierende Übertragung auf architektonische Kategorien einer von Hans Kayser während der zwanziger Jahre ins Leben gerufenen harmonischen Grundlagenforschung, die von der Einheit des makro- und mikrokosmischen Geschehens ausgeht und weitere Ergebnisse von einer „dreifachen Relation“ von „Ton-Zahl-Stern“ ableitet. Das Wissen um diese Einheit führt nach Kayser zu einer Überwindung dieseitigen Schmerzes und des Zweifels am Sinn des Weltgeschehens. Kayser spricht von einer „schirmenden Gnade“, durch die „jeder Kampf ums Dasein zu etwas nur zeitweilig unabänderlich Tierischen schwindet“. Menschsein und Menschenwürde oder „höhere menschliche Wesenheit“, wie Kayser es bezeichnet, begännen mit dem Auftreten des „harmonikalen Denkens“, welches, was die Musik betrifft, insbesondere durch die pythagoräische Schule in die Geistesgeschichte eingetreten sei. Zahlen, zunächst dem Wesen nach dem Bereich des Verstandes angehörig, dienten dem Denken als Mittel von kausaler Rationalität. Das Bewußtsein der Harmonik schafft, wie Kayser darlegt, jedoch die Brücke zur Seele, so daß, wenn der Mensch sie erfährt, sich Raum, Zeit, Kausalität und Naturgebundenheit auflösen und sich ein „psychisches Sehen schöpferischer Beziehungen“ einstellt. Die Harmoniegesetze findet Kayser unter den Naturerscheinungen im Kristall wieder. Er projektiert in seiner fragmentarischen Harmonik mit dem Titel „Orpheus“ ein Kapitel „Vom Klang im Stein. Kristallographie“. In diesem unvollendeten Kapitel werden Wesensverwandtschaften schon im Titel angekündigt, und zwar handelt es sich um Analogien, die zwischen den Kristallen und den pythagoräischen Intervallproportionen gesehen und für die Grundlage abendländischer Harmonik gehalten werden. Für die Proportionslehre, die mit der Pentatonik beginnt und von den einfachsten Verhältnissen 1:2, 2:3, 3:4, das heißt Oktave, Quinte und Quarte, ausgeht und Terz und Sekunde von diesen ableitet, werden makrokosmische Übereinstimmungen vermutet. Auch der Makrokosmos trägt die Wesenszüge der Harmonik, und so versteht Kayser Keplers Gesetze „nicht nur mehr als selbstverständliche Formeln“, sondern als „magische Diagramme, welche Kunde geben von Ursymphonien, die das Weltall durchbrausen“. Weil der Kosmos den harmonischen Gesetzen der Musik entspricht, kommt dem Ton neben seiner Eigenschaft als rein physikalische Erscheinung und seiner „zwingenden Bedeutung als sinnlich, seelisches Element“ eine symbolische Bedeutung zu, ein, wie Kayser es darlegt, „intuitives Durchdringen reiner allumfassender Symbolik“. Aus diesem Wert des Tons folgt nach Kayser „leidenschaftslose, ichabgewandte Schauung transzendenter, dem bloßen Denken und Empfinden nicht mehr zugänglicher Wesenheiten“.[16]

Unwichtig ist es, an dieser Stelle die Frage der Richtigkeit Kayserscher Harmonikforschung zu klären, auch wenn sie modernen musikwissenschaftlichen Anforderungen unter Berücksichtigung der Musikethnologie möglicherweise nicht in allen Punkten standhalten kann. Die Musikauffassung Kaysers entspricht jedoch voll und ganz der Tradition abendländischer Musiktheorie, wofür es praktische Belege gibt. Einer davon wird in einem Bericht von Philipp Spitta behandelt, der sich Johann Matthesons Beschreibungen von sieben, bis heute verschollenen Klaviersuiten von Dietrich Buxtehude zum Thema macht. Diese Musik des 17. Jahrhunderts oder frühen 18. Jahrhunderts sei den sieben Planeten gewidmet gewesen. Die Charaktereigenschaften, die den Planeten zugeschrieben wurden, so ist Matthesons Angaben zu entnehmen, werden von Buxtehude musikalisch dargestellt.[17] Diese Art von Programmusik fand ihre bekannteste, nachromantische Wiederholung im Orchesterzyklus „Die Planeten“ von Gustav Holst. Spitta war es auch, der ein Zusammenwachsen einer Kunst, die sich nach der Geschichte orientiert, und der Wissenschaft formulierte. Die Aufgabe besteht Spitta zufolge beiderseits letztlich darin, ein Bewußtsein der großen Gesetzmäßigkeiten, des „Weltganzen“, zu erlangen. Sofern dies nicht der Fall ist, werden alte Kunstwerke „ewig unverstanden bleiben, wenn die Wissenschaft nicht ihre Werkzeuge in Bewegung setzt, die alte Zeit aus dem Dunkel wieder ans Licht aufsteigen zu lassen und die Verbindungsfäden bloß zu legen, welche von dem einzelnen Kunstwerke zum Bilde des Weltganzen hinüberführen“. Hier müsse der Künstler, den es treibt, in die Kunst vergangener Tage einzudringen, so Spitta, den Wegen des Gelehrten folgen.[18]

So verwundert es nach unserem Ausflug in die Musikwissenschaft nicht, wenn die geschichtsbewußte Architekturtheorie zeitgleich die Grenzen zwischen Kosmos, Musik und Architektur lockert. Bartning greift die Schilderungen Kaysers über das „harmonikale Denken“ auf und folgt damit den „Wegen des Gelehrten“. Ihm offenbaren sich dadurch ebenso jene kosmologischen Gesetzmäßigkeiten einer Architektur, die in jeder Hinsicht für erstrebenswert gehalten wird. Und so läßt sich, was die Auswirkung auf den Entwurf betrifft, resümieren, daß Architektur, wenn sie im Verständnis Bartnings „harmonisch“ ist, musikalischen, sprich kosmischen Gesetzmäßigkeiten entsprechen muß. Zumindest legt Bartning diese Gesetzmäßigkeiten seinen eigenen Entwürfen zugrunde.[19] Die Sternform der Sternkirche ist somit als ein naiv-vordergründiges Symbol einer tiefgründigeren Kosmologie zu betrachten, für die als Quelle Kaysers Musiktheorie in Frage kommt. Als gewichtigere Symbolik müssen Maßverhältnisse und Richtlinien des organisierten Raums gelten, die zu jener von Bartning konstatierten „Raumspannung“ führen, die er mit der „liturgischen Spannung“ in Einklang zu bringen weiß.

Abstrakte Kunst ist nach Bartning deshalb nicht weniger naturbezogen, sprich kosmologisch, als die darstellende. Der Architekt berichtet eine Begebenheit während einer Reise in Griechenland, bei der ein einfacher Hirt Bartnings Umarmung einer Säule als Ausdruck liebender Wertschätzung besser verstand als sein gebildeter Reisebegleiter. An diesen Hirten richtet er das Wort, wenn er abstrakte Kunst mit der Schönheit des Himmels bei Nacht und bei Tag vergleicht: „Nun, lieber Ziegenhirt, ist der gestirnte Himmel nicht äußerst abstrakt? Bewunderst du ihn, wie er ist, oder nur etwa mittels der Vorstellung vom „Großen Bären" und vom „Gürtel des Orion"? Oder der Wolkenhimmel zwischen zwei Säulen: betrachtest du ihn nicht stundenlang, auch ohne dir dabei Elefanten oder Walfische vorzustellen?"[20]

Während die Sternkirche kosmologisch abbildend ist, sind die meisten anderen Projekte Bartnings nichtabbildend. Da sie jedoch die kosmologischen Raumprinzipien erfüllen, sind sie nicht minder naturbezogen. Bei der Untersuchung der Kosmologie von Architektur kann festgestellt werden, daß ihre spekulative Erfassung trotz des Wandels der Zeit immer wieder zu der von Herder und Viel de Saint-Maux beschriebenen Unterscheidung von Abbildung und Symbolik zurückfindet.

III.4. Bruno Taut. Die Kosmologie des Sterns und des Kristalls

Im Gegensatz zu Bartning und dessen Basis christlicher Heilslehre ist die Architekturtheorie Bruno Tauts von rein naturreligiösen Erfahrungen geprägt. Wolfgang Pehnt dokumentiert die „pantheistische Mystik" Tauts mit einer Zeichnung aus „Die Auflösung der Städte", in der die Worte „Heilig-heilig-heilig" nicht an den Herrn Zebaoth, sondern an den Kosmos gerichtet seien.[1] (Abb. 77) In Tauts Zeichnung umkreisen Blumen und Schneeflocken eine strahlende Sonne. Die Mystik geht also von form- und wesensgleichen Naturformen und von göttlicher Immanenz in der materiellen Welt aus, eine Immanenz, die sich, wie wir bereits gesehen haben, oft in Fruchtbarkeitssymbolen äußerte.[2] So taucht auch das Symbol des Kreuzes bereits in den Städtebau-Projekten der „Stadtkrone" nicht in christlichem Sinn auf. Vielmehr ist es eine Wiederaufnahme der städtebaulichen Vierteilung mit betontem Mittelpunkt, die Werner Müller für die Antike und das Mittelalter beschrieb und die er auf megalithische Zeit zurückführte.[3] Für Taut ist

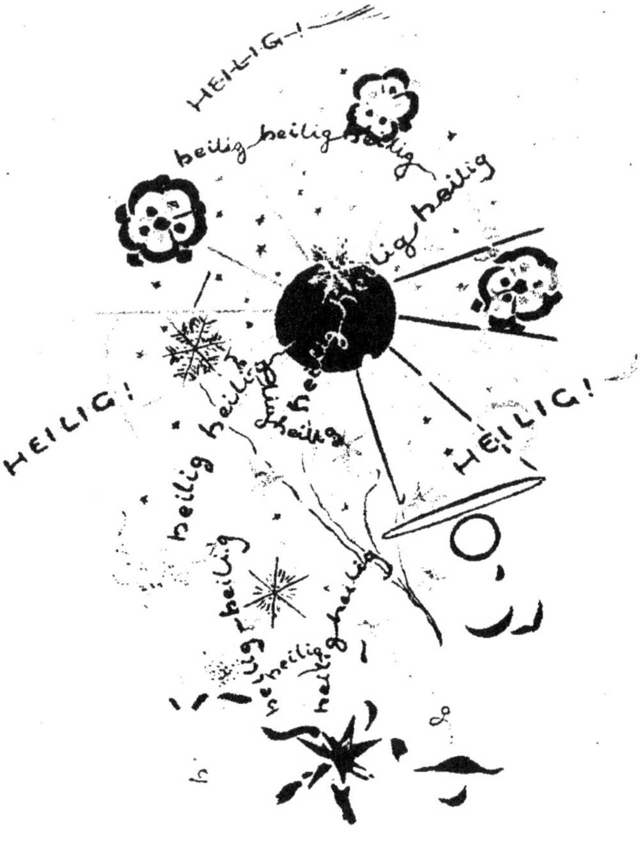

Abb. 77: Bruno Taut, „Heilig-Heilig-Heilig“, 1920

der Beweggrund für die Aufteilung eine von der Sonnenbahn abgeleitete, kosmologische Formenbildung. In einem Projekt sieht er „vier große Bauten“ vor, eine Anordnung, die „ein streng nach der Sonne orientiertes Kreuz“ bildet. In einer Zeichnung „Stadtsilhouette“ ist das zentrale Gebäude, die „Stadtkrone“, selbst kreuzförmig angelegt (1919). (Abb. 78) Die Architektur ist, wie dies bereits Albert Trachsel etwa dreißig Jahre zuvor praktiziert hatte, zur Verdeutlichung des Inhalts in ein kompositorisches Verhältnis zur dahinterliegenden Sonne gesetzt. Die Sonne demonstriert die Begründung des städtebaulichen Achsenverlaufs.[4] Entschiedener und deutlicher als in der „Stadtkrone“ wird die Kosmologie von Architektur affirmiert, wenn sich Taut und sein Umfeld in späteren Projektbe-

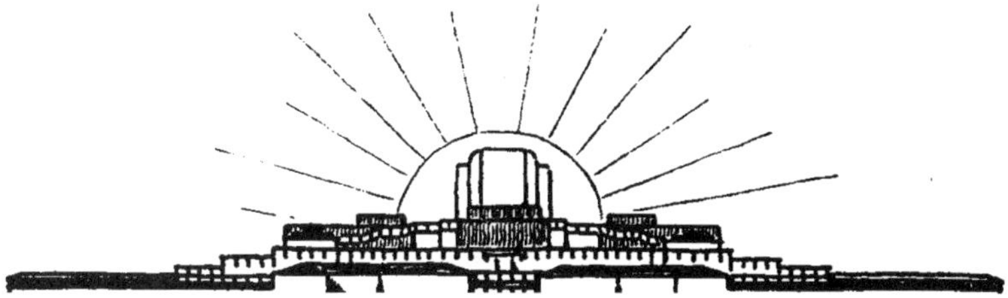

Abb. 77: Bruno Taut, Stadt, „Ansicht nach Westen“

schreibungen in emphatischen Schilderungen ergehen, besonders wenn von Stern und Kristall die Rede ist. Nach Sempers bahnbrechender Vorwegnahme macht Taut aus Stern und Kristall ein monistisches Begriffspaar der Architekturtheorie, das sich im Entwurf deutlich und unverschleiert äußert, indem die Formen häufig kompositorisch gegenübergestellt und einander angeglichen werden. In seinem Buch „Die Auflösung der Städte“ bilden die Schneeflocken „Die Tempelinsel“. Die Sterne stimmen, zur „Insel“ angehäuft, in ihrer Form nicht nur mit darüberliegenden Sternen überein, sondern sie bilden auch, wie Taut beschriftet, „Klangfiguren“ in einer Komposition aus Wellenlinien und spitzen, rautenförmigen Gebilden. (Abb. 66) Klang als Wiederholung der kosmischen Ordnung wird immer wieder auch durch Taut ins Bewußtsein gerufen und in die Architektur miteinbezogen.

In der von Taut herausgegebenen Zeitschrift „Frühlicht“ veröffentlichte Taut im ersten Erscheinungsjahr die Beschreibung des Projekts „Das Haus des Himmels“.[5] (Abb. 79) Als Zentralbau reiht sich das Projekt in die bisher kennengelernten Architekturerfindungen ein. Die skizzenhafte Darstellung zeigt den Aussenbau in siebenstrahliger Sternform, der von zahlreichen kubischen Anbauten umringt wird, die die Sternform erzeugen. Der Komplex erinnert in seiner gestuften Form an ein Zikkurat, nicht rechtwinklige, sondern spitzwinklige Blöcke werden bevorzugt, wodurch die Architekturformen dem Kristall, sprich dem strahlenden Stern, angeglichen werden. Für den Innenraum gilt ähnliches, wie Taut beschreibt: „Decke und Wände sollen flachreliefartig, scharfkantig und schnittig das Kristallische des Außenbaus im Innern gedämpft wiederholen und ihren glitzernden Reichtum die in tiefsten Farben funkelnden Glasfenster aufnehmen.“[6]

Der Komplex steht inmitten eines parkähnlichen Bezirks auf einer leicht erhöhten Plattform mit Brüstung und Freitreppe, die als traditionelle Motive von Tempeln

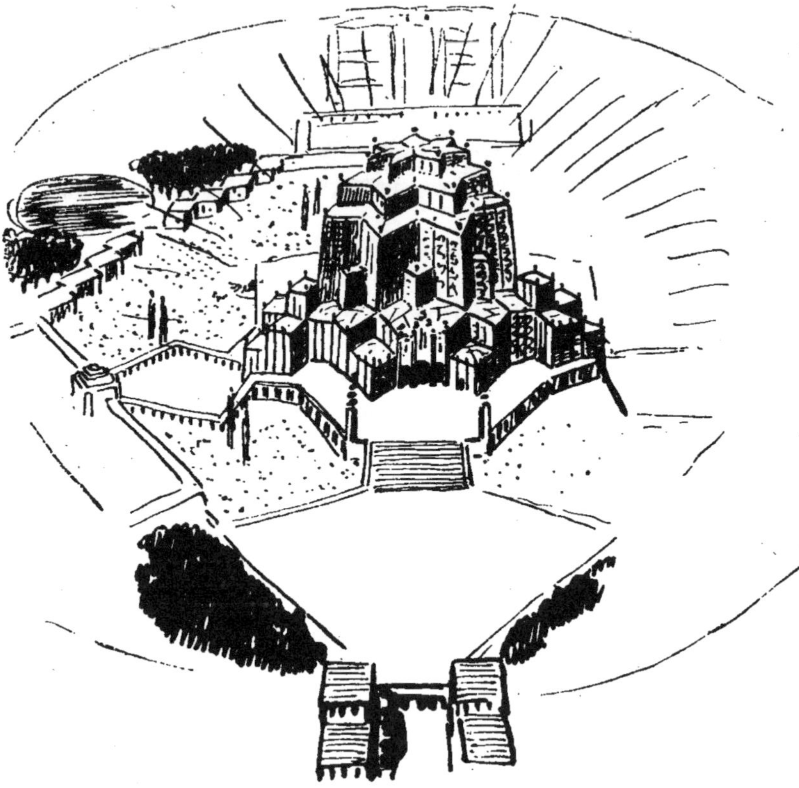

Abb. 79: Bruno Taut, „Haus des Himmels“, 1929

und Palästen der spiegelgleichen Anlage besondere Würde verleihen. Durch die Würdeformen Symmetrie, Plattform und Freitreppe besteht Artverwandtschaft zu den Entwürfen der „Fêtes Réelles“ von Albert Trachsel. (Abb. 12 - 23, 25, 26)

Hinter der Freitreppe ist ein dreifaches Portal mit Eingangshalle auszumachen. Wie bei einer Kirche oder einem Tempel handelt es sich um nach einer bestimmten Richtung orientierte Architektur. Das Moment der Ausrichtung ist also auch hier als kosmologische Architekturkategorie eingehalten. Taut unterstreicht durch

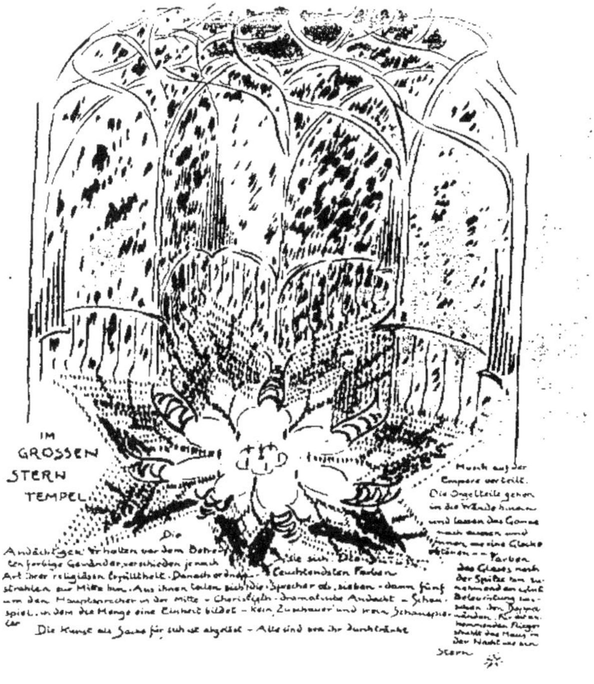

Abb. 80: Bruno Taut, „Im großen Sterntempel“

sie den Glanz und die Würde des Gebäudes und verleiht diesem Eindruck durch einen durch Striche angedeuteten Strahlenkranz und durch einen vor dem Bezirk gelegenen Eingangspavillon Nachdruck. Der Stahlenkranz deutet auch an, was Taut in seinem Begleittext beschreibt: „Fährt man nachts im Flugzeug zum Hause hin, so leuchtet es von weitem wie ein Stern.“[7]

Taut veröffentlichte hierzu analog in seinem Buch „Die Auflösung der Städte“ einen Entwurf mit dem Titel „Im Großen Sterntempel“. (Abb. 80) Die flüchtige Skizze zeigt ein Bartnings Sternkirche nicht unähnliches System mit Diensten und Rippen. Die Dienste gehen an den Ecken des Sterns auf und verschlingen sich zu einem Zellengewölbe. Ein Punktmuster deutet Sitzreihen an, die um das Zentrum herum gruppiert sind. Außerdem merkt Taut an, daß beim Eintritt verschiedenfarbige Gewänder in Empfang genommen werden sollen. Die farbig gekleideten Menschen sollen nach einer bestimmten Ordnung im Raum Platz nehmen, damit auch sie zur sternförmigen Konzeption beitragen können. Die Ge-

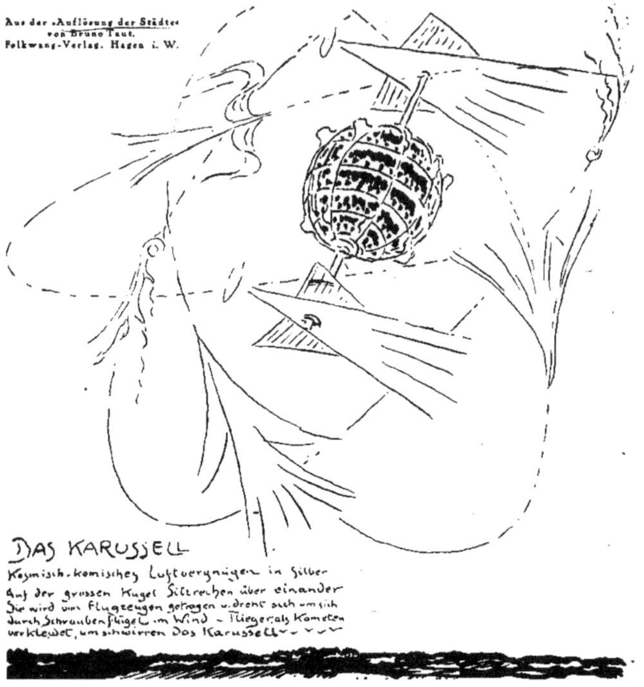

Abb. 81: Bruno Taut, „Das Karussell", 1920

wänder sollen zur Mitte hin immer heller werden. Diese Anordnung korrespondiert mit dem vorgesehenen farbigen Glas des Gebäudes, „zunehmend an Glut zur Spitze hin". Wie in den meisten Sakralbauprojekten der Zeit wird dadurch eine Einbeziehung des Menschen selbst in die architektonische Konzeption angestrebt. Der Mensch wird selbst zu einem Bestandteil der architektonischen Ordnung. Er ist an ihrem Sinn und Erscheinungsbild aktiv beteiligt.[8] So wird auch ein „Karussell" von Flugzeugen getragen und „Flieger als Kometen verkleidet umschwirren" es. (Abb. 81) Die sternförmigen Gebilde werden in der Natur vorgefunden, und die Verehrung der Sternform bringt neue sternförmige Gebilde in einem aktiven Schaffensprozeß hervor. Die astrale Ästhetik gilt nicht als Stillstand, sondern ist ein schöpferischer Prozeß aller Menschen, die mit ihr in Kontakt treten.[9]

Ein Beitrag Tauts „Pro Domo" für die erste Ausgabe des „Frühlicht" begleitet die „Phantastik" einer Architekturskizze, die ein „kristallenes Sternhaus" zeigt, das

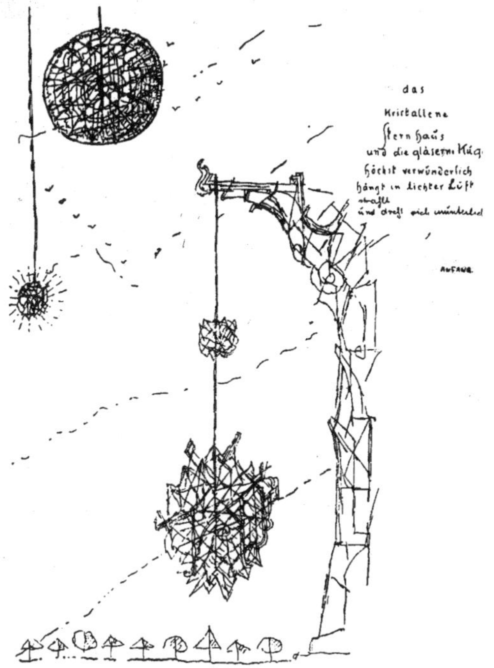

Abb. 82: Bruno Taut, „Das kristallene Sternhaus und die gläserne Kugel“, 1920

mit einer „gläsernen Kugel“ an einem Seil aufgehängt ist. Das Seil ist an einem Kranausleger befestigt. (Abb. 82) Durch diese Anbringung „hängt der Bau in lichter Luft, strahlt und dreht sich munterlich“.[10] Man könnte die Beispiele von Zeichnungen Tauts fortsetzen, in denen immer dieselbe Thematik von Natur und Kosmos in architektonische Formen übertragen wird. Stattdessen soll nochmals auf die kaum steigerungsfähigen Analogiebildungen durch Taut hingewiesen werden. Die Fortsetzer der neugotischen Tradition, besonders Ruskin und Lethaby, unterschieden noch die Formen des Sterns und des Kristalls, wobei letztere Form noch kaum eine Rolle spielte. Semper konstatierte die natürliche Verbreitung jener „planimetrischen Erscheinungen“, die als eine generelle Grundlage der Naturschönheit gewertet wurden und auch im Planzenwuchs vorzufinden sind, jedoch der Architektur gewissermaßen nur zur Orientierung und als Grundsatz dienten. Bei Taut werden diese von Semper nur als Grundlage betrachteten Erscheinungen zum unumstößlichen Formenrepertoire im Sinne der Analogiebildung. Das Kristalline und das Astrale erstarren zu einem einheitlichen Begriffspaar für die Formenbildung. Bei Taut gibt es keine Beschränkung der symbolischen Qualität solcher Formen, die bis hin zu einer naiven Zahlensymbolik für das „Haus des Himmels" reicht: „Der Bau ist Abbild und Gruß der Sterne. Sternförmig ist sein Grundriß, die heiligen Zahlen 7 und 3 verbinden sich zur Einheit, die Sieben für den großen Raum, die Drei in den Nebenräumen, welche kapellenartig herumgelegt, menschliches Getriebe aufnehmen..."[11]

Die Sternform, sprich das Kristallinische, drückt im Tautschen Projekt einen allgemein-religiösen Inhalt der Architektursprache aus. Das „Haus" solle, so Taut, die Seele zu einem Gefäß für das Göttliche machen. Die religiöse Leistung erbringe die Architektur durch das „Glück", das sie durch ihre Form hervorruft. Die im Innern vorgesehenen Ereignisse sollten inhaltlich der Architektur angepaßt sein: „Ein Vorhang könnte unten die Pfeiler verbinden, und kosmische Dramen und Pantomimen (Stramm, Scheerbart) könnten in dem Raum dahinter in die siebente Sternnische hinein aufgeführt werden."[12] Dieses Verfahren des Entwurfs ist daher genau umgekehrt wie bei Bartning, der von „raumhafter Religion" ausgeht, die sich für den Kult entsprechende Raumbedingungen und Würdeformen schafft. Für Taut jedoch ist die Identität von Architektur und Weltall der eigentliche religiöse Gehalt. In dem im selben Jahr entstandenen Theaterprojekt mit dem Titel „Der Weltbaumeister, Ein Architekturschauspiel für symphonische Musik. Dem Geiste Paul Scheerbarts gewidmet" wird die Entstehung von Architektur als kosmischer Vorgang geschildert: „Es wächst - Formen fügen sich frei aus dem Raum an - von allen Seiten". Unter Nummer 27 als Abschluß des Schauspiels ist die Vollendung des Gebäudes folgendermaßen beschrieben: „In Nacht Architektur und Weltall eine Einheit..."[13] Bauen gilt als kosmisches Ereignis, dessen Ergebnis das irdische Weltgebäude ist. Der astrale Expressionismus wählt sich zu dessen Konkretisierung das naive Symbol des Sterns. So enthält Tauts „Schauspiel" die szenische Erfindung eines wunderlichen „Kathedralsterns", der in Nummer 14 nicht auf der Erde ruhend und als starrer Bau, sondern szenisch bewegt in Erscheinung tritt und die Szene wieder verläßt.[14] Taut sucht eine architektonische Integration von Raum, Zeit und Bewegung. Die zeitliche und räumliche Messung, die unsere bisherigen Beispiele ähnlicher Integrationsversuche auszeichnete, weicht den Eigenschaften schwärmerischer Vorgänge der Phantasie. Weder treffen wir hier auf das Bauen als Schaffung des Obdachs noch auf hieroglyphische Symbolik, sondern die Symbolik wird von unergründlichen Vorgängen des Kosmos selbst hervorgebracht wie das unergründliche Werden der Sterne und das Wachstum der Kristalle. Bei Taut werden solche Inhalte durch den Kosmos selbst gestiftet. Der Mensch ist Empfänger und nicht Überträger der Inhalte.

Erneut werden neue architektonische Formen an, im Falle Bruno Tauts, sehr naive gesellschaftliche Ideen gekoppelt. Taut versieht viele der Skizzen seiner „Auflösung der Städte“ mit aphoristischen Darlegungen gesellschaftlicher Ideen. Diese stehen den utopischen Begleittexten der „Fêtes réelles“ von Trachsel sehr nahe, wenngleich letztere aus heutiger Sicht weitaus nachvollziehbarer sind. Trachsel machte jedoch keinen Hehl aus seiner desillusionierten Weltsicht, und so läßt das Werk des weltabgewandten Symbolisten weder an eine Verwirklichung gesellschaftstheoretischer Ideen noch an die zugehörige Architektur denken. Dagegen ist es wohl dem künstlerischen Klima der ersten Nachkriegsjahre in Deutschland zuzuschreiben, und es soll nicht als Albernheit erscheinen, wenn Taut etwa, fast beiläufig, Ideen des sozialen und juristischen Lebens in die Architekturbilder einfügt. So habe etwa, nachdem der neue Zustand der irdischen Bebauung erreicht worden ist, ein „Rat“ nicht nur über „schwere Rechtsfälle“ zu befinden, sondern dieser habe auch für die „unheilbar Kranken und Siechenden“ und für die Kinder in einer Welt, in der die Schulen abgeschafft worden sind, zu sorgen. Ein „Verbrechen blutiger Art“ soll durch die ehrenvolle Bestattung des Opfers durch den Täter gesühnt werden. Auch die Schilderung einer drastischeren Bestrafung im Wiederholungsfall, das Brennen eines „Mals“ auf die Stirn des Täters, ist als ernstgemeinte Rechtstheorie zu verstehen.[15]

Tatsächlich hat man im Umfeld Tauts an solche neuen Organisationen in Bau und Gesellschaft anstelle des traditionellen Städtbaus und öffentlicher Organe geglaubt. Das „Frühlicht“ belegt dies deutlich und nicht ganz ohne Humor in einem Beitrag von Paul Scheerbart in Heft 1 mit dem Titel „Der Architektenkongress“: „Sie [die Militaristen] haben uns versprochen, die besten Backsteinbauten durch drahtlos dirigierte Aeroplantorpedos zu zertrümmern, damit wir neues in Glas und Eisen bauen können.“ Scheerbart erklärt gleich darauf den kosmologischen Wert des Glases, das sich, wie er es ausdrückt, „dem unendlichen Weltraum öffnet“.[16]

Es gibt unter den im „Frühlicht“ veröffentlichten Artikeln auch weniger revolutionäre und utopische, doch nicht weniger kosmologische Theorien des Städtebaus. Die uns am besten anhand von Lethaby und seinem Werk „Architecture, Mysticism and Myth“ verdeutlichte kosmologische Theorie gewinnt besonders durch die Autoren des „Frühlicht“ für die Moderne an Gültigkeit, auch wenn es keine Hinweise auf eine direkte Vorläuferschaft der Arts-and-Crafts-Bewegung gibt. Besonders deutlich wird die Übereinstimmung, wenn Alfred Brust das subjektive Bedürfnis des Menschen zur Sprache bringt, sich als Mittelpunkt der Welt zu fühlen, ein Bedürfnis, dem Architektur und Städtebau stets entsprochen hatten. Nachdem Lethaby diese Zusammenhänge in seinem Kapitel „The Centre of the Earth“ als nicht wiederholbares Themenfeld der Architekturgeschichte beschrieben hatte, richtet Brust nun den Appell an die Architektenkollegen, dieses „Axiom“ der Architektur, das „geheiligt“ sei, dem Bewußtsein wieder einzuverleiben.[17]

III.5.1. Rudolf Schwarz. Stern, der Leib des Menschen, der Leib der Kir che und das Weltgebäude

Das berühmte theoretische Werk „Vom Bau der Kirche“ von Rudolf Schwarz leitet zu einem Kirchenbau an, der in einem symbolisierenden oder abbildenen Verhältnis zur Welt stehen soll.[1] Die Beschränkung, die sich Bartning mit der von ihm dargelegten Notwendigkeit auferlegte, eine der Verkündigung dienende Versammlungsstätte zu schaffen, besteht in der Architekturtheorie von Schwarz nicht. Durch einen uneingeschränkten kosmologischen Anspruch wird sein Kirchenbau zu einem Musterbeispiel chthonischer Sakralarchitektur der Moderne. Der Begriff des „Leibes“ und um ihn kreisende anthropologische Betrachtungen sind erste Ausgangspunkte für die Bildung sakraler Architektur. Als einleitendes Beispiel wird die Kreuzform der Kirche als der weitestverbreitete Bautyp nach dem Zusammenhang zwischen Leib und Kirche befragt. Der Leibcharakter besteht für Schwarz darin, daß diese Bauform ein mehr oder weniger konkretes Abbild von Christus am Kreuz mit architektonischen Mitteln darstellt.

Chöre, die schräg an das Kirchenschiff angebracht wurden, folgen diesem Verständnis zufolge nicht etwa praktischen Erfordernissen oder Umständen der Baugeschichte. Vielmehr versteht Schwarz auch sie als formale Angleichungen des „Leibes“ der Kirche an den heiligen Leib, nämlich an das Haupt Christi, das „sich in den Tod neigt“.[2]

Das Licht, das der Architekt ebenfalls im Zusammenhang mit dem Begriff des Leibes sieht, hat grundsätzlich den Stern als Ausgangspunkt.[3] Daher besteht zwischen dem Licht der Quelle und dem Lichtreflex kein qualitativer Unterschied. Vom Stern, für Schwarz die Quelle des „Urlichts“, hängen alle strahlenden Gegenstände ab. Indem diese Licht auffangen, werden sie selbst zu Sternen. Die Begegnung mit Licht als solchem ist die Begegnung mit dem Stern, auch wenn es sich um reflektiertes Licht handelt. So ist für Schwarz Welterfahrung gleich Lichterfahrung gleich Begegnung mit dem Stern durch das Auge. Da Licht als solches heilig ist, wird vom Körper reflektiertes Licht als heilige Akzidens des Körpers betrachtet. Sehen als sinnliche Wahrnehmung gilt also als religiöse Erfahrung.[4]

Die Iris des Auges gilt als die formale Entsprechung des Sterns am menschlichen Leib. So ermöglicht das Auge nicht nur in seiner Funktion als Organ die Wahrnehmung des astralen Lichts, sondern es entspricht auch in seiner Form der Quelle des „Urlichts", das es wahrnimmt. Durch diese beiden Eigenschaften stellt das Auge, wie Schwarz es formuliert, die „Antwort" auf den Stern am menschlichen Körper dar. Diese sozusagen astrale Konnotation ist bei Schwarz also nicht auf die planimetrische Form mit Mittelpunkt und Strahlen beschränkt, wie dies etwa bei Semper und auch später immer wieder der Fall war. Stern und Licht werden hinsichtlich ihres symbolischen Werts gleichgesetzt. Sternenlicht kann von einem „Leib" gleich welcher Art, sei es der menschliche Körper, die Kirche oder irgendein Gegenstand, ausgehen und zu einer religiösen Erfahrung führen. Allein die Tatsache, daß Lichtstrahlen zum Auge vordringen, führt zu einer astralen und somit heiligen Qualität des Gegenstandes. Diese Qualität nimmt gewissermaßen mit der Lichtquantität zu. So wurde dem „heiligen Leib" von mittelalterlichen Meistern oft dadurch ein heiliges Erscheinungsbild verliehen, daß dieser „als etwas Strahlendes" dargestellt wurde. Der Leib sei dadurch, so Schwarz, „etwas wie ein Stern", und man habe den Farben dadurch einen ewigen Sinn beigelegt.[5] So wandelbar wie die Darstellung des heiligen Leibs und ebenso heilig war auch die Erscheinung des Leibes der Gemeinde und des Kirchengebäudes, ein für Schwarz „gewaltiger hochheiliger Leib". Unter den Bauformen der Kirche hebt Schwarz besonders die der „Dome und Münster" hervor, eine Offenbarung des „Ewigen", das als „Leib" des Kirchengebäudes sichtbare Formen angenommen habe.[6]

Ebenso wie das Auge bilde die ausgestreckte Hand am Ende des Arms einen Stern aufgrund ihrer strahlenförmigen Finger. Aufgrund dieser morphologischen Übereinstimmung wird auch in der Funktion der Hand ebenso wie beim Auge nach einer kosmologischen Qualität gesucht. So sei die Hand „handelndes Sternbild" und „empfangende Hohlform" zugleich.[7] Auge und Hand sind allerdings im Begreifen von Welt einander entgegengesetzt. Während, laut Schwarz, das „auf die Sonne gerichtete“ Auge den großen Raum erfaßt, vermag die Hand nur einen kleinen „Weltteil“ zu umschließen. Die Hand, die das Gewicht eines Gegenstandes abschätzt, besitze eine besondere Fähigkeit der Einschätzung eines Gegenstandes, der ein Teil der Welt ist. Das Wiegen mit der Hand ist ein Stück Welterfahrung, die auf die „Erdtiefe“ ausgerichtet sei, wohingegen das Auge entgegengesetzt gerichtet sei. Schwarz versucht mit diesen scheinbar gegensätzlichen Eigenschaften des Leibes seine Ganzheitslehre darzulegen, die im sinnlichen Erfassen von Welt in Umriß, Gestalt, Farbe und Maß und in fühlender und rationaler Erfahrung besteht. Das Messen geht für Schwarz mit der Erkenntnis der Zahl einher, die ihrerseits mit Wachstumsgesetzen zusammenhängt. Durch das Gefühl ist der Hand außerdem die sinnliche Erfahrung gegeben. In dieser doppelten Wertigkeit liegt die Ganzheit. Die Glieder des Leibes, Auge und Hand gelten als Bild und sind dem Ausdruck nach kosmologisch. Solche auf den menschlichen Körper bezogenen Überlegungen sind für Schwarz nicht Selbstzweck, sondern, wie er schreibt, „Anleitung zu gelingendem Werk“.[8] Einen Skelettbau etwa vergleicht Schwarz mit einer geschlossenen Hand. In seinen statischen Gegebenheiten und in seiner bergenden Funktion ähnele er der Hand, die ein Ding umschließt. Die Hand und ihre architektonische Entsprechung verweisen auf „Begrenzung“, während das Auge und seine Entsprechung „auf die Sonne gebaut“ sind und sich öffnen.[9]

Was die Grundformen betrifft, derer sich die moderne Kirchenbaukunst bedient, so ist für Schwarz der Stern das symbolische Leitmotiv schlechthin, nicht bloße Darstellung eines Himmelskörpers, sondern Hauptrepräsentant für Licht. Für Schwarz handelt es sich um „die hohen Grundgedanken der Schöpfung“ und „die starken Figuren, welche die Welt bauen“. Der Stern ist für ihn eine Grundform, „unter denen die Menschen dem Herrn begegnen“. Wie wir das bei anderen Architekten bereits feststellten, ist auch Schwarz davon überzeugt, daß die Formen innerlich zusammenhängen und nur ständig wechselnden Zuständen unterworfen sind. Er identifziert diesen Wechsel in natürlichen Vorgängen und nicht etwa als Resultate abstrakten menschlichen Schaffens. Ihre architektonische Verwirklichung ist Nachvollzug des Naturvorgangs. Schwarz begründet dies mit dem Pflanzenwachstum. So wird die Kugelform des Samens zum Zylinder des Stengels, die Knospe zur Blüte. Beim letzteren Vorgang wird, nach Schwarz, und dies erinnert an Semper, die Pflanze zum Stern.[10] Neben dem Stern als leuchtendes Gebilde sieht Schwarz auch den dunklen Stern, eine Form ohne Naturvorbild, die der Vorstellungswelt von Schwarz angehört. Der dunkle Stern bedeute das Gegenteil des strahlenden, lebenspendenden und wärmenden Sterns, nämlich „heimkehren“ und „verdämmern“ und, wie Schwarz ableitet: sterben.

Im Plan bedeutet die Abhängigkeit der Formen voneinander, daß „Ring, Mitte und Stern“ inhaltlich zusammenhängen und sich sogar bedingen, wie Samen, Stengel und Blüte sich gegenseitig hervorbringen. Zum Bauen an sich schreibt Schwarz: „Was dann entsteht, ist vorab umzirkter Raum - Schutzraum, Wohnraum, Feierraum - der den Weltraum ersetzt.“[11] Die Tatsache, daß der Altar fest auf den Boden gebaut ist, deutet Schwarz als Bild der Erde. Die Kirche sei „die tragende Erde, die sich zur Feier erhebt“.[12] Schwarz wird in seinen Beschreibungen des Altars pantheistisch, wenn er schreibt, daß der Altar auch Christus darstelle, da Christus „die Erde“ sei. Wird diese Erde, das heißt Christus, von der Gemeinde umringt, bildet sich die ideale Form des Kreises. Schwarz weist auf die idealen Eigenschaften dieser Form hin, so auf den kleinsten Umfang bei größtem Inhalt. Der sich bildende Raum besitzt somit die Höchstform der „Bergung“ aufgrund der kleinsten Oberfläche. Die „gemeinsame Mitte“ der kreisförmigen Gemeinde ist der zentrale Altar, der die Erde und Christus zugleich repräsentiert. Die kreisförmige Sitzanordnung der Gemeinde ruft eine strahlenförmige Anordnung der auf das Zentrum (Altar) gerichteten Blicke hervor, so daß die Blickrichtungen, wie Schwarz feststellt und zeichnerisch darstellt, somit einen Stern bilden. (Abb. 83) Für Schwarz ergibt sich hierin das „Gestaltbild der bewohnten Erde: sie zeigt Volk und Land in der Form des Speichenrads“. Ein kreisförmiger Saal, dem kein fremdes System beigeordnet ist, bei dem nämlich, wie Bartning es ausgedrückt hätte, Übereinstimmung zwischen architektonischer und liturgischer Spannung besteht, ist generell sternförmig. Schwarz bemerkt dazu, daß sich das „Sternbild“ zwischen Mitte und Ring „spanne“. Die Gemeinde bildet dann nicht nur durch Orientierung zum Altar einen gedachten „Stern“ aus konvergierenden Speichen (Strahlen), sondern durch ihre „Zuwendung“ zu den anderen Gemeindemitgliedern, die im Kreis Platz genommenen haben, auch einen zweiten gedachten, gezackten Stern.[13]

Mit Form und Errichtung des Kirchengebäudes ist die Gestalt und die Erschaffung des Weltgebäudes gemeint: „Unser ganzer Bau vertritt also die ganze Welt und wiederholt ihre Erbauung. Unter dem Boden ist die Erdoberfläche, die Heimat der Menschen; der Raum, der sich darüber wölbt, ist der dem Leben nebengegebene Weltraum und beide beendet das Firmament. Es begrenzt die Erde als Band und die Welt als Behältnis.“[14] Schwarz deutet die Kuppel als das Bauglied, welches „Undurchdringlichkeit“ andeutet. Und in dieser Eigenschaft hat sie für

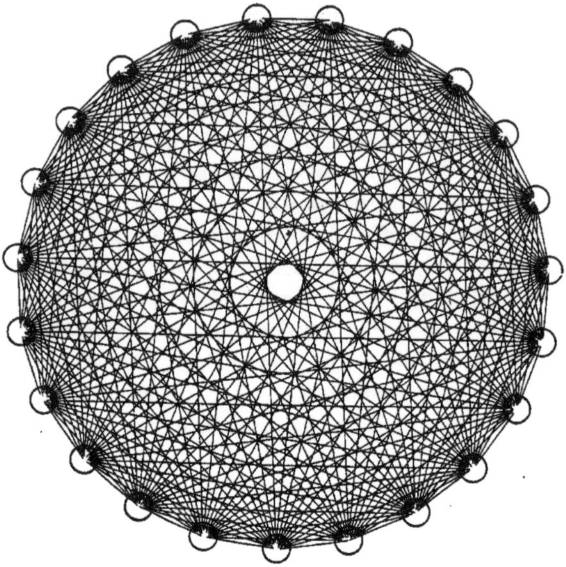

Abb. 83: R. Schwarz, „Stern“, 1928

ihn den Charakter eines „Verhängnisses“, da sie menschlicher Begreifbarkeit entzogen ist. Ebenso wie den Weltraum empfindet Schwarz auch die „Erdtiefe“ wegen der Dunkelheit des Abgrunds und ihrer Undurchdringlichkeit.[15]

Schwarz fordert zur Weltabbildung eine Architektur, die mit den sinnlichen Erfahrungswerten übereinstimmt. So zieht er den traditionellen Kuppelbau dem Bau der vollen Kugel vor, die seiner Meinung nach auch zu keinem befriedigenden Raumerlebnis führt: „Ob es sich nun um einen Bau für alle Götter oder um einen für das heilige All handelt, für Menschen taugt er bestimmt nicht... Jedenfalls hängt der Raum in der Luft. Man müßte mit einer Leiter in seinen Mittelpunkt steigen, um ihn zu verstehen.“[16] Während Schwarz den Typus der Revolutionsarchitektur (ohne diese explizit zu nennen) ablehnt, empfindet er die Kuppel mit Licht von oben als „echtes Weltbild“, da die Abbildung so erfahren wird, wie der Mensch die Welt täglich erlebt. Wahre Weltabbildung entsteht seiner Meinung nach allein durch die Religion, da nur durch das Licht des Heilsgeschehens Licht in die Welt getragen wird. Dieses Licht ist durch die Geburt des Gottessohnes in den Herzen der Menschen entzündet worden, so daß die im Ring versammelten Menschen selbst zu Lichtern, zu Gestirnen werden und somit auch selbst den architektonischen Sinn stiften.[17]

Der Zentralbau wird jedoch nicht nur als materiell-formale Entsprechung zur Welt gesehen. Durch die Blickrichtung der Gläubigen ergibt sich im kreisrunden Zentralbau das „Speichenrad“.[18] Hatte bereits für Semper der Strahlenkranz als Zeichen für das Verhältnis zwischen abhängigen und unabhängigen Kräften aller Wuchsformen gegolten, so ist er für den Schwarzschen Kirchenbau, in Steigerung des Inhaltswerts, sogar das Bild der Welterschaffung. Dadurch geht Schwarz auch über die Bewertung Bartnings hinaus, der den Zentralbau in erster Linie für die Predigtkirche interpretierte und eine Übereinstimmung zwischen architektonischer und liturgischer Spannung forderte. So sieht Schwarz auch, im Gegensatz zu Bartning, der einen „pseudosakralen Charakter“ des Altars in der evangelischen Kirche feststellte, einen tiefen Sinn des Altars, dessen Platz sich, daran wird kein Zweifel gelassen, im Mittelpunkt des kreisförmigen Baus befindet. Diese Mitte öffne sich, so Schwarz, ins Unendliche.[19] In diesem Zusammenhang wird der Leser durch die architekturtheoretischen Spekulationen zu den Wurzeln der kosmologischen Architekturinterpretation zurückgeführt. Hatte Herder bereits in der zweiten Hälfte des 18. Jahrhunderts die Pyramidenspitze, die „Eins“, als architektonische Repräsentanz Gottes beschrieben, so lokalisiert auch Schwarz Gott im Mittelpunkt des Rings, als im Unendlichen gedachter Punkt im Mittelpunkt der Welt: „Mitte ist das unendliche Innen der Dinge“.[20]

Der Kreis hat eine zweite Eigenschaft, die auf Unendlichkeit, sprich Gott, hindeutet. Gott ist nach Schwarz auch im äußeren Ring, der ohne Anfang und Ende den „Weltraum“, in dem sich die „Menschengestirne“ befinden, umschließt. Für Schwarz beschreibt die Ringform das Verhältnis zwischen Menschen und Gott, welches darin besteht, daß „Gott sie von innen erschafft und von außen liebend beschaut“.[21] Die göttliche Schaffenskraft wirkt bei Schwarz - hierin zieht er wieder völlig mit der ästhetischen Theorie Sempers gleich - von innen, in Analogie zu den evidenten Kräfteverhältnissen der Wuchsformen. Außerdem wird die Form, die von innen erschaffen wird - und hierin geht Schwarz über Semper hinaus - von außen vom allgegenwärtigen Gott umschlossen.

Wie traditionell die Architekturtheorie von Schwarz oft ist, zeigt auch das Planbeispiel eines ovalen Zentralbaus mit sich nach oben hin konisch verstärkender Mittelsäule.[22] Wir haben gesehen, daß Lethaby ausführlich den Weltenbaum und seine Bedeutung für die Architektur beschrieben hatte. Die äußere Form des Plans leitet Schwarz vom Springbrunnen ab, und noch im selben Abschnitt verweist er auf den „Weltenbaum“, wie ihn die Mythen beschreiben. Auch die Verbindung des runden Zentralbaus und der lichtspendenden Kuppel darüber beschreibt

Schwarz als Teil des Bilds vom mystischen Weltenbaum: „Dieser Bau, insofern er innerer Raum ist, ist wie ein geheimnisvoll- heiliger Baum, Inbegriff alles natürlichen Wachstums. Die Bewegung des Lebens wird in ihm heil. Er wächst als der heilige Dom dieser Welt aus der Mitte der Landschaft hervor und »in ihm nisten die Vögel des Himmels«."[23] Bei Schwarz mischen sich alltägliche Welterfahrung und altes Wissen in oft untrennbarer Weise.

Die Schwarzsche Architekturtheorie kennt jedoch im Gegensatz zu der von Bartning, der die Gesetzmäßigkeiten des Zentralbaus für unantastbar hielt, eine Verletzung des Rundbaus, einen „Heiligen Aufbruch", wie er es nennt, der die religiöse Aussage über die Welt um eine Dimension erweitern soll.[24] In Splitterformen oder geometrischen Alternativen zum kreisförmigen Grundriß hatte Bartning keinen inhaltlichen Unterschied gesehen. Gefordert wurde von Bartning lediglich die Wahrung einer Übereinstimmung zwischen liturgischer und architektonischer Spannung. Schwarz, für den der sakrale Charakter der Architektur im Sinne eines Heiligtums außer Zweifel steht, plant zunächst eine Konzeption, bei der ein Segment der Grundform abgeschnitten wird und sich dadurch eine neuartige Ostseite ergibt. Dieser Änderung der Ostseite gelten die weiteren Verästelungen der architekturtheoretischen Spekulation von Rudolf Schwarz. Mit der Änderung der Gegenüberstellung von Altar und Gläubigen ergibt sich ein neuer theologischer Sinn. Der Altar ist nun nicht mehr der einzige Bereich, der mit Jenseitsvorstellungen besetzt wird. Er wird zur Schwelle zum nicht mehr „begehbaren Bereich" der Welt. Wie wir bei Boullée bereits feststellen konnten, nutzt die symbolische Architektur die Möglichkeit, durch unerschließbare Bereiche der Architektur eine Erweiterung der Inhaltsebene zu schaffen. Bei Boullée leistet dies der kugelförmige Innenraum unter Billigung nahezu völliger Unerschließbarkeit des Raums, die Schwarz, wie wir sahen, ablehnt. Bei Schwarz wird diese Erweiterung des Inhalts vielmehr durch die fragmentarische Grundform erreicht, die in Vollständigkeit nur gedacht, nicht aber betreten werden kann. Schwarz erfindet die „offenen Formen", da es nicht genüge, den diesseitigen Bauteil als „kosmische Analogie" auszuarbeiten.[25] Durch den Gegensatz eines begehbaren und eines unbegehbaren Abschnitts also soll eine Vorstellung von einem diesseitigen und einem jenseitigen Raum bewußt gemacht werden. Die unfaßbare Vorstellung von der unendlichen Mitte wird durch einen eindeutig definierten, architektonisch jedoch unausgeführten Formteil erweitert, der den jenseitigen Bereich andeuten soll. Mit dem architektonischen Bezug auf das Jenseits wird der liturgische Inhalt des Abschieds von der Welt in das Bewußtsein gerufen. Die Gemeinde ist dann nicht mehr ausschließlich auf den irdischen Bezirk gerichtet, sondern wird mit den

Grenzen der diesseitigen Welt konfrontiert, die erst durch das Sterben überschritten werden können. Schwarz sucht also nach einer Möglichkeit, den Tod als Rückkehr zu Gott in den architektonischen Sinnzusammenhang zu integrieren. Durch die Blicke der Gemeindemitglieder, die „ihre offene Lage vor dem Ewigen“ bekennen, ergibt sich dann das Bild des „offenen Rings“, den Schwarz als den schwarzen Stern bezeichnet, ein von ihm erschaffenes Bild des Todes. Dies stellt er durch eine Zeichnung dar, die ausschließlich aus einem Kreis besteht, dem ein Segment fehlt. (Abb. 84) Die Ausrichtung der Gläubigen auf den Tod wird in der Zeichnung des Architekten durch das ausgesparte Kreissegment angedeutet, das sich hinter dem im Mittelpunkt stehenden Kreuz befindet.[26]

„Aufbruch“, „Heilige Fahrt“ kann auch die Kuppel mit Lichtöffnungen sein, ein Zentralbautyp, den Schwarz als „Der lichte Kelch“ bezeichnet.[27] Die Kuppel wird dann zur Lichtspenderin der Erde und ideales Bild des Firmaments. Durch die zentrale Lichtöffnung fällt das Licht direkt auf den Altar, der dann eine zweite abbildende Funktion erhält, nämlich die des Auges, da er so direkter Empfänger des Lichts im Kirchenraum ist. Er wird zum Repräsentanten einer zum Himmel blickenden Welt, die Schwarz mit Christi Himmelfahrt in Verbindung bringt. „Der Herr erhob sich bei seiner Verklärung, aber dieser Zustand ging schnell vorüber; und dann segnete er die Erde, als er sie verließ; er erhob sich langsam und die Seinen »schauten ihm noch lange nach«.“[28]

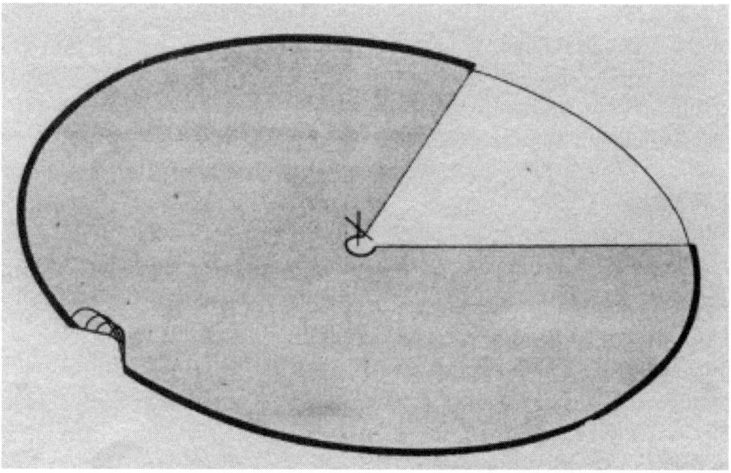

Abb. 84:
R. Schwarz,
„offener
Ring“, 1928

Da Kirchenbau so zur Widerspiegelung der betenden Welt wird, schafft Schwarz den Begriff vom „betenden Werk“. Um dieses nachzuvollziehen, ist jedoch immer großes Einfühlungsvermögen eines mitdenkenden und mitbetenden Gläubigen erforderlich, da Evidenzen kaum vorhanden sind. Immer erfordert das Werk den Menschen, der bereit ist, sich auf innere Schau mit Hilfe des Bauwerks und auf Vorstellungen, Erinnerungen und Gefühle religiöser Art einzulassen. Diese innere Schau hängt mit dem Bereich hinter der „Schwelle“ zusammen, der nach der Erkenntnis von Schwarz den Bereich der Welt repräsentiert, welcher nicht darstellbar ist und als dem Auge des Menschen entzogener Teil des Weltganzen allenfalls mit dem inneren Auge erfahren werden kann. Schwarz räumt dennoch die Möglichkeit verschiedener Ausarbeitungen des Bereichs „hinter der Schwelle“ ein. Seine architektonische Verwirklichung beschränkt sich jedoch auf Hinweise durch Raum und wird nicht auf darstellerische Elemente ausgeweitet. So entwirft Schwarz spekulative Pläne, die auf die Unbetretbarkeit, Entfernung, Unfaßbarkeit und Unsichtbarkeit der jenseitigen Welt hinweisen. Die unendliche Entfernung des „heiligen Weges“ soll durch hintereinander gestaffelte, im Durchmesser immer kleiner werdende Torbögen angedeutet oder durch „Windungen und Verschränkungen“ eines „flüssigen Raums“ oder durch einen Raum, der sich „ins Unübersehbare“ verliert, ausgedrückt werden. Auf Kontemplation verweisen Räume, deren Fenster lediglich die Aussicht auf eine flache Einöde oder das Meer bieten, ein Anblick, der gewissermaßen die Grenzen der diesseitigen Welt vor Augen führen soll. Gesteigert wird die innere Schau durch eine weiße Wand, auf die der Gläubige blickt und die seinen Blick auf sein Inneres zurückwirft, da von außen nichts auf ihn eindringt. Allein durch Weiß wird eine symbolische Kraft erzeugt, da mit Weiß die Vollständigkeit des spektralen Lichts erhalten wird. Man könnte es eine „Durchsättigung“ mit Licht nennen - Licht, das vom Stern kommt. Dieses Sternenlicht ist die Voraussetzung für die Andeutung des jenseitigen Bereichs im Schwarzschen Kirchenbau.[29]

III.5.2. Rudolf Schwarz, Welt als Richtung. Die Fronleichnamskirche in Aachen (1928-30). Heilig-Kreuz in Bottrop (1952-57)

Schwarz betrachtet in seinem spät entstandenen Buch „Kirchenbau“ auch spekulative Entwürfe seines eigenen Schaffens. Hier beziehen sich die Aussagen allerdings auf ausgeführte Werke seines umfangreichen Œuvre.[1] Auffälligerweise überwiegen hier als Ausgangspunkt des Werks „Vom Bau der Kirche“, anders als beim Rundbau, kubische Baukörper. Die Fronleichnamskirche in Aachen (1928), die auf diese Weise gestaltet ist, widerspricht jedoch nicht dem kosmologischen Sinn, sondern ihr intendierter Gehalt reiht sich in die Schwarzschen Spekulationen über die architektonische Repräsentanz von Diesseits und Jenseits ein: „Der Baumeister hat die Erde zu einer Landschaft der Anbetung zu verfassen. Die besteht aus drei Gegenden. Die erste ist der Raum dieser Welt, deren Haus zu reiner Geschöpflichkeit verfaßt und auf Gott aufgetan ist. Die zweite Gegend ist die Schwelle, da wohnt Christus der Mittler, und die dritte Gegend ist das schlechthin Offene, und da ist der Himmel.“[2] (Abb. 85) Schwarz vermeidet eine konkrete Gestaltung des Raums, die die Architektur evident als eine Abbildung von Welt kenntlich machen würde. Der Raum ist nur ideell dreigeteilt. Der Raumabschnitt der „diesseitigen Welt“ sowie der jenseitige Bereich hinter dem raumteilenden Altar sind nicht voneinander unterschieden, die Wände sind in undifferenzierten weißen Putzflächen gehalten. Der Blick der Gemeinde fällt über den dunklen Altar und den kubischen Tabernakel in der Mitte auf weiße Wände. Diese Beschränkung zwingt den Gläubigen zur Schau nach innen. Nur durch Kontemplation können die „drei Gegenden“ erfaßt und voneinander unterschieden werden. Die Architektur ist in ihrer Gestaltung so zurückhaltend wie nur möglich. Dadurch wird die Aufmerksamkeit auf die Tatsache gelenkt, daß die Welt in erster Linie durch die Menschen im Raum repräsentiert und definiert werden soll. Die diesseitige Welt ist die im Kirchenraum versammelte Gemeinde, die die „offene Form“ durch Anbetung selbst verwirklicht. Die Anbetung ist auf Jenseitiges und damit auf gestaltlosen Raum gerichtet, der nicht darstellbar ist. Gehe es darum, durch Architektur Jenseitiges darzustellen, so habe der Künstler, wie Schwarz äußert, nichts mehr zu leisten als sein eigenes Versagen.[3]

Schwarz hatte den Bautyp der Fronleichnamskirche in seinem Werk „Vom Bau der Kirche“ in dem Plan der „Heiligen Fahrt (Der Weg)“ beschrieben.[4] Diesem Plan widmet sich Schwarz, nachdem die ideale Weltabbildung durch den Rundbau abgehandelt ist und es darum geht, noch weitreichendere liturgische Gedanken in Architektur einfließen zu lassen. Der quaderförmige Baukörper bedeutet eine gegenüber dem Rundbau gesteigerte Ausrichtung. Ausrichtung der Gemeinde im Kirchenraum bedeutet liturgisch gesehen für Schwarz Ausrichtung auf das Jenseits und auf Gott. Die Betonung der Richtung, die im Rundbau nicht gegeben ist, wird durch die rechteckige Grundrißform und die dadurch orthogonal angeordnete Gemeinde erzeugt. Die Sternform, die sich durch die ringförmige Gemeinde und deren Kontakt der Gemeindemitglieder zum Zentrum und unterein-

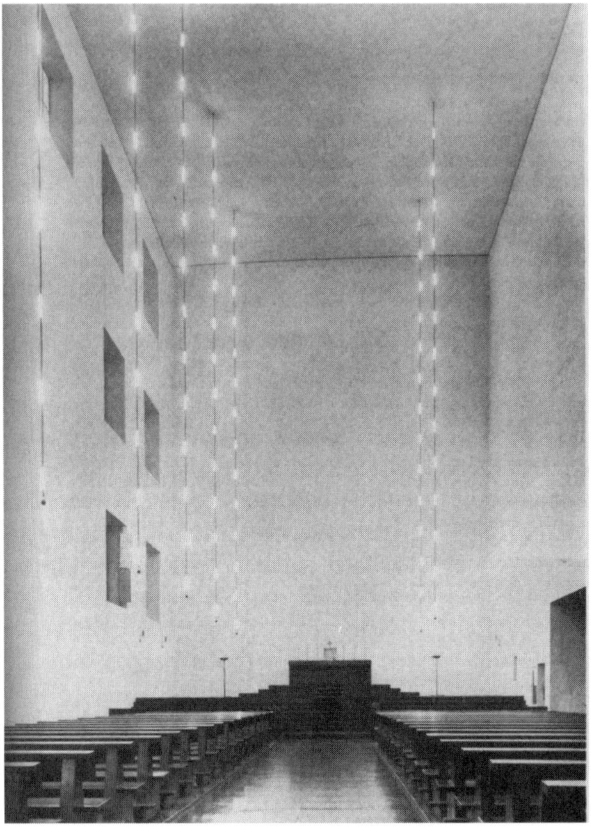

◀Abb. 85: R. Schwarz, Fronleichnamskirche, Aachen, 1928

▼Abb. 86: R. Schwarz, „Heilige Fahrt“, 1938

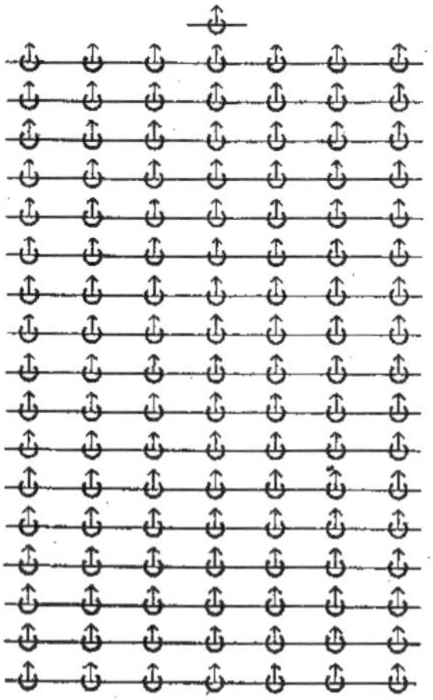

ander ergibt, ist durch eine einheitliche, parallele Richtung ersetzt. Durch die Preisgabe des geschlossenen, auf ein Zentrum hin geordnetes Gebilde und die Beschränkung des Kontakts ergibt sich eine spirituelle Ausrichtung auf ein noch fern liegendes Ziel. So ergibt sich ein Raumerlebnis, das nicht von diesseitiger Nähe und Geborgenheit, sondern von spiritueller Vergegenwärtigung geprägt sein soll. Die Welt, deren Repräsentant der Kirchenbau ist, habe, wie Schwarz es ausdrückt, aufgehört, „bergender und geborgener Raum zu sein“. Sie werde „zu Pfad auf das Ziel, das »voraus« ist“.[5] Mit „voraus“ ist das Jenseits gemeint, auf das sich der Mensch während seines Lebenswegs zubewegt und in das er durch seinen Tod eintritt. Durch die orthogonale Form, die parallele Sitzreihen ergibt, entsteht eine „Verkettung“ der Menschen, wie Schwarz sie nennt. Sie sei, wie

Schwarz meint, streng und kühl und habe kein Herz. Ihr Sinn soll darin bestehen, dem Menschen seinen vorbestimmten Weg ohne weitere Einwirkung vor Augen zu führen.[6] Die Zuwendung ist geschwunden, um die Menschen auf das Ziel dieses Wegs, der das Leben an sich ist, auszurichten. Dadurch dient die Architektur nicht mehr dem Zusammentreffen und Zusammenschluß der Gläubigen, sondern deutet einen selbständigen Weg durch die Welt an. Dinge oder Menschen, die von diesem Weg ablenken könnten, sind bedeutungslos. Durch die Blickrichtung und die Sitzreihe der Gemeindemitglieder ergibt sich ein orthogonales Netz, das Schwarz in seinem Buch „Vom Bau der Kirche" graphisch andeutet.[7] (Abb. 86) Dadurch besteht eine geometrische Übereinstimmung mit dem Kreuz. Jedes Gemeindemitglied bildet, so Schwarz, ein kleines Kreuz, das das Zeichen für das Ziel der Gläubigen darstellt und Bedingung des Heils ist. Kette und Netz sind nach allen Seiten hin offen. Weitere Glieder ändern nichts an Form und Sinn. Das Netz der „Heiligen Fahrt" kann dem Wachstum der Kristalle entsprechend unendlich anwachsen, ohne daß sich die innere Struktur und ihr Sinn verändern. Diese uneingeschränkte Offenheit der Form gilt als ein Zeichen von Unendlichkeit. Die Menschenkette ist von Licht im Raum eingehüllt, welches seinerseits heilversprechend ist und auf Gott hinweist. Durch die Kette, die Schwarz als bestmögliche Verbindung von Menschen hält, die einem gemeinsamen Ziel zustreben, durch das Kreuz und die Sättigung des Raums mit Licht relativiert sich der Ausdruck von trostloser Einsamkeit, der durch den Verlust der Geborgenheit, wie sie im Zentralbau bestehen würde, entstanden ist.

Durch die kompromißlose Einhaltung orthogonaler Formen, die große Zurückhaltung gestalterischer Mittel und das beherrschende Weiß kahler Putzflächen dient die Fronleichnamskirche einer religiösen Vergegenwärtigung, die Aufbruch in die Unendlichkeit bedeutet. Das heißt, die Wahrnehmung von Welt ist auf „Richtung" beschränkt. Leben bedeutet nur die Wahrnehmung des Lebensziels unter Verzicht auf die diesseitige Erfahrung. Welt ist lediglich Ort der „Heiligen Fahrt", und dies wird deutlich durch das Netz, das, wie Schwarz anmerkt, so raumlos sei wie das „»Gitterwerk« einer eisernen Brücke oder eines anderen »Skelettbaus«: Die Form ist in eine ungewisse Welt ausgesetzt, die sie befahren muß, ohne in ihr mehr zu erkennen als das tragende »Mittel«...Auch aus dem Netz heraus wird Welt nur als Richtung und als Mittel erlebt."[8] Allein das Licht und das Kreuz Christi machen die Form erträglich, da Weltverzicht allein Trostlosigkeit bedeuten würde: „Dieses Volk baut keine Städte und bebaut kein Land. Was andern Völkern so selbstverständlich zu sein scheint, daß der Mensch, in Gott geborgen, auch in der Welt eine Heimat habe, und daß, wo immer heilige

Form sei, auch fromme Bezirkung geschehe, und Kirchenbau vorab heiliges Land umgrenze als ein Stück Welt, welches ist, wie Gott es ursprünglich gemeint hat - das alles sind diesem Volk fremde Vorstellungen...In sich reicht diese Form nicht zu. Sie ist nur ertragbar als hohe Verkettung im Licht, gewagt auf das Ziel hin."[9] Nur weiße Wände leisten diesen Verzicht und ermöglichen gleichzeitig die Sättigung mit Licht.

Schwarz weist darauf hin, daß durch Ostung der Kirche der „Weg" in Gegenrichtung zur Sonnenbahn verläuft. Somit ist er der natürlichen Bahn des Lichts entgegengesetzt und führt rückläufig in dessen Ursprung. Das Volk mache, so Schwarz, alle geschichtlichen Läufe, die von Gott kommen, auf Gott hin rückläufig. Das soll heißen, daß die Schöpfung von Gott ausgeht und Glaubensvollzug Rückkehr zu diesem Ursprung des Werdens bedeutet.[10]

Während die rechteckigen Formen der Fronleichnamskirche aus der Sicht ihres Schöpfers einen unerbittlichen Weg zum Lebensende hin ausdrücken wollen, versucht Schwarz durch den „Heiligen Wurf (Der dunkle Kelch)" eine Ahnung von der himmlische Glückseligkeit vorwegzunehmen.[11] Während der Aachener Bau ein Weg durch die Welt bedeutet, soll der „Plan", der in den letzten Lebensjahren mit der Heilig-Kreuz-Kirche in Bottrop verwirklicht wurde, das Ankommen am Ziel vergegenwärtigen. (Abb. 87, 88)

Diese Ahnung ist die des Scheidens aus der diesseitigen Welt und des Ankommens bei Christus. In Aachen kennzeichnen parallele Wände die Richtung und Unabgeschlossenheit dieses Wegs. Für „Ende und Bergung, einfaches Dasein des Glücks" bieten konvergierende Wände den Ausdruck, und Schwarz läßt diese in einer „Hohlform" enden. Der Raum soll allein von der Rundung des Ostbaus aus beleuchtet sein. Die Gläubigen treten von Westen kommend aus dem Dunklen des Diesseits in das lichte Jenseits.[12] Die nach inhaltlichen Gesichtspunkten gewählte Form der Parabel besitzt in Gegenrichtung, also nach Westen, auseinanderstrebende Wände. Sie ist geometrisch und inhaltlich gesehen offen, und nur die praktische Notwendigkeit des abgeschlossenen Kirchenraums erfordert einen Abschluß nach Westen hin. Die ideelle Seite der Architektur gerät in den Konflikt mit der praktischen, da die Rückwand dem Sinn widerspricht, der durch die Form angestrebt wird, nämlich Öffnung vor dem Ziel der Gläubigen „rückwärts in die Unendlichkeit". So erwägt Schwarz eine Westwand „aus einem leichteren, weniger dauerhaften Baustoff". Sie soll „Grenzmauer gegen die Welt" sein. Ihre ideelle Funktion sei die eines „Fensters in die Unendlichkeit".[13] Dieses Fenster wird in

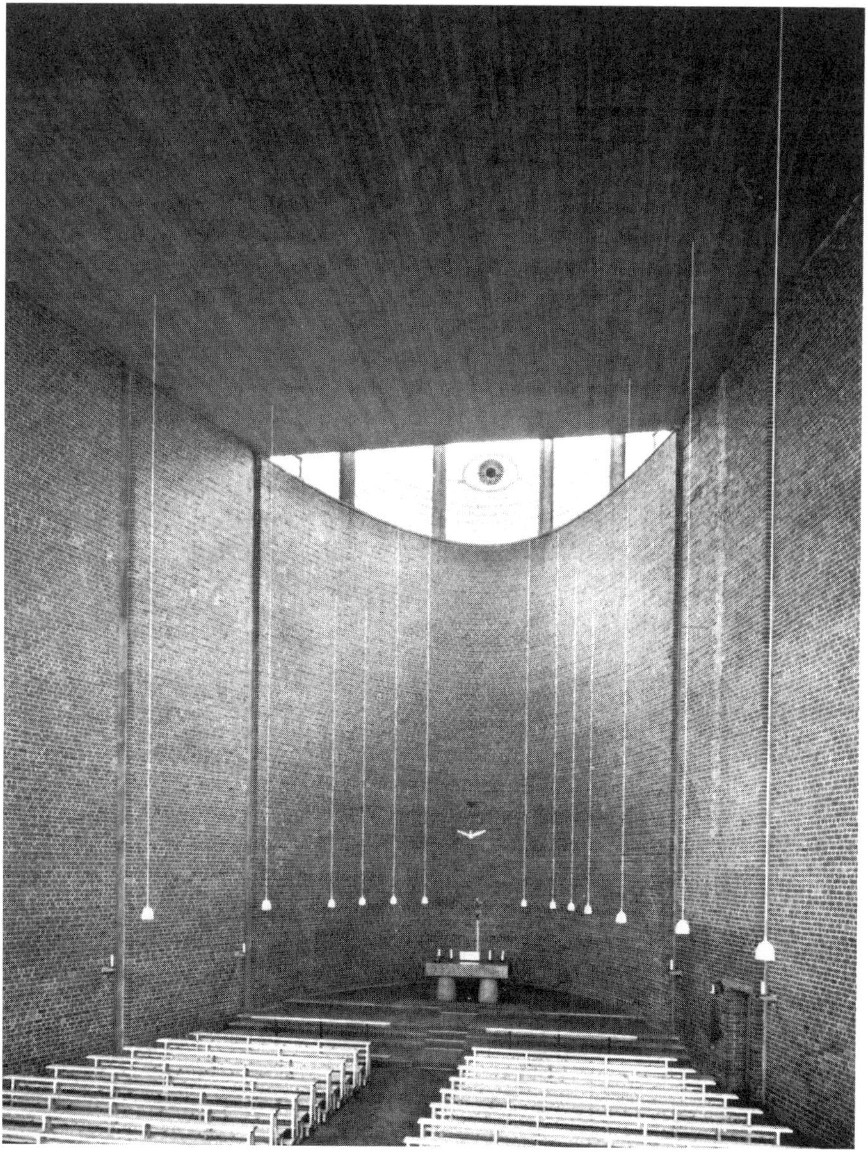

Abb. 87: R. Schwarz, Heilig-Kreuz, Bottrop, 1952-1957

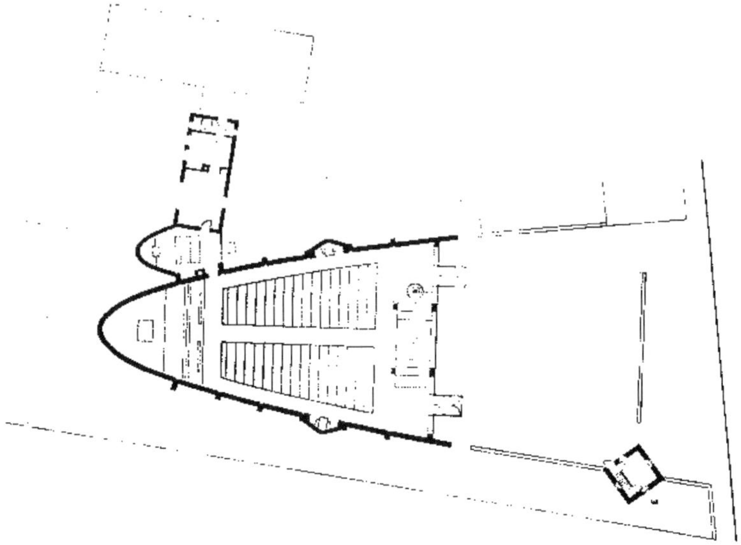

Abb. 88: R. Schwarz, Heilig-Kreuz, Bottrop, Grundriß, 1952-1957

der Heilig-Kreuz-Kirche in Bottrop durch eine Konstruktion aus Stahl und Glas als Westwand verwirklicht.

Zur symbolischen Qualität der Parabelform tritt eine bildhafte hinzu. Für Schwarz besteht sie in der Vorstellung von den ausgebreiteten Armen des Herrn, der die Gläubigen im Ziel empfängt. Der „Kirchenleib“ tritt wiederum mit dem Leib Christi in Übereinstimmung, wie dies gleich am Anfang der Abhandlung „Vom Bau der Kirche“ beschrieben wird. Die Kirche in Form der Parabel wird also als mehrdeutiges Symbol für das Lebensende und als hoffnungsvolles Bild des Heilands verstanden, der die Christenheit empfängt: „Dieser ganze Plan hier ist Übergang, und begreift man ihn tief, so meint er den Tod. Den guten Tod, das dunkle Sakrament, das die Menschen aus der Hand des Herrn empfangen.“[14]

Konvergenz und Öffnung bleiben aber mit der Realität des diesseitigen Glaubensvollzugs verbunden, da der Übertritt in das Reich Gottes nur eine vorübergehende Ahnung ist. Der Begriff des „heiligen Wurfs“ ist so zu verstehen, daß der Gläubige in diese Ahnung hinein und wieder zurück in sein irdisches Leben geworfen wird.[15] Der Wurf, den die Architektur kennzeichnet, ist doppelt, und er verläuft zum einen von Nord-Westen nach Osten und zurück nach Süd-Westen, und zum anderen in Gegenrichtung.[16] Die Bahnen des Glaubensvollzugs, die im Plan von Schwarz eine Horizontale bilden, haben seine Interpretation bogenförmiger Architekturformen als Bewegungsmotive zur Grundlage. In mittelalterlichen Kirchen findet man diese, wie Schwarz erläutert, in erster Linie in vertikaler Richtung, gebildet etwa durch das Dienst-Rippen-System der gotischen Baukunst. Die Übertragung dieser Bewegungsmotive auf moderne Baukunst schildert Schwarz folgendermaßen: „In den letzten Jahrzehnten hat man die Wurflinie ziemlich oft im Querschnitte oder im Grundriß von neuen Kirchen verwendet...Man liebte das Gewölbe, das gleich einer Fontäne unmittelbar aus der Erde aufschießt und, einen dunklen und schwermütigen Raum hinterlassend, sich im hohen Scheitel zurückwendet; noch mehr liebte man die gotischere Form des Gewölbes, das in spitzem Winkel zusammenschlägt und dessen beide Teilstücke wie geneigte Lasten aufeinander stürzen und sich gegenseitig im Fallen verhindern."[17] Sicherlich werden hier jene Kirchenbauten von Shaw, Lethaby und Prior bis Böhm, Bartning und Linder angesprochen, die den Kämpfer der Bögen oder des Gewölbes oft nahezu bis auf das Niveau des Fußbodens herabsenken. Dadurch ähnelt das Gewölbe etwa der Flugbahn eines Steins, der nach oben in die Luft geworfen wird. Während wie Schwarz meint, jene modernen Kirchenbauten mittelalterlichen Vorbildern folgen und eine Vielzahl emporstrebender und zurückfallender Linien durch Gewölberippen schaffen, beschränkt Schwarz diese, im Sinne der inhaltlichen Konzentration, auf eine einzige in horizontaler Richtung.

III.5.3. Spekulative und abbildende Form bei Rudolf Schwarz

Durch die bewußte Anwendung von Geometrie und auch durch die Materialauswahl für Wandoberflächen strebt Schwarz einen architektonischen Sinnzusammenhang an. In der Fronleichnamskirche in Aachen sind weiße Wände maßgeblich am architektonischen Sinn beteiligt. Die Kirche in Parabelform soll dagegen Wände erhalten, „die aus einem harten, schweren Stoff bestehen".[1] Für die Westwand, die, was die Bauidee betrifft, kein „vollwertiges" Bauglied ist, soll ein weniger beständiges Material gefunden werden. Zwar sind Stahl und Glas, aus denen die Westwand der Pfarrkirche Heiligkreuz in Bottrop besteht, nicht weni-

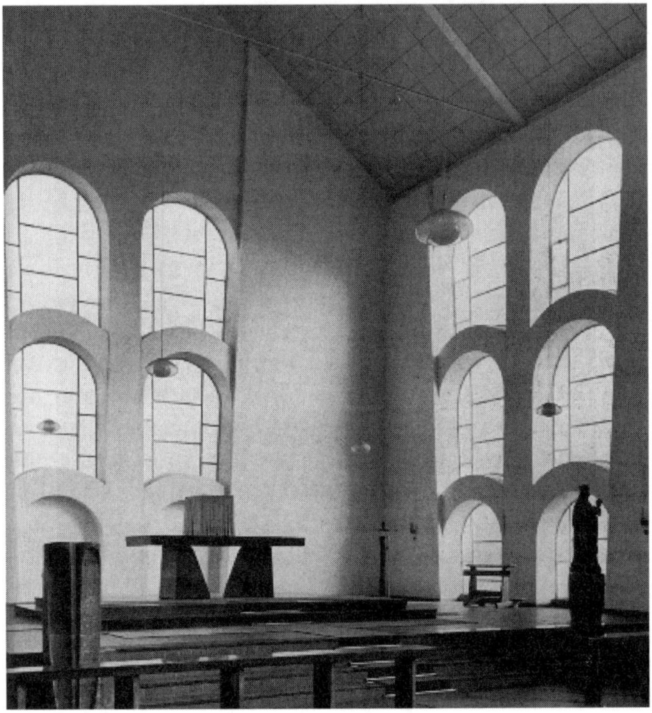

Abb. 89: R. Schwarz, St. Anna in Duisburg

ger beständig als Mauerwerk, doch macht der starke Materialkontrast auf den architektonischen Inhalt aufmerksam. In mehreren anderen Fällen bildet Schwarz Kontraste durch unterschiedliche Baumaterialien, über deren Sinn zum Teil nur spekuliert werden kann. Oft stehen weiße Wände rauhem Mauerwerk, das meist am Außenbau bevorzugt wird, kontrastreich gegenüber.[2] Zur Sankt-Albert-Kapelle in Leversbach bei Düren (1932-33) schreibt Rudolf Schwarz: „Eine Scheune hat man es [das Haus der Dorfgemeinschaft] genannt. Warum nicht? Die Bauern haben seit je ihre Feste in Scheunen gefeiert."[3] Schwarz nimmt sehr häufig Gegenüberstellungen solcher rauher Außenbauten und glatt verputzter und weiß getünchter Innenräume vor. Er unterstreicht dadurch den geistigen Charakter des Innenraums, indem der Gläubige die rauhe, bodenständige Außenhaut zurückläßt und sich mit Hilfe der „offenen Form" einer inneren Schau zuwenden kann. Das Material ist also eine architektonische Möglichkeit zur Bildung der religiösen Symbolik.

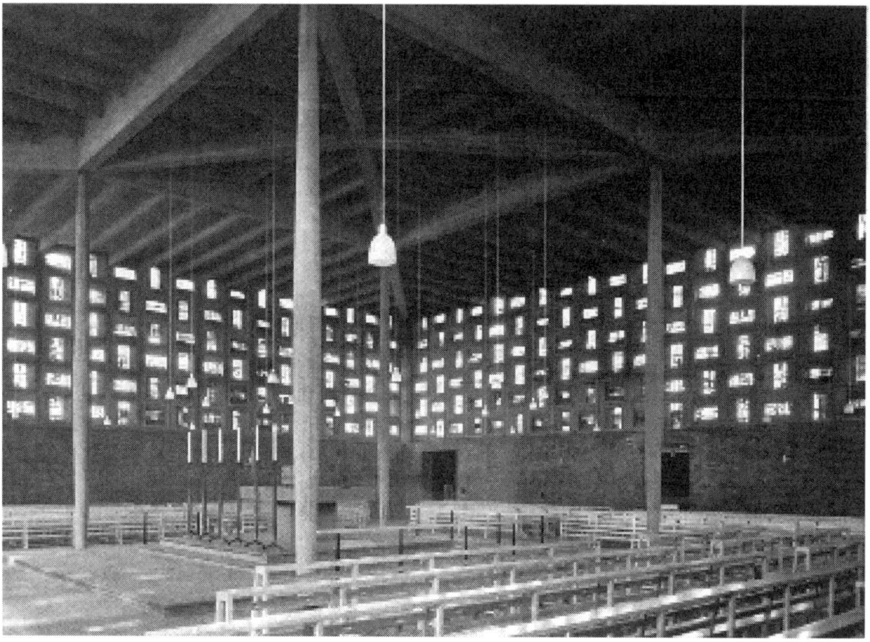

Abb. 90: R. Schwarz, „Heilige Familie“, Oberhausen, 1956-1958

Einige spät entstandene Kirchen wie Sankt Anna in Duisburg (1952-1953) beruhen auf der bildhaften Variante der kosmologischen Architekturkonzeption.[4] (Abb. 89) Dreistöckige Fensterarkaden, die ohne Zwischenglieder übereinander aufragen, also aus einem Mittelpfeiler mit flankierenden, wie Äste wirkenden Bögen aufgebaut sind, deutet Schwarz als das Bild einer Baumgruppe, und er will durch die Fenster einen „heiligen Hain“ in architektonischen Formen darstellen. Das Licht, das durch die Fenster hindurchdringt, ist für ihn das Licht der Ewigkeit. Mitten im „Hain“ steht die Gemeinde, die das „Weltgebäude“, bewohnt.[5] Der Weg architektonischer Sinnentfaltung verläuft, wenn man solche Beispiel mit den in der Abhandlung „Vom Bau der Kirche“ genannten Thesen vergleicht, rückwärts, nämlich weg von einer Ablösung der Darstellung durch spekulative Formen, die zu geistiger Schau anregen, hin zu mythischen Bildern in moderner Gestalt.

Auch die Kirche „Heilige Familie“ in Oberhausen (1956-1958) wird schlicht als „ein Bild der Welt“ bezeichnet, obwohl ihre kubische Form weit weniger als Sankt Anna darauf schließen läßt. Über Altar und Gemeinde beginne der „offene Himmel“, so Schwarz. Dieser ist durch ein breites Fensterraster, welches an Egon Eiermann erinnert, repräsentiert. (Abb. 90) Die Decke, auf schlanken Stützen ruhende Betonrippen, setzt das Bild des Himmels nicht fort. Im Verständnis der abbildenden Architektur von Schwarz ist sie ein Stück Architektur, die nichts weiter repräsentiert als sich selbst. Sie ist nach Schwarz ein schützender Baldachin, der unter den „offenen Himmel“ gestellt ist.[6] Wie diese Konzeption zeigt, können spekulative Momente durch eine gegenständliche Interpretation von Baugliedern ersetzt werden. Der Architekt geht dann von der Konzeption der abbildenden Architektur in moderner Formensprache aus.

Ähnlich abbildend stellt sich Schwarz den sechsten und letzten Plan seines Buchs „Vom Bau der Kirche“ vor. Dieser zeige die Welt wieder gerundet, wie Schwarz mitteilt. Anders als in den vorangegangenen Planbeispielen bietet Schwarz jedoch in diesem Fall keine konkreten, darüber hinausgehenden Angaben an, wie diese Idee formal umzusetzen wäre. Auch über Materialien und Beschaffenheiten von Baugliedern wird keine konkrete Aussage getroffen, da das Gewölbe aus „lauterem Licht“ bestehe. Für den Plan eignet sich im Grunde kein zur Verfügung stehendes Baumaterial. Wiederum stellt der Plan die Erde dar. Er ist aber mit den Mitteln des Bauens schwer zu verwirklichen, sofern Folgendes Gestalt annehmen soll: „Zum Stern ist die Erde verwandelt, in Glut steht ihr Stoff, Strahlenmonstranz um das Kind in der Mitte, ihr Altar eine Flamme, das Volk ein Flammenmeer und jeder einzelne ein Stern. Ohne Ende gebreitet das Land und die Völker alle beisammen im Weltraum.“[7] Die Architekturvision verselbständigt sich, sie ist „ohne Ende“, das heißt als grenzenloses Gebilde gedacht, in dem tellurische Bedingungen aufgehoben sind und irdische Materie in „Licht“ transformiert ist. Schwarz nennt die Illusionistik des byzantinischen und barocken Kirchenraums als einzige, bisherige Verwirklichung dieser Idee. Sowohl hier wie dort sieht Schwarz die Auflösung des Irdischen. In Neresheim und Vierzehnheiligen ist es bis auf einen Rest geschwunden. In Byzanz ist es ein „einziges Gotteshaus“ und „das Gewölbe ist die äußerste Lichtsphäre“. Was solche Illusionen für den modernen Kirchenbau bedeuten, darüber macht Schwarz jedoch keine Angaben.[8] Zu spüren ist aber eine Sehnsucht nach einer religiösen Bildhaftigkeit und Verklärung, wie sie in den genannten Beispielen in unerreichter Weise vorhanden ist.

IV. Die Ablösung des Weltgebäudes durch die Kosmologie des Organischen

IV.1. Das Organische im ersten Goetheanum von Rudolf Steiner

In seinem Werk „Vom Bau der Kirche“ projektiert Rudolf Schwarz einen „Bau als Gefäß“, der, alle bisher dagewesenen Formen hinter sich lassend, aus einer lebendigen Liturgie geschaffen werden soll. Der „liturgische Raum“ soll das zunächst nur als „Gefäß“ definierte Gebäude formal festlegen: „Die Welt soll gleichsam hinter den ersten Schöpfungstag zurückgeführt und dann neu erschaffen werden »aus nichts«. Nicht in Bildern und Bauten, sondern zuerst in lebendigen Menschen soll diese Erschaffung geschehn, der Bau soll zuerst nur ihr Mittel sein und nachher ihre Wirkung.“[1]

Diese Textstelle von Schwarz leitet zu einer Architekturidee über, deren Ziel es ist, jegliche bisher dagewesene Form der Architekturgeschichte aus dem Schaffen auszugrenzen, um zu völlig neuartigen Formen vorzudringen. Geometrische Grundformen werden als Möglichkeit der Formenbildung und des kosmologischen Ausdrucks verworfen. Einige Vertreter fordern eine neue Entwicklungsstufe der Architektur, die sich als zweite große Phase der Architekturgeschichte an die erste, das heißt geometrische, anschließt. Im Gegensatz zu Schwarz, der hinter den ersten Schöpfungstag treten will, sehen sich Vertreter der „organischen“ Architektur gewissermaßen als Fortsetzer der architektonischen Genesis, in der durch das Wirken der Geometrie der erste Tag vollbracht ist. Die Baugeschichte der geometrischen Formen wird als abgeschlossen betrachtet, und man sieht die Epoche der organischen Formen anbrechen. Durch die Anwendung der geometrischen Formen wurde das Weltgebäude reflektiert. Nun ist, in Analogie zur Erschaffung der Welt, zur Schöpfung komplexer organischer Gebilde überzugehen. Gemieden wird jedoch die Abbildung von Naturformen. Ziel der Gestaltung ist eine Fortsetzung von Natur, nicht aber eine Abbildung bereits bestehender Naturformen.

Die Negation mimetischer Formen beanspruchte zu einem frühen Zeitpunkt Rudolf Steiner mit seiner anthroposophischen Architektur, die sich im ersten Bau des Dornacher Goetheanums (1913-1922) entfaltete. (Abb. 91) Der Bedeutungsschwund der Grundformen wird bestätigt durch Steiners schriftliche Äußerungen, die die Geometrie-Thematik gar nicht erst berühren. Vielmehr äußert sich Steiner ausführlich zu den „organischen“ Formen seines Baus. Diese sind keineswegs als Abbilder der Naturformen zu verstehen. Mit dem Dornacher Bau sei, wie Steiner berichtet, der Versuch unternommen worden, nicht irgend etwas, „was in der organischen Welt sich findet, nachzubilden, sondern „es ist das organische Schaffen selbst zu erkunden gesucht“.[2] Der Schaffensprozess ist der Natur insofern zugewandt, als die Gesetze der Natur zur Richtlinie, nicht aber bestehende Naturformen zum Vorbild erklärt werden. Mit diesem neuartigen Grundsatz von Abstraktion steht Steiner wohl am Anfang einiger Architekten, die sich einer „organischen Architektur“ verschreiben.

Das Goetheanum in Dornach hängt durch die Verwendung von Kubus und Kugel als Kernformen allerdings noch von dem formalen Grundbestand traditioneller Architektur ab. Wie Steiners Interpretationen seines ersten Goetheanums zeigen, vollzieht sich zu einem frühen Zeitpunkt eine Preisgabe kosmologischer Symbolik, wie sie bisher mit den Grundformen in Verbindung gebracht worden war. Die inhaltliche Ebene verlagert sich von den Grundformen auf ein Zeichensystem, dem der architektonische Kern lediglich als Träger dient. Wie eine Photographie Steiners bei der Arbeit an einem Modell für das Goetheanum zeigt, stand die plastische Gestaltung der Außenwände schon fest, bevor die Kernform des Baus in endgültiger Gestalt ausgearbeitet wurde. (Abb. 92) Die Festlegung des Baureliefs ist in der Bauidee mindestens gleichwertig. So wurden etwa die Reliefs über den Fensterarkaden des Modells fast unverändert ausgeführt. Die plastische Gestaltung überlagert als bedeutungstragende Schicht den Baukörper und steht in der inhaltlichen Wertigkeit offenbar über ihm.

Wie aus seinem theoretischen Werk hervorgeht, macht Steiner sich in erster Linie die Lehre Goethes zueigen, die in den Naturformen eine Vielzahl von Varianten eines Ursprungszustands sieht (Methamorphosen). Steiner beginnt sein Verfahren der „Methamorphose“ jedoch nicht bei geometrischen Körpern. Vielmehr versucht er, aus einer frei geschaffenen organischen Form weitere Formen hervorzubringen. Durch dieses Verfahren wird eine zusammenhängende, in sich geschlossene Gestaltung erreicht. Kubische, zylindrische und halbkugelförmige Bauglieder bilden nur Kern und Schale der eigentlichen Ausdrucksträger. An der Entwicklung der Metamorphose sind sie gleichermaßen unbeteiligt wie am Sinn des Bauwerks.

Steiner setzt, was die eigentlich künstlerische Gestaltung anbelangt, auf jene „organischen Formen“, die er durch sein „methamorphosisches“ Prinzip gewinnt.

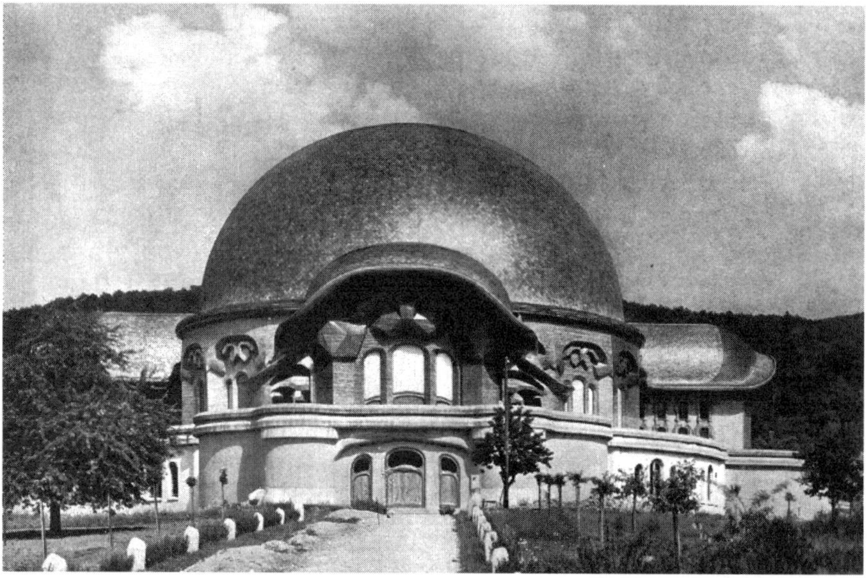

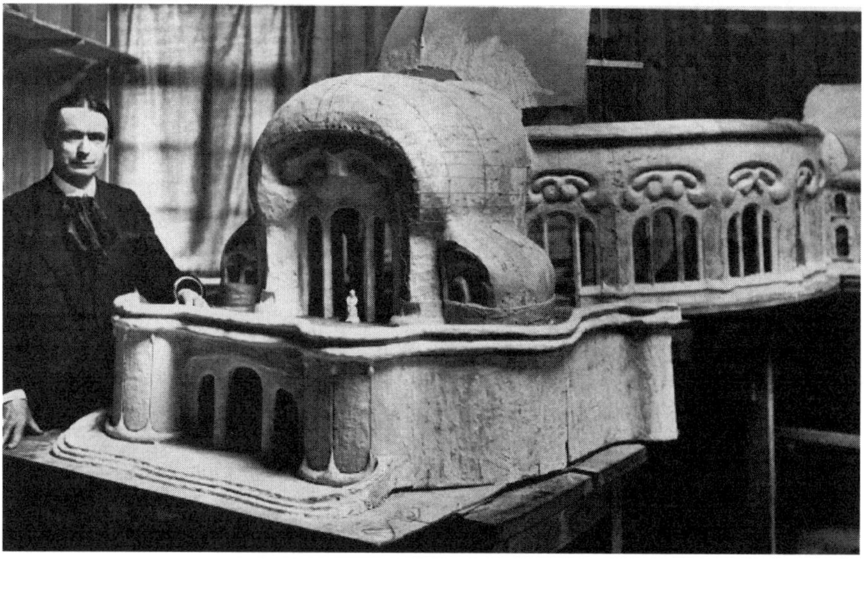

Abb. 91, 92: R. Steiner, Erstes Goetheanum, Außenfassade und Modell, 1913-1922

Mit ihnen schafft er ein Gehäuse für sein Wirken, das er mit dem Begriff „Geisteswissenschaft“ zusammenfaßt. Er verfolgt damit die Auflösung der Grenzen zwischen Kunst und Wissenschaft, die bereits im Zusammenhang mit der Musikforschung und Architekturtheorie beobachtet werden konnte.[3] Gleichzeitig deutet er die am ersten Goetheanum entstandenen Formen als „universelle und damit auch vieldeutige Schriftzeichen“, eine Eigenschaft von Form, die in bisherigen Beispielen immer auf eine kosmologische Dimension hinwies.[4]

Bei Steiner bleiben Grundformen, die sich in fast allen Fällen von traditionellen Bauformen kaum unterscheiden, als architektonischer Kern erhalten. Der „metamorphosische“ Schaffensprozeß konzentriert sich auf eine zweite, frei modellierte Schicht, die die geometrische Kernform ummantelt. Man kann dieses Verfahren damit vergleichen, daß bei der Ausarbeitung eines Architekturmodells ein fester, zum Beispiel hölzerner Würfel, mit organischen Ornamenten verziert wird, für deren Ausarbeitung sich weiches, formbares Material, zum Beispiel Ton oder Gips, eignet. Gemessen an den späteren Erscheinungsformen der organischen Architektur, besonders derjenigen von Herrmann Finsterlin, bleibt dadurch die geometrische Grundgestalt bei Steiner erhalten oder zumindest immer spürbar. So behält das Goetheanum das Bild eines spiegelgleichen Baus aus überkuppelten Zylindern. Die neuartigere Komponente der Gestaltung besteht darin, daß dieser Grundgestalt freie organische Formen im Sinne von Verschleierung vorgeblendet werden.

Diese Überlagerung des geometrischen Ausgangsmaterials zeigt die Gestaltung des Schornsteins des Heiz- und Beleuchtungshauses am Goetheanum noch stärker als das Hauptgebäude. (Abb. 93) Zur technisch notwendigen Form eines überdachten Gebäudes mit Schornstein tritt eine Gestaltung, die durch modellierendes Umgestalten der Wände erreicht wird. Der Unterbau des Satellitengebäudes besteht aus einem kubischen Block mit Absiden. Das Dach und der Rauchfang stehen indessen formal-architektonisch in keinerlei Beziehung zum Unterbau und sind wie eine freie Skulptur aufgesetzt. Der Schornstein verrät im besonderen Maße das gestalterische Verfahren Steiners, in dem die Fassadengestaltung als plastische Überlagerung mit organischen Blendformen aufgefaßt wird. So behält der Schornstein die übliche gestreckte Quaderform, obwohl er skulptural weiterbearbeitet und mit Auskragungen versehen ist. Auch das Satteldach ist bei näherer Betrachtung ein manipuliertes Walmdach, das im Sinne des anthroposophischen Formschaffens eine unregelmäßige Form erhält. Die konstruktiven und tek-

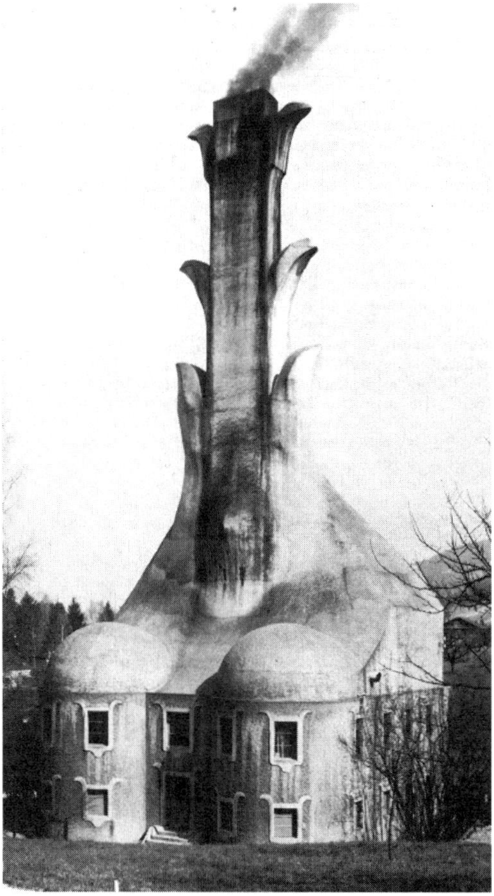

Abb. 93: R. Steiner, Heiz- und Beleuchtungshaus am Goetheanum

tonischen Gegebenheiten, die traditionell sind, werden durch das gestalterische Verfahren bewußt verunklärt.

Steiner drängt dadurch gleichzeitig die inhaltliche Qualität der geometrischen Formen beiseite, die als emblematische Symbole Bestandteile des architektonischen Bewußtseins der Vergangenheit gewesen waren. Dennoch wird durch den Bau des ersten Goetheanums ein erneuter Versuch unternommen, ein „Weltgebäude" zu erstellen. Steiner strebt, wie er mitteilt, einen Eindruck von Welterfahrung an durch Räume, die sich der Außenwelt öffnen, und durch Vermeidung abgeschlossener Bauabschnitte. Dadurch wird die Architektur nicht zu einem abgeschlossenen Bild oder Symbol der Welt, sondern soll als ein natürlicher Teil der Welt erfahren werden. Dies wird nicht allein durch die optische Öffnung nach außen, sondern auch durch die Art der künstlerischen Ausgestaltung, durch die Formensprache der „Metamorphose", angestrebt: „Es öffnen sich gewissermaßen alle Wände durch die künstlerischen Motive nach der ganz großen Welt, und man tritt in diesen Bau mit dem Bewußtsein ein, daß man nicht in einem Bau, sondern in der Welt ist: die Wände sind durchsichtig."[5] Dabei erhält die Lichterfahrung den Stellenwert innerlicher und äußerlicher Erfahrungswerte zur Verwirklichung des kosmologischen Gehalts von Architektur. Obwohl die Formen nicht als Reproduktion von Natur verstanden werden, soll sich die Architektur wie selbstverständlich in die Natur einfügen und wie ein von der Natur selbst hervorgebrachter Teil von Welt erscheinen. Das heißt, architektonisches Entwerfen wird als Fortsetzung der Schaffensprozesse in der Natur betrachtet. Der Architekt ist selbst an diesen Prozessen beteiligt.

Zu dieser Qualität tritt hinzu, daß Steiner Formen entwickelt, die er als schriftähnliches Zeichensystem versteht. Steiner kommt dadurch der fast eineinhalb Jahrhunderte älteren Forminterpretation Herders sehr nahe. Er entwickelt diese Schriftähnlichkeit mittels seiner Einbildungskraft und als Ergebnisse jener „Geisteswissenschaft", auf die er immer wieder hinweist. Diese Zeichen folgen keinen Übereinkünften, wie wir dies bisher immer wieder an anderen Beispielen feststellen konnten, sondern sind als Ausdrucksträger nur dann verständlich, wenn der Architekt, was er in diesem Fall auch getan hat, diese erklärt. Steiner schreibt seine Formenbildungen „einer aus der geistigen Welt kommenden" Quelle und dem, „was der Mensch aus alten Zeiten in sich trägt", zu. Statt allgemeinverständlicher Formen entwickelt er bedeutungstragende Zeichen, die Inhalte des europäischen Kulturerbes zusammenfassen sollen. Die Zeichen befinden sich als Reliefs im Innen- und Außenbau. Jede Travée und jedes Kapitell repräsentiert einen Sinnzusammenhang. Für das Verständnis des Zeichensystems und somit der Bedeutung des Goetheanums ist die Lektüre des theoretischen Werks von Steiner notwendig. Der Boden der Tradition ist der architektonischen Aussage entzogen. Das ursprüngliche Formenrepertoire der Darstellung und Symbolisierung von Welt ist einem persönlichen, subjektiven System gewichen. Die am Bau verwendeten geometrischen Formen sind in der neuen kosmologischen Idee nicht mehr von Bedeutung.[6]

IV.2. Das „Stil-Spiel" von Herrmann Finsterlin als Auflösungsprozeß des Weltgebäudes

Das im Frühling des Jahres 1923 erschienene dritte Heft des „Frühlichts" enthält einen Aufsatz von Herrmann Finsterlin, der ein Architektursystem entwirft, das mit geometrischen Formen nun vollständig bricht. Finsterlin beabsichtigt mit seinem kurzen Aufsatz „Die Genesis der Weltarchitektur oder die Deszendenz der Dome als Stil-Spiel" ein didaktisches Werk, nämlich eine Art Erklärung zu einem architektonischen Baukasten-System.[1] (Abb. 94, 95) Der Baukasten soll zum spielerischen Erlernen des traditionellen Stilvokabulars dienen und seine Überwindung anregen. Der Ausgangspunkt des künstlerischen Wirkens ist kein unabhängig-künstlerischer, sondern wiederum ist die historische Betrachtung der Auslöser. Um zu neuen architektonischen Formen zu gelangen, muß zunächst ein Lernprozeß stattfinden, bei dem das „Stil-Spiel" von Nutzen sein soll. Mit Hilfe überwiegend geometrischer Bauklötze soll die Formensprache der Vergangenheit erlernt werden. Erst durch Kenntnis und Bewußtsein des formalen Repertoires, das die „Weltarchitektur" prägte, ist eine Emanzipation von der traditionellen Formensprache möglich. Kugel und Kubus werden als Ausgangsformen der „Weltarchitektur" vorgestellt, als Prototypen, die der menschlichen Vernunft entstammen. Finsterlin sieht in ihnen ein „Urgeheimnis" verborgen und erkennt den tiefgründigen symbolisch-mythischen Gehalt der geometrischen Formen.

Als zweiten Schritt der Formschöpfung, der, wie Finsterlin meint, diesen „ruhenden" Formen „Tätigkeit" gegenüberstellt, nennt er die Erfindung von Kegel und Pyramide.[2] Aus diesem formalen „Urmaterial" ist die Architektur mediterranen Ursprungs hervorgegangen, die er, besonders mit Bezug auf die Tempel, als gebautes Symbol interpretiert. Finsterlin trennt zwischen Symbol und dem tatsächlich vorliegenden formalen Material. So beschreibt er den griechischen Tempel vereinfacht als ein geometrisches Gebilde, als „Prismenraumgitter mit Dreikant", wenngleich er „Sinnbild ursprünglichster Gottes- und Welterkenntnis" sei.[3] Diese vereinfachende Formanalyse des griechischen Tempels, dem dadurch ungewollt fast karikaturistische Züge verliehen werden, führt Finsterlin, was den Symbolwert betrifft, zu einer eher geringschätzigen Beurteilung seines Symbolwerts und seiner formalen Einfachheit. So sei der „Kosmos", wie er schreibt, nicht „einfältig", sondern „all-fach".[4] Bewußte Einfachheit zur Steigerung des Symbolcharakters oder Proportionsgesetze des Tempelbaus, die kosmologisch interpretiert wurden, kommen nicht zur Sprache. Die abwertende Interpretation des traditio-

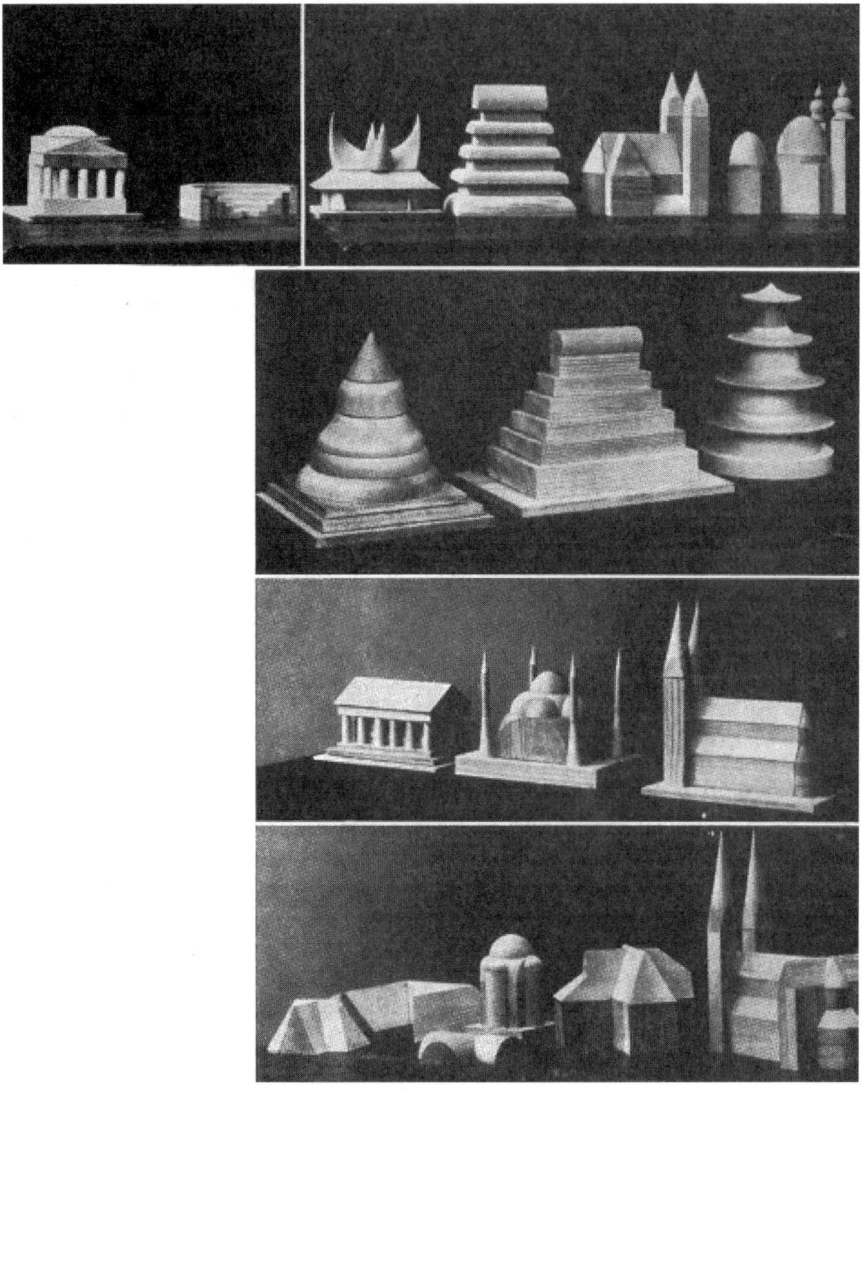

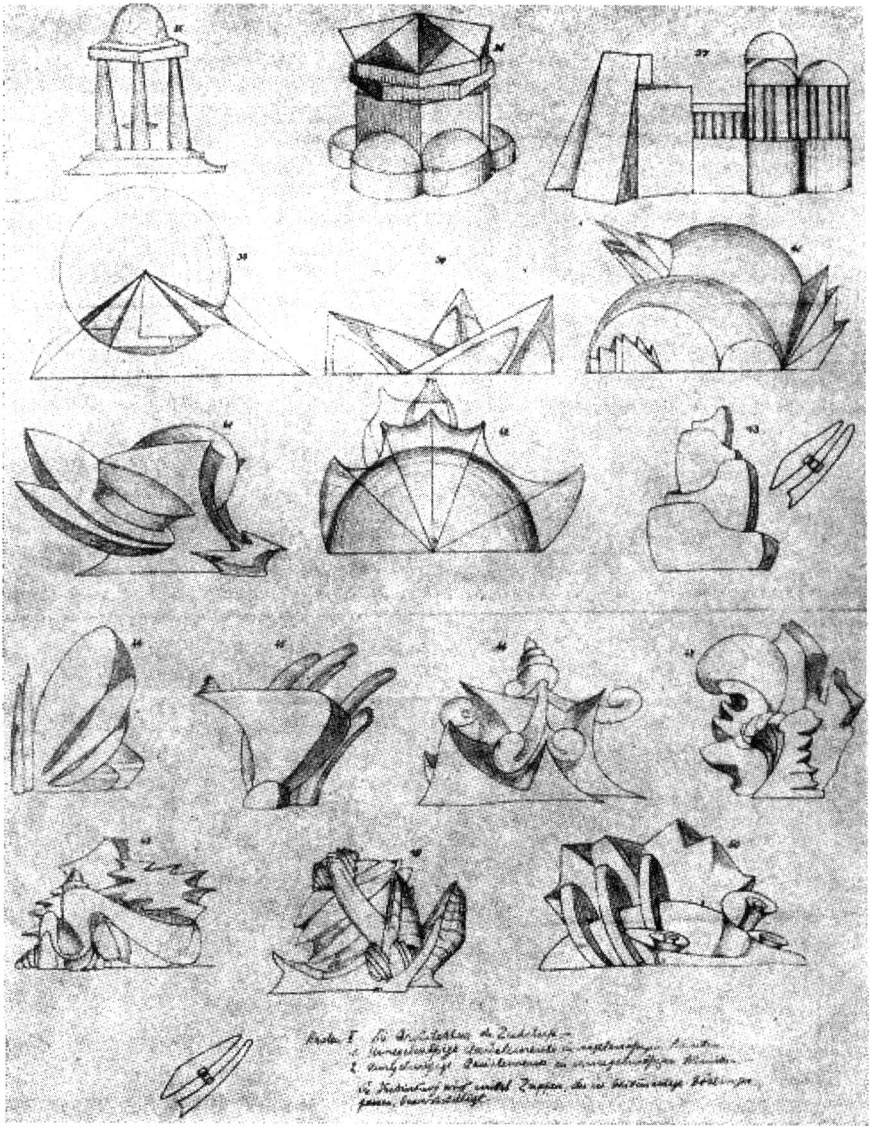

Abb. 94, 95: H. Finsterlin, „Stil-Spiel“, 1923

nellen Formenrepertoires und dessen kosmologischen Symbolwerts bedeutet vielmehr einen bis dahin kaum gekannten Bruch mit den Grundlagen von Architektur überhaupt. Sicherlich, so läßt sich einwenden, wird hier Einfalt in erster Linie durch vereinfachte Stilanalyse (Bauklötze) erzeugt, doch ist Finsterlin mit ihrer Hilfe in der Lage, eigenständige stilistische Wesensbestimmungen vorzunehmen, mit deren Hilfe er eigene Formansätze in Verbindung mit inhaltlichen Werten in die Wege leitet.

Nach den Formen der „Ruhe und Tätigkeit", nämlich Kugel und Kubus und deren Splitterformen, folgt nach Finsterlin eine zweite Stufe der Architektur, die aus „Kombinationsreihen", „Wellung", „Stufung", etc. zusammengesetzt ist. Diese Bewältigung der zweiten Stufe von Formentwicklung schreibt er einer nicht näher bestimmten „nordischen" Tradition zu, die die mediterrane „Einfalt" zu einem gewissen Grad überwunden hätte. Er beklagt dann, allerdings ohne genau zu erklären, was er meint, eine Verwirrung, die durch formale Überladenheit entstanden sei. Diese habe die Architektur wie „geputzte Christbäume" erscheinen lassen. Regelmäßigkeit und Überladenheit sind daher Merkmale, die Finsterlin vermeiden will. Vielmehr entwickelt er Gedanken über eine „organische", „seelische" Architektur, die einer an der Vernunft orientierten Architektur entgegengesetzt ist. Die unregelmäßigen Formen, die der Architekt intuitiv aus seiner Seele schöpfen soll, sollen zu neuartigen harmonischen Gefügen komponiert werden. Das Urbild der Welt, das aus geometrischen Formen gebildet wurde, gilt es in einem neuen Zeitalter der Architektur zu überwinden. In Analogie zu den Wachstumsformen der Erde sollen von der Natur unabhängige, unregelmäßige Gebilde hervorgebracht werden. Auch die Ästhetik von Stern und Kristall, die einige seiner Zeitgenossen vertreten, soll verworfen werden.[5] Und so entsteht eine neue kosmologische Qualität der Form, die allein auf die im schöpferischen Architekten innewohnenden Naturkräfte, ja auf „göttliches Geschehen", baut: „Es [das Organische] ist das Bauen als restlos unvorsätzliches, unvorgesetzliches, folgenreiches göttliches Geschehen."[6] Hierin wird der Anfang einer Architektur gesehen, die die Phase der Reproduktion überwunden hat und als Naturereignis gilt. Der Entwurf vermeidet zu diesem Zweck eine Angleichung an natürliche Einzelformen, wenngleich „Prototypen dieser Idee" im Bereich des „Organischen" (das heißt bei den Lebewesen) vorangehen.[7] Diese Formschöpfungen müssen, wenn man Finsterlins Absichten zugrunde legt, sehr eingeschränkt als Abbilder verstanden werden. Der Betrachter fühlt sich zwar bei einigen Beispielen, insbesondere wenn er die Schriften Finsterlins nicht kennt, an Naturformen erinnert, doch ist dies nicht beabsichtigt. Dies widerspräche dem Anspruch des Künstlers, der in seinen Formschöpfungen ingeniöse Leistungen seiner Einbildungskraft („neuartige, eigenreife Gebilde") sieht.[8]

Doch kehren wir zum „Stil-Spiel" zurück und verfolgen die Ergebnisse, die Finsterlin damit erzielt. Der Architekt stellt graphisch dar, wie mit dem geometrischen Material vielfältige Gebilde zusammengestellt und dabei die Stilepochen paraphrasiert werden können. In den mannigfaltigen Umstellungen gleichen Materials ähnelt dies dem Verfahren der „Fêtes réelles" von Albert Trachsel. Beide Utopisten sind jedoch gegensätzlich, da der eine den Formenschatz der Geometrie im Sinne des Inhalts ausschöpft, der andere aber Form und Inhalt lediglich zugunsten eines neuartigen Repertoires und Inhalts analysiert. Die Illustration des „Stil-Spiels" zeigt eine dadurch erreichte Entwicklung immer komplexerer unregelmäßiger und neuartiger Formideen. Komplexität sieht Finsterlin in Unregelmäßigkeit, in der Negation von Geometrie, die sich die Weltarchitektur bis dahin nicht erschlossen hatte. „Die große unfehlbare Entwicklung"[9] kann zu weich abgerundeten Gebilden führen, an handgeformte Tonstücke erinnern. In der Weiterführung des Verfahrens entstehen kontrastreiche Formgebilde, bei denen schlanke Teile kräftigen Formen und dynamische Glieder statisch ruhenden Bauteilen gegenübergestellt sind. Plumpe Gebilde werden im „Stil-Spiel" in feingliedrige umgestaltet. Scheibenförmige Bauglieder kontrastieren mit feinem Rollwerk vor einem Baukörper in gewölbter und zackig-gebirgiger Struktur. Elemente mit reicherer Oberflächenstruktur treten im vorletzten Entwurf hinzu, wo zapfenartig gliedrige Elemente, die an Hinterleibe von Insekten erinnern, und wie Schnekkenhäuser gedrehte Gebilde das Erscheinungsbild prägen. Formen dieser Art mögen bestimmte Assoziationen von Naturformen auslösen, zumal der Betrachter vergeblich nach Baugliedern sucht, die ein Gebäude erst zum bewohnbaren Gebäude im Gegensatz zur Plastik machen. Solche Assoziationen sind jedoch nicht beabsichtigt wie die Äußerungen Finsterlins zeigen, in denen er sich gegen die Reproduktion als künstlerische Möglichkeit ausspricht.

Wie die meisten Utopisten unter den Architekten der klassischen Moderne hat auch Finsterlin sich in seinem Optimismus, was die Architektur der Zukunft betrifft, wie er sie verstand, getäuscht. Vielmehr behielt der von Finsterlin geschmähte „Riesenrosenkranz"[10] der Geometrie die Oberhand und erwies sich für die praktischen und ästhetischen Anforderungen an die Architektur als unverzichtbar. Vielleicht hat hier der Theoretiker und Künstler die selbst vielfach geforderten „intuitiven" Möglichkeiten der Geometrie unterschätzt und das eigene System überschätzt. Er tritt mit einer umwälzenden These in Erscheinung, die sich dem Glauben an die Wandlungsfähigkeit des geometrischen Ausgangsmaterials entgegenstellt. In derselben Ausgabe des „Frühlichts“ schreibt W. A. Hablik: „Die Möglichkeiten der Variabilität sind bei näherer Betrachtung für jedes Material schier unbegrenzt.“[11] Hablik beschreibt hier die Variabilität der Kuppel und des Quadrats im Grundriß als formales Ausgangsmaterial. Zur Ausdrucksqualität des Würfels meint er, allein der Würfel sei architektonisch unendlich variabel. Durch das Bauhaus oder Architekten wie Le Corbusier wird Geometrie zum bestimmenden Kriterium. Das Beispiel Finsterlins zeigt jedoch, wie vielfältig und schöpferisch die klassische Moderne der Architektur ist. Angesichts dieser Vielfalt versagen gängige Epochenbegriffe, wohingegen eine die Epochen überspannende und die Ländergrenzen überschreitende Kontinuität hinsichtlich eines zweckfreien Ausdruckswillens besteht, der mit dem Begriff des Kosmologischen umrissen werden kann. In einem im „Frühlicht“ abgedruckten dichterischen Text von Ludwig Berger wird diese Architektur als „Steinern Wort“ bezeichnet.[12] Bei Finsterlin besteht die „Kosmologie“ jedoch nicht in traditionellem Sinn, da er die geometrischen Grundformen verwirft, Grundformen, die bisher unverzichtbares Repertoire der kosmologischen Architektur waren. Symbol und Abbildung werden durch freies Formschaffen abgelöst, in dem ein Naturereignis gesehen wird, welches von der visionären Kraft des Künstlers hervorgebracht wird.

IV.3. Das „organ“ beziehungsweise „organhafte“ im „gestaltschaffen“ von Hugo Häring

Inzwischen - in den letzten fünftausend jahren (im dunklen zeitalter, das im jahre 1899 zu ende ging) - haben wir das pensum der geometrie durchgearbeitet. Es ist in unsere werke eingegangen. Die geheimnisse des zweiten akts der schöpfung bedrängen uns nun.

Hugo Häring (1931)[1]

Auch Hugo Häring vertritt bereits zu Beginn seines theoretischen Wirkens das Postulat der organischen Gestaltung, die mit einer, in den Entwürfen allerdings nicht konsequent eingehaltenen Ablehnung von Geometrie für das moderne Bauen einhergeht. Häring geht es darum, durch eine Analogie zum Werden in der Natur zu einer Lebendigkeit des Ausdrucks zu gelangen. Im theoretischen Werk stellt sich Häring, was den Verzicht auf geometrische Formensprache betrifft, ähnlich radikal dar wie Finsterlin. Er rechtfertigt bereits in einem frühen Aufsatz mit dem Titel „wege zur form“ seine Grundsätze damit, daß die geometrischen Grundformen weder „urformen“ noch „urgestalten“ seien und daher ihre Anwendung nicht zwingend sei.[2] Die geometrischen Formen werden nicht nur als „abstraktionen“ bezeichnet, sondern auch als Mittel zu „mechanisierung“ - Häring meint hier wohl Rationalisierung - und werden deshalb für den lebendigen Ausdruck abgewertet. Dies gilt auch für den Kristall, den Häring den geometrischen Formen zuordnet. In „wege zur form“ ist die Geometrie-Kritik hauptsächlich gegen Le Corbusier gerichtet, doch trifft sie ausdrücklich auch die modernen Formen, die er mit dem Begriff der „kristallischen grundfiguren“ verbindet. Er kritisiert also stillschweigend auch die Gruppe von Architekten, die im Expressionismus die Ästhetik von Stern und Kristall vertreten hatten. Geometrie als Selbstverständlichkeit moderner Architektur findet nicht nur durch Finsterlin, sondern, so darf betont werden, auch durch Häring schärfste Ablehnung.

In einem wenige Jahre später entstandenen Aufsatz erklärt Häring seine Interpretation der symbolischen Tragweite historischer Bauformen, in denen Geometrie die wichtigste Komponente ist. Er berichtet, daß das geometrische Gebäude besonders in der Antike „eine demonstration des kosmologischen gehaltes der grundformen“ und „das absolute, unvergängliche“ gewesen sei.[3] In der Abhandlung „schöpfungswerk“ aus den „fragmenten“ kommt Häring auf den „kosmischen Raum“ zu sprechen, der sich dem „gesicht des menschen entzogen hatte“, der aber „auf technischem wege wieder erarbeitet“ werde. Das bedeutet, daß Häring die architektonische Kosmologie für in der Gegenwart verloren betrachtet. Um dieses Bewußtsein wieder wachzurufen, interpretiert Häring Kubus und Pyramide als Welt- und Gottsymbol: „Was uns im schaffen ägyptens begegnet, ist dies, daß es den höheren kosmischen prozeß des dunklen zeitalters, den gang durch raum und zeit, verbildlicht, daß es dessen ebenbildliche gestalt vor uns errichtet. In der figur des kubischen präsentiert dieses schaffen uns die erde in ihrer bildgestalt. Dieses kubische als das urbild der erde und der materie ist das ausgangsbild, das das solare denken errichtete, um an ihm den prozess seiner durchdringung vorzuführen.“[4]

Häring legt im Gegensatz zu Rudolf Steiner und in noch höherem Maße als Finsterlin Rechenschaft über die kosmisch-religiöse Dimension der Grundformen in der Tradition des historischen Bauens ab. Dann versucht er, die Kosmologie mit dem Geometrie-Verzicht, den er für so notwendig hält, zu verbinden, da es für ihn gilt, die Kosmologie für das neue Bauen wiederzugewinnen: „Ich fürchte, sie [der Leser] werden nicht ohne weiteres bereit sein, für die gegenwart das vorhandensein einer kosmologie zuzugeben. Ich kann aber zur verdeutlichung der gedankengänge nicht darauf verzichten, von einer solchen zu sprechen.“[5]

In späteren Aufsätzen wird dann erklärt, was in „wege zur form“ über „urgestalten“ angedeutet wird. Die eigentlichen „urformen“ sind die „organhaften formen“, die in der Natur vorhanden sind, wohingegen die geometrischen Formen eine hohe kulturelle Entwicklung voraussetzen. Die organischen Figuren sind nach Häring die ursprünglicheren Formen. Häring zieht Herstellung und Formgebung von Werkzeugen, die seiner Meinung nach früher stattfanden als die Entwicklung der Architektur, als Argument gegen Geometrie heran. Das Werkzeug folgt den Gesichtspunkten der Organik, da es auf einen Zweck hin entwickelt wurde, für den Geometrie nicht nur nicht erforderlich ist, sondern sogar hinderlich wäre. Der frühe Mensch entwickelte das Werkzeug gleichsam als Erweiterung der von der Natur gegebenen Organe, die ihrerseits ungeometrisch sind. Diese „prothesen“, wie Häring sie nennt, dienten der menschlichen Leistungssteigerung und wurden durch technische, nicht aber durch geometrische Verfahren entwickelt. Durch die Erfindung der Geometrie wurde dagegen die traditionelle Architektur ermöglicht, die nicht auf den reinen Zweck abgestimmt war, sondern komplexeren Ansprüchen genügen sollte.[6] Vor der Erfindung der Geometrie fand das „gestaltschaffen der natur“ eine unbewußte Fortsetzung, was bedeutet, daß der Mensch den Formenschatz der Natur seinen Bedürfnissen entsprechend erweiterte, ohne eine übergeordnete Absicht zu verfolgen. Mit der Geometrie wird die Bildung von Form als Selbstzweck bewußt. Durch sie beginnt der „lehrgang vom weltaufbau durch die baukunst“, an deren Anfang die unbelebte Natur, „die kristalle“ stehen, deren Form sich die Geometrie als Wissenschaftsdisziplin erschließt. Häring sieht also in der Bildung von Werkzeugen eine Erweiterung der Natur und in der Anwendung von Geometrie eine Bestandsaufnahme der Welt in Aufbau und Einzelformen. Häring sieht seine Aufgabe in der Wiederaufnahme des für ihn älteren Prozesses, nämlich der Herstellung von Werkzeugen, und deren organischen Formen, mit denen er sich gegen die Geometrie als Grundlage von Architektur stellt.[7]

Die zweckbestimmten Maßstäbe in der Architekturtheorie Härings, die durch Schlagwörter wie „werkzeuge“ und „prothesen“ charakterisiert werden, stehen im Umfeld des Expressionismus auch im Gegensatz zu Hans Poelzig. Diesen kritisiert Häring zwar nicht ausdrücklich, jedoch zeigt dessen Anspruch des Künstlerischen in der Architektur eine gegenteilige Auffassung. Bei Poelzig besteht der Unterschied zwischen einer Architektur als „ars magna“ und einer Architektur des Nutzzwecks. Er versucht, diese beiden Prinzipien miteinander zu verbinden. So haben die Zapfenreihen im „Großen Schauspielhaus“ (1918-19) akustische Vorteile und werden als künstlerische Elemente betrachtet. Der Unterschied zwischen Häring und Poelzig liegt schon im Naturverständnis selbst begründet, wenn Poelzig eine Architektur fordert, die Naturschönheit wiederholt.[8] Häring dagegen ist der Meinung, daß die Natur nur nach praktischer Notwendigkeit schafft und nicht nach Gesichtspunkten der Ästhetik. Da sich in der Natur alles auf Leistungsfähigkeit und Zweck hin entwickelt, ist Schönheit für Häring kein legitimes Qualitätsurteil für Architektur. Der Nutzwert wird als unerläßliche Kategorie des gelungenen Baus betrachtet, was sich mit der Ansicht von Gropius deckt, der bemerkt: „Das »Kunstwerk« hat im geistigen wie im materiellen Sinne genauso zu »funktionieren« wie das Erzeugnis des Ingenieurs, z.B. wie ein Flugzeug, dessen unerbittliche Bestimmung es ist, zu fliegen. In diesem Sinne kann der künstlerisch Schaffende in ihm ein Vorbild sehen und aus der Vertiefung in seinem Entscheidungsvorgang wertvolle Anregung für sein eigenes Werk empfangen.“[9]

Die Möglichkeit der Architektur, die Welt und ihre Formen zu reflektieren, gehört daher für Häring der Vergangenheit an. Wiederum ist der Blick des Auges bei der Bildung des „organhaften bauens“ erforderlich, und eine Orientierung nach dem Vorbild einer einzelnen Naturform wird abgelehnt. Angestrebt wird, wie bei Steiner und Finsterlin, vielmehr ein „einklang mit der schöpfung“, das heißt, die inneren Gesetzmäßigkeiten der Natur werden auf das Verfahren der Formenbildung übertragen. So führt auch Häring Architektur zum Ausgangspunkt der hier vorliegenden Untersuchung zurück, nämlich der Herderschen Unterscheidung zwischen der Reproduktion von Naturformen als künstlerischem Prozeß und der architektonischen Wiedergabe von Formen, die keine Abbilder von Naturformen, sondern kosmologische Symbole sind. In dem Werk „die ausbildung des geistes zur arbeit an der form“ wird diese Erkenntnis zum Ausdruck gebracht: „Dieses gestaltschaffen des geistes hebt sich nunmehr deutlich ab von dem bildschaffen der seele, das sich mit dem „abbild der wesenheiten“ befaßt, die sie umgeben. Diese ist die große veränderung, die sich im gestaltschaffen vollzieht. In die bildwelt der seele treten nicht mehr abbilder ein, sondern die bilder der werke des geistes, die sich mit den strukturen der bauenden natur befassen.[10]

Häring rief diese Trennung konträrer Verfahren architektonischen Schaffens in unserem Jahrhundert noch einmal ins Bewußtsein, um den eigenen Formbegriff in die Entwicklungsprozesse der Baugeschichte einzureihen. In der Übertragung der geistigen Errungenschaft einer Kultur und einzelner Individuen auf die Form sieht Häring die generelle Aufgabe bei der Bildung von Formen. Diese Aufgabe gilt seiner Meinung nach sowohl für die Vergangenheit als auch für die Gegenwart. Die Ägypter etwa erfüllten dies durch die Bildung der Pyramide. Durch sie transzendierten sie die im Dunkel der Urzeit entstandene Form des Kubus: „Sie hat nichts mit dem gang durch raum und zeit, mit dem auftrag des dunklen zeitalters zu tun, sie steht weit über ihm.[11] Häring bildet also Hierarchien innerhalb der kosmologischen Architektur, an deren Anfang der Kubus steht. Die Pyramide gilt als weiterer Schritt bei der Erschließung des kosmologischen Wissens durch Baukunst. Während der Kubus die Welt als Modell repräsentiert, wurde mit der Pyramide zur Repräsentierung kosmischer Vorgänge übergegangen: „Ihre ebenbildlichkeit meint einen größeren kosmischen vorgang, wenn sich über dem quadrat der erde vier göttliche dreiecke in einer spitze vereinen und den raum in seinen vier kosmischen aspekten aufnehmen. Dies weist auf ein urgeschehen hin, auf eine erste ordnungsschaffung in den schöpferischen prinzipien, auf die besonderung der vier elemente, der vier zustände der wirkenden kräfte, der vier richtungen im erdraum.“[12] Häring ist also davon überzeugt, daß Architektur befähigt ist, über die kosmische Struktur („erdraum“) der Welt hinauszugehen, um die dort wirkenden schöpferischen Kräfte („schöpferische prinzipien“) symbolisch auszudrükken. Die erste Tat der „schöpferischen macht“, des „LOGOS“, ist nach Häring der Kubus, dessen Entstehung so sehr im Dunkeln liegt, daß er kaum auf den Menschen zurückzuführen ist, wie Häring meint. Das eigentliche „gestaltschaffen“ beginnt mit der Überwindung des Kubus. Der Kubus ist in seiner Urtümlichkeit die Ausgangssituation und primitivste kosmologische Form der Baukunst. Durch seine Anwendung entspricht „das schöpfungswerk des menschen“ den Kräften des „LOGOS“, sprich Gott, der diese Form geschaffen hatte. Die Wiederholung der kubischen Form bedeutet also ein Werk ohne gestalterische Eigenleistung.[13]

Anstelle der Reproduktion dieser ersten Schöpfungstat sollen Neuschöpfungen angestrebt werden, da es sich sonst um unerwünschte Wiederholungen handeln würde. Die gestalterische Aufgabe, die sich Häring setzt, ist derjenigen Steiners und Finsterlins verwandt, da ein bestimmter kosmologischer Gehalt gesucht wird, der sich von der Kosmologie der Geometrie emanzipiert. Wie bei Finsterlin wird die organische Architektur als natürliche Weiterführung einer Entwicklung von kosmologischer Architektur angesehen. Für Häring ist ein folgerichtiger Prozeß, wenn zunächst Quadrat und Rechteck der ägyptischen und griechischen Baukunst durch den Kreis als „konstitutives Prinzip“ der römischen Wölbtechnik abgelöst wird. Ebenso folgerichtig ist dann auch, wenn „organhafte gestaltungsprinzipien“ alte Formensprache ablösen. Häring sieht diesen Wechsel zu organischen Formen bereits in den jeweiligen Epochen zu einem gewissen Grad schon vollzogen, wenn reine Geometrie verunklärt oder überlagert wird.[14] Die technisch notwendige Geometrie im „Organschaffen“ Härings wird, allerdings ohne die ehemals kosmologische Bedeutung, beibehalten. Häring akzeptiert ihre „handlangerdienste“ im modernen Bau, auch wenn er ihn sich als Fortsetzung des Naturschaffens vorstellt. Historisierendes Bauen, sprich der geometrische Entwurf, ist ein retardierendes Moment dieses Prozesses, der selbst einen Naturprozeß darstellen soll.[15]

Häring stellt einen ständigen Wechsel zwischen Erforschung und Wiedergabe der Weltkräfte und freier, geistiger Formschöpfung fest: „Das thema der gestalt ist der idee des gestaltganzen verbunden, der idee des kosmos, des schöpfungswerks. Beide gehören jedoch zusammen wie himmel und erde, keines kann ohne das andere seine aufgabe erfüllen, seiner funktion gerecht werden...Zu zeiten haben deshalb die erdkräfte den vortritt, zu anderen zeiten sind es die zeugenden, schöpferischen kräfte des geistes, beide sind zu ihrem teil am prozeß des werkes beteiligt.“[16] Die primitive Stufe des kosmologischen Wissens soll nunmehr durch komplexere Übereinstimmungen abgelöst werden, die durch die geistigen Kräfte des Menschen hervorgebracht werden können. Sie sind deswegen kosmologisch, weil das Wirken des Geistes seinerseits ein Ordnung stiftendes Naturereignis darstellt. Eine Rückkehr zu alten Formen würde gar ein Verstoß gegen die Natur bedeuten: „Man handelt gegen den geist der natur, wenn man die form erschöpfter kulturbegriffe in dem technischen milieu der gegenwart wieder zum leben zu erwecken sucht.“[17] Im Sinne der Natur ist es dagegen, wenn die Kosmologie der Geometrie durch „die ausbreitung einer idee der organhaften strukturbildung in einem durchaus kosmologischen sinne“ abgelöst wird.[18] Die Tradition der Kosmologie wird durch „organhafte“ Formen, die technikfreundlich sind, ersetzt. Diese Kosmologie bedeutet, daß ein hochgesteckter Weg beschritten werden soll, nämlich der „zweite akt der schöpfung“ durch die Baukunst.[19] An die Stelle der Geometrie, die als reines Symbol oder reines Rationalisierungsprinzip betrachtet wird, tritt die Form der „leistungserfüllung“, die immer unwiederholbar individuell ist. Diese erfüllt die Analogie zur Natur, da sie wie Naturformen aufgrund von Erfordernissen hervorgebracht wurde. Häring stellt sich somit gegen eine zweckfreie und rein künstlerische Formenbildung, wie sie Finsterlin anstrebte. Keineswegs führen die Ansprüche in ein klar erkennbares formales Experiment, wie es der Architektur-Utopist Finsterlin verwirklichte. Durch eine als ideal empfundene Anpassung der Form an die praktischen Erfordernisse soll der Ausdruck des Bauwerks entstehen. Darin wird wahre Übereinstimmung mit dem Wesen der Naturform gesehen, in der schon die Werkzeuge des Menschen stehen, die weder ästhetischen noch geometrischen Gesichtspunkten unterworfen und allein dadurch ausdrucksfähig sind, daß sie leistungsfähig sind. Die Geometrie wird sogar als Gegenpol betrachtet, wie Werkzeuge der Vergangenheit und der Gegenwart, Zange, Flugzeug, Auto, etc. zeigen. Vermeintliche Verschönerungen von „formen der leistungserfüllung" nennt Häring „verbeulungen" und „umbildungen". Diese seien, so steigert Häring seine Schmähungen, wie die Geometrie „eine art von vergewaltigung.[20]

Ziel des Entwurfs ist „das haus als die weitere haut des menschen".[21] Häring bleibt bis hin zu seinen späten Aufsätzen seinen Ansichten treu und glaubt an deren unbedingte Folgerichtigkeit. Daher ist es verwunderlich, daß seine jahrzehntelang wiederholte Forderung nach einer organischen Form sich offenbar nur spärlich in seinen Projekten niedergeschlagen hat, besonders wenn man sie mit den Architekturbildern Finsterlins vergleicht. Widersprüchlicherweise sind es nur seine früheren Entwürfe, an denen eine solche Forderung tatsächlich nachvollziehbar ist. Besonders in den späteren Bauten Härings kehren die überwunden geglaubten rechteckigen Formen als bestimmendes Merkmal zurück.

Frühe Projekte lassen aber erkennen, was Häring unter organhaftem Bauen versteht. Häring bevorzugt gerundete Außenmauern, die nicht streng kreisförmig sind, da Geometrie nicht erforderlich ist. Ein durch Geometrie hervorbrachter Raum steht seiner Meinung nach im Widerspruch zum „geschehensraum", das heißt zu dem Raum, im dem sich der Mensch bewegt und in dem das Leben stattfindet. Das heißt, der Grundriß ist durch Kurven dem Weg des Menschen, beispielsweise um einen Einrichtungsgegenstand herum, angepaßt. Andererseits ist dadurch die Annäherung an die Körperformen des Menschen erreicht, die den Bau benutzen. Diesen Anforderungen entspricht eine Architektur, die weder winklig noch kreisrund ist. Die Fläche der Parzelle wird in diesem Grundsatz der „leistungserfüllung" ausgenutzt und nicht im Sinne geometrischer Raumordnung bebaut.

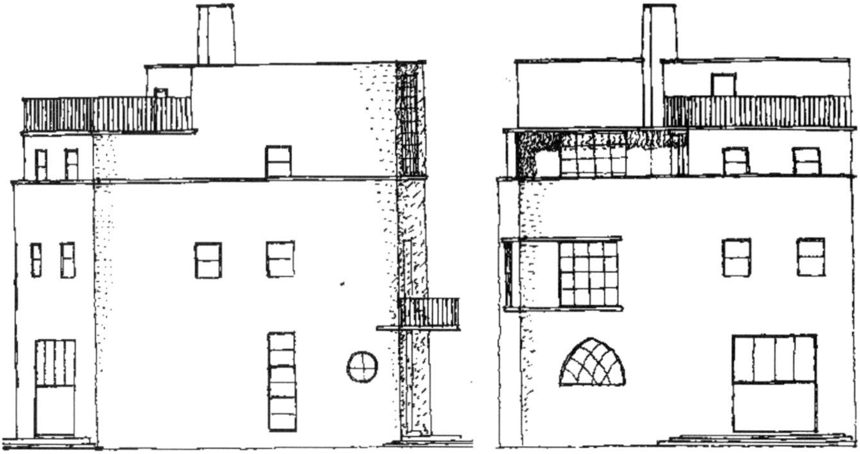

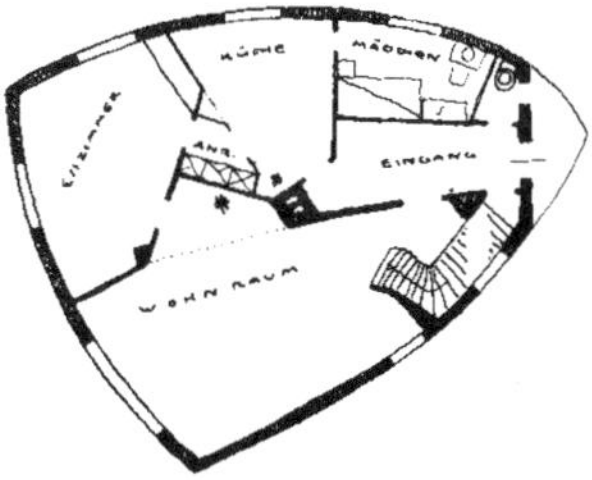

▲Abb: 96: H. Häring, Entwurf für ein Wohnhaus, 1922

◄Abb: 97: H. Häring, Entwurf für ein Wohnhaus, 1922

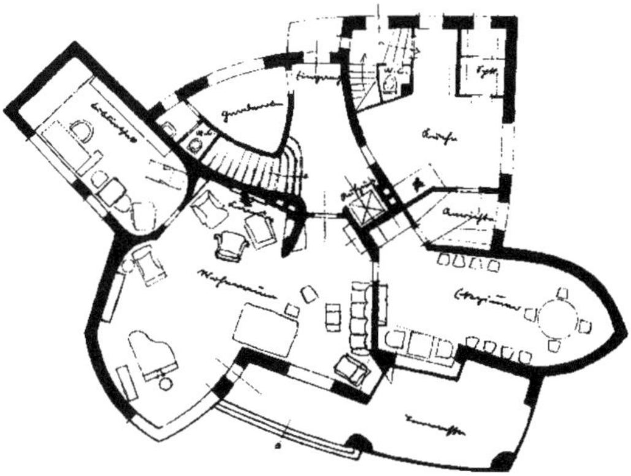

◄Abb. 98: H. Häring, Entwurf für ein Wohnhaus, 1923

Beispiele für dieses Verfahren sind insbesondere Härings Entwürfe für Wohnhäuser. Der Grundriß eines Hauses aus dem Jahre 1923 folgt nicht geometrischen Vorgaben, sondern es sind nur drei unregelmäßige Kurven, für die Außenmauern vorgesehen. (Abb. 96, 97) Allerdings erfüllen gerade Innenwände die Aufgabe von Stellwänden. Durch ihre freie Lage ergeben sich jedoch unterschiedliche Winkel und voneinander unterschiedene Raumformen, die keinem einheitlichen geometrischen Ordnungsschema, also etwa der Aneinanderreihung von Rechtecken, folgen. Die Raumformen sollen dem ungeometrischen „geschehensraum", nämlich dem des Menschen, der sich nicht nach geometrischen Gesichtspunkten im Raum bewegt, angepaßt sein. Die Zwickel, die sich durch die gekurvten Außenmauern ergeben, führen außen zu einem Erscheinungsbild, das mit Schiffskielen zu vergleichen ist. Fenster und Eingangspartie sind der frei gerundeten Form angepaßt. Abgerundete Fensterscheiben - in den Fünfziger Jahren noch in der Alltagsarchitektur gängig, heute aber aus dem Bauwesen verschwunden - wären bei der Ausführung des Entwurfs erforderlich gewesen.

1923 folgt ein weiterer, zweistöckiger Grundrißentwurf, der auf diese Form aufbaut, die auf die berühmte Nierenform der 50er Jahre vorausweist. (Abb. 98) Die Außenmauern zeigen frei geschwungene Linien und Geraden, die offenbar aufgrund von Erfordernissen in dieser Unregelmäßigkeit notwendig erschienen. Sie erhalten dadurch eine komplexe Plastizität, die besonders im Erdgeschoß deutlich ist, wo durch Raumerweiterungen die nierenförmige Ausgangsform stark abgewandelt wird, aber dennoch spürbar bleibt. Quaderformen, Zapfenformen und trapezartige Gebilde führen zu einem komplexen Bau, dessen Ordnung sich allein aus den Raumerfordernissen, die die Raumtypen bilden, ergibt. Die nach außen greifenden Bauabschnitte sind Anbauten verwandt und der Ausgangsform wie Gliedmaßen dem Rumpf oder wie Äste dem Stamm zugeordnet. Die von Häring geforderte „prothesenbildung" zeigt sich hier in besonders anschaulicher Weise. Der Anspruch des Raums als Werkzeug scheint eingehalten. So ist etwa die Zapfenform des Eßzimmers im Erdgeschoß von dem ganz außen plazierten Eßzimmertisch abgeleitet, der für vier Personen vorgesehen ist. Die frei gestaltete Nische des „Wohnraums" scheint vollkommen dem darin plazierten Konzertflügel angepaßt zu sein, so daß keine „toten Winkel" im Raum entstehen. Indem Häring Einrichtungsgegenstände in den Entwurf einkalkuliert, wird die Raumfunktion von vorneherein genau festgelegt. Dadurch wird das Haus, was seine Benutzbarkeit betrifft, unflexibel. Häring wird aber dadurch dem Anspruch einer organischen Architektur, wie er sie versteht, gerecht.

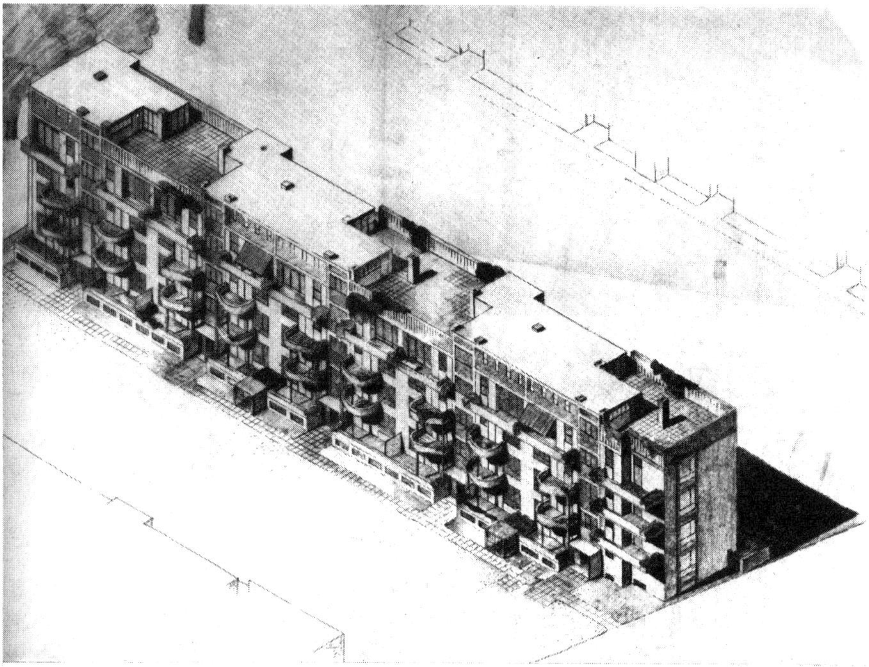

Abb. 99: H. Häring, Mehrfamilienhäuser, Berlin-Wedding oder Großsiedlung Siemensstadt, Berlin, Charlottenburg Nord

Bei den ausgeführten Mehrfamilienhäusern von Berlin-Wedding oder der Großsiedlung Siemensstadt, Berlin-Charlottenburg-Nord, scheint dieser Anspruch, wenigstens auf den ersten Blick, weit weniger erfüllt. (Abb. 99) Die langgestreckten, quaderförmigen Wohnblöcke entstanden in den späten zwanziger Jahren, einer Zeit, in der die Architekturtheorie Härings bereits voll entwickelt war.[22] In welcher Weise erfüllen solche und ähnliche Wohnhäuser späterer Zeit die theoretischen Forderungen des „organhaften" Bauens, die unablässig bekräftigt wurden? Es erscheint plausibel, daß billiger und raumsparender Wohnraum irgendeiner „leistungserfüllung" gerecht wird. Nicht unproblematisch ist es jedoch, die kosmologische Komponente, die ja ebenfalls beansprucht wird, anhand solcher Beispiele nachzuvollziehen. Offenbar soll diese gerade in dem konsequenten Pragmatismus des Entwurfs, in der „leistungserfüllung" bestehen, in der das Prinzip des Organischen, oder besser gesagt, des „organhaften" gesehen wird. „Organhaft“ ist dann die völlige Unterordnung der Fassadenwirkung unter Gesichtspunkte des Wohnwerts: die Terrassen, Balkons und Markisen vor der Flucht der quaderförmigen Blöcke, die großen Fensterflächen und Penthouses, die an die Stelle des herkömmlichen Dachs treten, werden zu maßgeblichen Trägern des Erscheinungsbilds. Die Zeit des Wiederaufbaus nach dem zweiten Weltkrieg wußte Wohnhaustypen dieser Art besonders nach den fünfziger Jahren in zahllosen Beispielen zu nutzen. Bauglieder zur Steigerung des Wohnwerts wurden in die Schauseite des Gebäudes integriert. Da den Bedürfnissen nach Luft und Licht oberste Priorität beigemessen wurde, wurden sie zum alleinigen Träger der Fassadengliederung und ihrer Wirkung. Die „Organe“ des Gebäudes galt es weder zu unterdrücken noch zu verbergen. Dadurch wird Häring der „form der leistungserfüllung“, die er für „organhaft“ hält, voll gerecht. Was das Verständnis dieser Form im Hinblick auf die Kosmologie betrifft, so ergibt sich ein Rezeptionsproblem, da verständliche und hinweisende Formkriterien am Bau selbst wegfallen und da noch nicht einmal dem geforderten Verzicht auf Geometrie in nachvollziehbarer Weise nachgekommen wird. Die Theorie des Hauses als Werkzeug, für die es in dieser deutlichen Form keinen Präzedenzfall gibt, muß zunächst zur Kenntnis genommen werden, bevor die Intention verstanden werden kann. Dennoch bleibt auch dann der Widerspruch zwischen der geäußerten Geometriefeindlichkeit und ihrer bevorzugten Anwendung als beherrschender Eindruck zurück, der wenig förderlich für ein kohärentes Bild des Häringschen Œuvre in Theorie und Praxis des Architekten erscheint.

Zusammenfassung

Im zweiten Buch der Chroniken des Alten Testaments wird die Ausstattung des Salomonischen Tempels beschrieben. Sehr ausführlich werden Herstellung und Form eines großen Bronzebeckens geschildert. Bei dieser Schilderung kommt eine abbildende beziehungsweise symbolisierende Komponente dieses Gegenstands zur Sprache. Nachdem Salomo einen bronzenen Altar hergestellt hatte, wurde die Ausstattung des Tempels nämlich folgendermaßen fortgesetzt: „[2]Dann machte er das »Meer«. Es wurde aus Bronze gegossen, maß zehn Ellen von einem Rand zum andern, war völlig rund und fünf Ellen hoch. Eine Schnur von dreißig Ellen konnte es rings umspannen. [3]Unterhalb seines Rands waren rundum Bilder von Rindern. In einem Band umsäumten sie das Meer ringsum in zwei Reihen. Sie wurden bei seinem Guß mitgegossen. [4]Das Meer stand auf zwölf Rindern. Von ihnen schauten drei nach Norden, drei nach Westen, drei nach Süden und drei nach Osten. Das Meer ruhte oben auf den Rindern. Ihre Hinterteile waren nach innen gekehrt. [5]Die Wand des Meeres war eine Handbreit dick. Sein Rand war wie der Rand eines Bechers geformt, einer Lilienblüte gleich. Es faßte dreitausend Bat. [6]Auch machte er zehn Kessel, von denen er fünf an die Südseite und fünf an die Nordseite brachte. Sie dienten für die Waschungen; was zum Brandopfer gehörte, sollte man in ihnen abspülen. Das Meer war für die Waschungen der Priester bestimmt.“ 2. Chronik 4, 2-6

Es erfordert eher den Bibel-Exegeten als den Kunsthistoriker, um die Bedeutung der Bezeichnung „Meer“ für ein für rituelle Waschungen vorgesehenes Becken im Salomonischen Tempel exakt zu bestimmen. Doch scheint diese Stelle aus den Chroniken die Erkenntnis über den Sinngehalt von Gegenständen der Geschichte zu bestätigen, der ab dem 18. Jahrhundert insbesondere dann gesehen wurde, wenn die Gegenstände auf einen rituellen Zusammenhang zurückgeführt wurden. Die Voraussetzung für diese Erkenntnis, die somit nicht als reines Wunschgebilde, sondern zu einem gewissen Grad historisch gerechtfertigt erscheint, war die im späten 18. Jahrhundert auftretende Wertschätzung gleichwohl unaufgeklärter Anfänge der Kulturgeschichte. Der kosmologische Gehalt ritueller Gegenstände und Gebäude, zu denen auch und gerade der Tempel zählt, wurde als teleologischer Hoffnungsträger der zeitgenössischen Formenbildung einverleibt. Ritus, Schrift und Gebäude wurden hinsichtlich Sinn und Form als verwandt und als untrennbare Leistungen seit der Frühgeschichte betrachtet, als Leistungen einer Zeit, in der das Leben selbst rituellen Charakter besaß. So konnte ab dem 18. Jahrhundert auf dem Nährboden der Emblematik Architektur zu einer, die Sitten fördernden Einheit werden, deren poetischen Charakter und erhabene Einfachheit der Formensprache die Revolutionsarchitektur sich nutzbar machte.

In Frankreich münden theoretische Entwicklungen der architektonischen Kosmologie, die insbesondere zunächst von Jean-Louis Viel de Saint-Maux mit dessen Theorie vom Ackerbau als Urgrund der Kosmologie vorbereitet wird, durch die Revolutionsarchitektur in die Praxis des Entwurfs. In Deutschland hingegen verharrt das noch tiefere geschichtliche Bewußtsein im Bereich der Altertumsforschung, mit der - mit Herder als bahnbrechender Gestalt - symbolisches Wissen erschlossen wurde. Der Wissenschaftszweig bleibt jedoch in Deutschland ohne weitreichende Auswirkung auf die Künste. Das erste Denkmal Goethes in Weimar, der „Altar der Agathe Tyche“, durch den der von Herder beschriebene Hermen-Typus verwirklicht wurde, bleibt ein singuläres Beispiel ohne weitere Auswirkung auf die Architektur. Obwohl analoge geistige Grundlagen bestanden, fehlte in Deutschland offenbar das in Frankreich bestehende revolutionäre Klima als treibende Kraft für eine Architektur, die sich mit derjenigen von Boullée, Ledoux, Giraud etc. vergleichen ließe. Umso intensiver ist aber die Nachfolge der Herderschen Altertumsforschung durch Kanne, Greuzer und Schlegel, die sich den Ursprüngen der Symbolik annahmen und das Wissen über die abstrakte Form als Gegenpol zur künstlerischen Darstellung vertieften. Da hierin engste Übereinstimmung zwischen den Errungenschaften Frankreichs und Deutschlands auffällig sind, besonders was Jean-Louis Viel de Saint-Maux und Herder betrifft, erlaubt die deutsche Altertumsforschung, in der sehr genaue Angaben zur jeweiligen Form gemacht wurden, Rückschlüsse auf die Revolutionsarchitektur. So war etwa die Interpretation Herders von Herme und Pyramide aufschlußreich für die Kenotaphprojekte von Boullée, die einen apotheotischen Charakter durch die Anwendung symbolischer Kriterien erhielten. Die symbolischen Eigenschaften der Pyramide blieben auch dann erhalten, wenn Boullée zu anderen geometrischen Körpern, etwa dem Kugelbau, überging, was wiederum inhaltlich mit dem von Herder beschriebenen Prinzip der „Dekomposition“ übereinstimmt. Auch die Repräsentanz Gottes durch die „Eins“ statt durch das Bildnis ist analog.

Während symbolische, schriftähnliche Formen der Architektur im 18. Jahrhundert im Sinne der neuen Gesellschaftsideale monumentalisiert wurden, nutzte sie der Symbolismus fast ein Jahrhundert danach, um den gegenwärtigen Realitäten zu entfliehen und um eine hoffnungstragende „Scheinwelt“ hervorzubringen, die ein neues Sendungsbewußtsein nährte. Zwischen Scheinwelt und Hoffnung stehen auch die „Fêtes réelles“ von Albert Trachsel. Der Architektur wurde hier ein besonderer poetischer Gehalt zugeschrieben. Immer wiederkehrende, wie Bauklötze wirkende Einzelformen wurden zu immer wieder neuartigen Gebilden zusammengefügt. Da sie einen meist traditionellen, der Emblematik entlehnten Sinn tragen, wurden durch ihre Zusammenstellung poetische beziehungsweise epische Momente der Architektur in Analogie zur Sprache erreicht. Die aus den inhaltlichen Vorgaben entstehende geometrische Formensprache ist richtungsweisend und darf architekturgeschichtlich keinesfalls unterschätzt werden.

Durch William Richard Lethaby wurde der Unterschied zwischen Gegenwart und Vergangenheit bewußt. Der Standpunkt des Geschichtsforschers wird genau definiert und von zeitgenössischer Formenbildung getrennt, was einen Gegensatz zur eklektischen Architekturtheorie der historischen Stile bedeutet. Die Moderne sollte ihren eigenen, der Zeit angemessenen Inhalt, ihre eigene Kosmologie, schaffen. Die geforderte Emanzipation von der Geschichte gelingt jedoch nicht vollständig, und die Erkenntnisse der kosmologischen Architekturgeschichte werden sogleich vom Umfeld aufgriffen. Auch Lethaby läßt bestimmte Merkmale kosmologischer Architektur, die er in „Architecture, Mysticism and Myth“ beschreibt, in den Entwurf einfließen. Am deutlichsten treten diese Merkmale an den Fassaden zutage, die einer bildhaften Konzeption folgen.

Da die geschichtlichen Vorbilder unverbindlich waren und die Übereinkünfte der Historie vollständig aufgehoben wurden, waren auch die architektonischen Resultate der kosmologischen Spekulation uneinheitlich. Eine individuell formulierte Theorie ist daher zum Verständnis der Varianten noch in weit stärkerem Maße erforderlich, als dies bei einer Architektur der Fall ist, die diesen Übereinkünften noch verhaftet ist. Diese Tatsache wurde besonders bei der Untersuchung der deutschen Architektur und Architekturtheorie des frühen 20. Jahrhunderts bewußt. So wird der Kirchenbau, der kosmologischen Postulaten folgt, nicht unter einheitlichen Kriterien vorangetrieben, wie eine Gegenüberstellung von Otto Bartning und Rudolf Schwarz zeigt. Während Bartning die Besonderheit des Gebäudes durch kosmologische Inhalte von den eigentlichen Anforderungen an die Kirche als Versammlungsstätte trennt, verschmelzen bei Schwarz alle Kriterien wieder zu einer Einheit. Schwarz betrachtet das einer Ordnung folgende Zusammentreffen der Menschen als solches als eine Verkörperung von Welt und somit als eine Architektur stiftende Kosmologie.

In dem Moment, in dem das organische Bauen die Formensprache des „Weltgebäudes“ verwirft, wird der Stellenwert individueller Anschauungen besonders deutlich. Besonders im Falle von Rudolf Steiner sind die Selbstzeugnisse gefragt, wenn es um eine inhaltliche Einordnung der geometrischen Grundformen und der plastischen Fassadengestaltung geht. Besonders im Rahmen der organischen Architektur kann eine Kluft zwischen Theorie und Entwurf entstehen, die die Relevanz der Theorie in Frage stellt. Dies ließ sich am Beispiel von Hugo Häring zeigen. Oder aber Theorie und Entwurf bilden eine untrennbare Einheit wie im Falle Finsterlins, bei dem keine konkreten Bauaufgaben einer Verwirklichung der theoretischen Forderungen entgegenwirkten.

Die schwärmerische Affirmation der im späten 19. Jahrhundert aufkommenden Symbolik von Stern und Kristall (Semper) durch Bruno Taut wird unter allgemeinreligiösen Gesichtspunkten betrieben. Wieder spielt, wie schon über hundert Jahre zuvor bei Jean-Louis Viel de Saint-Maux und Albert Trachsel, das Thema Fruchtbarkeit bei der Bildung von Form und Analogie eine wesentliche Rolle. Die Ästhetik und religiöse Dimension organischer und anorganischer Natur wurden durch Taut vergegenwärtigt. Im Entwurf wurden die Grenzen innerhalb dieser Dimension unter den Gesichtspunkten einer allgemeinen Identität der Naturformen und einer Identität von Schöpfung und Schöpfungsgrund verwischt. So erscheint die „astrale“ Architektur bei Taut auch als direkte Schöpfung kosmischer Kräfte.

Die „organische“ Architektur sah in solchen Affirmationen jedoch eine nicht mehr zu rechtfertigende Sackgasse des architektonischen Schaffens. Die Mittel der Geometrie, mit denen das Weltgebäude repräsentiert wurde, waren ausgeschöpft. Zur weiteren Entwicklung von Architekturgeschichte wurden die Kräfte des Geistes und eine Schau nach innen als Möglichkeit einer Fortsetzung der schöpferischen Naturkräfte gefordert.

Das teleologische Wunschgebilde einer Kosmologie der Architektur ist jedoch, in groben Zügen betrachtet, weitreichend und prägt die Anschauungen vieler Architekten und wurde seit etwa der Zeit von Jean-Louis Viel de Saint-Maux bis zu den Vertretern des Expressionismus, wenn auch mit langer Unterbrechung, immer wieder angestrebt. Sicherlich sind diese Affirmationen ein und desselben Themas auf seelische Bedingungen, nämlich ein allgemeines teleologisches Bedürfnis des Menschen, zurückzuführen. Dieses Bedürfnis kann zu Betrachtungen einer Architekturgeschichte als wiederholte Genesis durch Architekten der organischen Architektur führen. Es kann sich aber auch in anderen Bereichen, etwa der Sprache oder der Musik, und in ganz einfacher Weise niederschlagen. So ruft Otto Bartning, der diesen Zusammenhang erkannt hat, fast dichterisch aus: „Und wir spüren, daß auch ein kurzes Wort, wenn es den Gedanken knapp umschließt, in diesem besonderen Sinne schön ist, nämlich der Seele eine Botschaft aus dem ewigen Zusammenhang der Dinge, aus dem „Kosmos“ (dem „Schöngefügten“) bringt; und daß dies so not tut wie das leibliche Brot, damit wir wirken können, solange es Tag ist.“[1]

Anmerkungen

Einleitung

1. Lethaby, W.R., Architecture, Mysticism and Myth, London 1891, Nachdr.: Thetford 1974.
2. Möseneder, Karl, „Aedificata Poesis". Devisen in der französischen und österreichischen Barockarchitektur, in: Wiener Jahrbuch für Kunstgeschichte, Bd. XXXV, Wien, Köln, Graz, 1982 S. 139 ff.
3. ebd., S. 144.
4. ebd., S. 151.
5. Zu den Begriffen „Emblem" und „Devise" siehe ebd., S. 141 ff.
6. ebd., S. 156 ff.
7. ebd., S. 165 ff.
8. Vgl. Kruft, Hanno-Walter, Geschichte der Architekturtheorie, München 1985, S. 175 f.. Viel de Saint-Maux und Lethaby ebd., S. 389.
9. Viel de Saint-Maux, Jean, Lettres sur l'architecture, Brüssel 1779, 1780.
10. Sedlmayer behandelt die Thematik verallgemeinernd unter dem Begriff der „abbildenden Architektur" und anhand von Beispielen des Mittelalters einschließlich außereuropäischer bis hin zu fernöstlichen Beispielen. Vgl. Sedlmayer, Hans, Architektur als abbildende Kunst, Wien 1948, Österreichische Akademie der Wissenschaften. Phil.- Hist. Klasse. Sitzungsberichte 225,3. Hautecœur spricht im Zusammenhang mit der „Kuppel" des Mittelalters von „Symbolisme". Vgl. Hautecœur, Louis, Mystique et Architecture, Symbolisme du Cercle et de la Coupole, Paris 1954. Auch Baldwin Smith kündigt gleich im Titel einen „symbolism" an. Vgl. Smith, Earl Baldwin, Architectural Symbolism of Imperial Rome and the Middle Ages, Princeton, New Jersey 1956.
11. Beispiele dieser Prospektgestaltung: Lübeck (St. Marien, St. Jakobi u.a)., Fürstenfeldbruck (Klosterkirche)
12. Müller, Werner, Die heilige Stadt. Roma Quadrata, himmlisches Jerusalem und die Mythe vom Weltnabel, Stuttgart 1961.
13. ebd., S. 16 f.
14. Vgl. ebd., S. 160 ff.

I. Die kosmologische Deutung der Architekturform. Die Vorläufer im ausgehenden 18. Jahrhundert

I.1. Neuzeitliche Tradition der abbildenden Architektur und Herders „Forsch-Zeit-Zahl-Weltdenkmal"

1. Vgl. Gaus, Joachim, Die Urhütte, Über ein Modell in der Baukunst und ein Motiv in der Bildenden Kunst, in: Wallraf-Richartz-Jahrbuch, Bd. XXXIII, Köln 1971, S. 7 f.

2. Siehe Wiedergabe der Legende in: Germann, Georg, Einführung in die Geschichte der Architekturtheorie, Darmstadt 1993, S. 27. Zu Giorgio Martini siehe S. 85.
3. Vitruvius, De Architectura Libri Decem/Zehn Bücher über Architektur, hrsg. und übersetzt von Curt Fensterbusch, Darmstadt 1964, Vitruv, Buch II, Kap. I, S. 82 f.
4. Germann, G., Einführung in die Geschichte der Architekturtheorie S. 17.
5. Vitruvius, De Architectura Libri Decem, Buch IV, Kapitel II, S. 179 f. Vgl. hierzu auch Vitruv, Buch II, Kapitel I, S. 79 f. Zu diesen Herleitungen Vitruvs siehe: Germann, G., S. 14 ff.
6. Eckart Bergmann erkennt diese bei Vitruv schon angelegte Ableitung nicht an und sieht den Zusammenhang Natur/ Steinbaukunst in erster Linie in dem Moment, in dem in der Neuzeit der Urhüttenmythos zum Gegenstand architekturtheoretischer Erörterungen wird. Vgl. hierzu Bergmann, Eckart, Architektur und Natur. Laugiers architektonische Prinzipien und ihre Wirkung in: Empfindung und Reflexion. Ein Problem des 18. Jahrhunderts. Münchner Beiträge zur Geschichte und Theorie der Künste, Bd.1, herausgegeben von Hans Körner, Hildesheim, Zürich, New York 1986, S.189.
7. Vgl. Laugier, Marc-Antoine, Das Manifest des Klassizismus. Nach dem Originaltitel Essai sur l'architecture (1753) , Zürich, München 1989, S. 33 ff.
8. Siehe zu Filarete: Germann, G., Einführung in die Geschichte der Architekturtheorie, S. 74., oder auch Gaus, Joachim, Die Urhütte, S. 16 ff.
9. Vgl. Germann, G., Einführung in die Geschichte der Architekturtheorie S. 18.
10. Zu den „Modi" in Malerei und Architektur siehe Bialostocki, Jan, Das Modusproblem in den bildenden Künsten, in: Stil und Ikonographie, Studien zur Kunstwissenschaft, Dresden 1966, S. 11 ff. Zur Architektur siehe S. 15 ff. Zum Gebrauch der Säulenordnungen in der Renaissance siehe Forssman, Erik, Dorisch, jonisch, korinthisch: Studien über den Gebrauch der Säulenordnung in der Architektur des 16. und 17. Jahrhunderts, Uppsala 1961. Zur Schicklichkeit siehe Horn-Oncken, Alste, Über das Schickliche, Studien zur Geschichte der Architekturtheorie (Abhandlungen der Akademie der Wissenschaften in Göttingen, Philosophisch-historische Klasse, 3. Folge, Nr.70), Göttingen 1967.
11. Zitiert nach Germann, G. Einführung in die Geschichte der Architekturtheorie, S. 23.
12. ebd., S. 24. Siehe außerdem Bialostocki, Jan, Stil und Ikonographie, S. 15.
13. Siehe hierzu Angaben zu Alberti und Filarete bei Germann, G., Einführung in die Geschichte der Architekturtheorie, S. 57 ff.
14. Alberti, Leon Battista, Zehn Bücher über die Baukunst. Ins Deutsche übertragen, eingel. und mit Anm. und Zeichnungen versehen von Max Theurer, Wien, Leipzig 1912, Buch VII, Kapitel 4, S. 353.
15. Zur „mathematischen Sympathie" siehe Wittkower, Rudolf, Grundlagen der Architektur im Zeitalter des Humanismus, München 1969, S.21. Beispiele: Leonardo da Vinci. Homo ad circulum (um 1485-90), Ms. B. fol 17. verso, Institut de France, Paris. Vitruvius, De Architectura; Übersetzung und Kommentar von Cesare Cesariano, Como 1521, fol. L recto.
16. So beispielsweise der Innenraum der Amalienburg von Schloß Nymphenburg in München, von François Cuvilliés d. Ä., begonnen 1734.
17. Piel, Friedrich, Anamorphose und Architektur, in: Festschrift für W. Braunfels zum 65. Geburtstag, Tübingen 1978, S. 295.
18. Steiner, Reinhard, Die Wirksamkeit des Raums. Zum Verständnis des Innenraums in der Sakralbaukunst Böhmens und Bayerns von 1700-1770, in: Empfindung und Reflexion. Ein Problem im 18. Jahrhundert. Münchner Beiträge zur Geschichte und Theorie der Künste. Bd.1, hrsg. von Hans Körner, Hildesheim, Zürich, New York, 1986, S. 169.

19. Vgl. Bauer, Hermann, Der Himmel im Rokoko. Das Fresko im deutschen Kirchenraum des 18. Jahrhunderts, Regensburg 1965, S. 14 und 20. Vgl. die hier angegebenen Beispiele.
20. Die Stelle wird behandelt in Steiner, Rudolf, Die Wirksamkeit des Raums, S. 170 f., o.a.O. Tintelnot, Die barocke Freskomalerei in Deutschland, München 1951, S. 309, o.a.O. Bauer, H., Der ikonographische Stil der Rokokokirche, in: ders. Rokokomalerei, Mittenwald 1980, S. 70f.
21. Siehe hierzu die Interpretation von Gerd Braun unter dem Gesichtspunkt der auf Schloß Rosenau angesiedelten Freimaurerloge: Braun, Gerd, Beitrag zur Herkunft und Bedeutung der Treppenhausfresken des Schlosses Rosenau in Niederösterreich, in: Burgen und Schlösser, Zeitschrift der deutschen Burgenvereinigung e.V. für Burgenkunde und Denkmalpflege, 23. Jg., Heft 1882/1, S. 29 ff.
22. Laugier, Marc-Antoine, Das Manifest des Klassizismus, S. 33 ff. Vgl. auch Germann, G. Einführung in die Geschichte der Architekturtheorie, S. 6.
23. Ruskin, John, Sieben Leuchter der Baukunst, (The Seven Lamps of Architecture), dt. Ausgabe: J.R., Ausgewählte Werke, Bd. I, Leipzig 1900, S. 192.
24. Siehe hierzu Sedlmayer, Architektur als abbildende Kunst, sowie Vogt, Adolf Max, Boullées Newton-Denkmal. Sakralbau und Kugelidee (Schriftenreihe des Instituts für Geschichte und Theorie der Architektur an der Eidg. Technischen Hochschule Zürich, Bd.3), Basel 1969 Stuttgart 1969.
25. Vgl. Boullées Newton-Kenotaph und die Verknüpfung von „Himmelsbild, Kugelform und Newtonismus" siehe ebd., S. 291 ff.
26. Ein Beispiel einer solchen Größenverschiebung ist der „Globe céleste", Paris, von Galeron, 1900. Abb. siehe Pevsner, N., Lexikon der Weltarchitektur, München 1992, S. 51.
27. Vgl. Laugier, Das Manifest des Klassizismus, S. 36. Zum Vitruvianismus und dessen Abbau, die verhärtete Diskussion über die Säulenordnungen siehe Germann, G. Einführung in die Geschichte der Architekturtheorie, S. 195 ff.
28. Noch Semper beschrieb diese Sparsamkeit „periodischer Zäsuren", die „Eurhythmie" erzeugen. Semper, Gottfried, Der Stil in den Technischen und Tektonischen Künsten oder Praktische Ästhetik, Bd.1, München 1878, 2. Aufl., Prolegomena S. XXVII.
29. Vgl. die deutsche Ausgabe des „Essai sur l'art": Boullée, Etienne-Louis, Architektur. Abhandlung über die Kunst (mit Einführung und Kommentar von Max Vogt), Zürich, München 1987, S. 76.
30. Vgl. als auffällige Beispiele: 1. Étienne-Louis Boullée, „Pyramidenförmiges Grabmonument mit Säulenportikus in der Zugangsnische" Abb. siehe Étienne-Louis Boullée, Architektur, Abhandlung über die Kunst, Abb. 34: 2. Peter Speeth, „Entwurf für ein Totendenkmal", 1810. (Abb. 8) Der Entwurf zeigt einen dorischen Tempel unter einem ägyptisch anmutenden Baukörper mit dreieckigem Querschnitt. Die Integration des halbkreisförmigen Tonnengewölbes vervollständigt die geometrischen Elemente eines rechtwinkligen und spitzwinkligen Systems. Zu den Verbindungen zwischen der griechischen und ägyptischen Wissenschaft und Kunst siehe insbesondere Terrasson, Jean, Sethos, dt. Ausgabe: Geschichte des ägyptischen Königs Sethos, Aus dem Französischen übersetzt von Matthias Claudius, Breslau 1777. Die folgenden Hinweise beziehen sich auf diese Ausgabe. Zu Pythagoras und seiner Beziehung zu Ägypten siehe S. 81.
31. Zu diesen und zur Vorgeschichte des „Egyptian Revival" siehe auch Pevsner, Nikolaus, Architektur und Design, Von der Romantik zur Sachlichkeit, München 1968, S. 174 ff. Pevsner berücksichtigt auch die Entwicklung außerhalb Großbritanniens. So weist er darauf hin, daß ägyptische Motive schon vor der Ägyptenexpedition Napoleons (1798-1801) feststellbar sind und

schon lange zuvor sozusagen latent vorhanden waren. Vgl. ebd., S. 177 und die dort angegebenen zahlreichen Beispiele und den Abriß über die frühen Baudarstellungen S. 194 ff.

32. Die hier vorliegenden Überlegungen zu Herder erfolgten unter Benutzung folgender Ausgabe: Johann Gottfried Herder, Älteste Urkunde des Menschengeschlechts, 1774 in: Herder, Johann, Gottfried, Sämtliche Werke, Bd. VI, Hildesheim, New York, 1967, Nachdruck der Ausgabe von 1883. Herders Beispiel folgten bald artgleiche Beiträge: So die Werke des Symbolforschers G.F. Greuzer, Symbolik und Mythologie der alten Völker besonders der Griechen, 1.Theil, Leipzig und Darmstadt 1837, 3.Aufl., Görres, Johann Joseph, Mythengeschichte der Asiatischen Welt, Heidelberg 1810.
33. Vgl. Iversen, Erik, The Myth of Egypt and Its Hieroglyphes in European Tradition, Kopenhagen 1961, S. 114. Siehe auch Oechslin, Werner, Pyramide et sphère. Notes sur l'architecture révolutionnaire du XVIIIe siècle et ses sources italiennes, in: Gazette des Beaux-Arts, 113, 1971, S. 212.
34. Vgl. Herder, J. G. Älteste Urkunde des Menschengeschlechts, S. 416.
35. Terrasson, J., Sethos, S. 20.
36. Herder, G. Älteste Urkunde des Menschengeschlechts, S. 416
37. ebd., S. 417.
38. Winckelmann, Johann Joachim, Geschichte der Kunst des Altertums, 1764, hrsg. von Victor Fischer, Berlin, Wien 1913, S. 25.
39. Vgl. hierzu Iverson, E., The Myth of Egypt and Its Hieroglyphes, S. 95.
40. Herder, J. G., Älteste Urkunde des Menschengeschlechts, S. 417 ff. Der viergeteilte Kreis wird von Werner Müller einem ganz anderen Kulturkreis zugeordnet. Ihmzufolge diente er als Zeichen für Jerusalem, das im Mittelalter als Weltnabel galt. Im Gegensatz zur ägyptischen Hieroglyphe kommt das Zeichen hier als allgemeinverständliche „Abbreviatur“ zur Sprache. Vgl. Müller, Werner, Die heilige Stadt, S. 54. Es wird eine nordische Tradition festgestellt, im Gegensatz zum Ursprung des viergeteilten Rechtecks, welches für die römische Stadt und die Castra charakteristisch sei. Vgl. hierzu ebd., S. 109 f. Die volle Verbreitung und Herkunft der Form ist offenbar noch nicht erschöpfend behandelt und harrt noch ergänzender Nachforschungen.
41. ebd., S. 416.
42. Terrasson, J., Sethos, S. 18.
43. ebd., S. 65.
44. ebd., S. 66.
45. Iversen, Erik, The Myth of Egypt and its Hieroglyphes, S. 116.
46. Semper, Gottfried, Der Stil in den Technischen und Tektonischen Künsten, S. 2.
47. Eine auffällige Parallele zu dieser angenommenen inhaltlichen Identität zwischen Formen ist auch in der Stadtbaukunst Indiens zu finden. Werner Müller stellt fest: „Der Utpalakommentar zum brhat samhita besagt ganz allgemein, der Plan sei seiner Form nach ein Viereck, könne sich aber zum Dreieck, Sechseck, Achteck und Kreis wandeln, ohne seinen Symbolwert zu verlieren.“ Müller, Werner, Die heilige Stadt, S. 119.
48. Herder, J. G., Älteste Urkunde des Menschengeschlechts, S. 417.
49. ebd., S. 420.
50. 50 ebd., S. 418.
51. Ausstkat. Kalenderbauten, herausgegeben von Kern, Hermann, München 1976, S. 10 ff.
52. Möseneder, Karl, „Aedificata Poesis“, S. 144 f.

53. „Eins" wurde auch in der Literatur des späten 18. und 19. Jahrhunderts mit Gott in Verbindung gebracht. So spekuliert Senancour: „Ohne Eins gäbe es weder Zwei noch Drei; also ist die Einsheit das allgemeine Prinzip. Eins ist unendlich durch das, was aus ihm hervorgeht...es ist, wie wenn man davon sagen würde: mehr als eine Zahl. Mit der Zwei verhält es sich völlig anders. Ohne Zwei gäbe es nur Eins. Ist aber alles eins, so ist alles gleich; ist alles gleich, so gibt es kein Mißverhältnis; wo kein Mißverhältnis ist, ist die Vollkommenheit. Also ist es die Zwei, die alles durcheinanderbringt. Sie ist das böse Prinzip: Sie ist Satan." Zitiert nach Körner, Hans, Auf der Suche nach der »wahren Einheit«. Ganzheitsvorstellungen in der französischen Malerei und Kunstliteratur vom mittleren 17. bis zum mittleren 19. Jahrhundert, München 1988, S. 260.
54. Herder, Älteste Urkunde des Menschengeschlechts, S. 418.
55. ebd., S. 418.
56. ebd., S. 419 ff.
57. Semper, G., Der Stil in den technischen und tektonischen Künsten, Prolegomena XLIII.

I.2. Emblematik, Hieroglyphik und Architektur

1. Abb. siehe Filippo Picinelli, Mundus Symbolicus, herausgegeben von August Erath, Bd. I, New York und London 1976.
2. Zitiert nach Emblemata. Handbuch zur Sinnbildkunst des 16. und 17. Jahrhunderts. Hrsg. v. Arthur Henkel und Albrecht Schöne, Stuttgart 1967, S. 6.
3. Heckscher, William, Goethe im Banne der Sinnbilder. Ein Beitrag zur Emblematik, in: Penkert Sibylle (Hrsg.), Emblem und Emblematikrezeption. Vergleichende Studien zur Wirkungsgeschichte vom 16. bis 20. Jahrhundert, Darmstadt 1978, S. 355 ff.
4. Vgl. die zahlreichen Beispiele und Abb. ebd., S. 359 ff.
5. Vgl. ebd., S 358 ff.
6. Volkmann, Ludwig, Bilderschrift der Renaissance. Hieroglyphik und Emblematik in ihren Beziehungen und Fortwirkungen, Leipzig 1923, S. 112 ff.
7. Vgl. hierzu Janssen, Josef, Athanase Kircher «Égyptologue», in: Chronique d'Égypte 18, Brüssel 1943, S. 240 ff.
8. Zitiert nach Volkmann, L., Bilderschrift der Renaissance, S. 115. Vgl. hierzu auch Iversen, Erik, S. 113 ff.
9. Vgl. ebd., S. 112. Volkmann weist darauf hin, daß dadurch die Hieroglyphik vor Champollion für die Sprachwissenschaft bedeutungslos, jedoch für die Kunst- und Kulturgeschichte bedeutend sei. Vgl. ebd., S. 1.
10. Vgl. hierzu den Bericht über die antiken Quellen: Janssen, J., Athanase Kircher S. 240 ff. Volkmann spricht von einer „innerlichen Verwertung" und „selbständigen Verarbeitung" der Hieroglyphe im Bewußtsein ihrer inhaltlichen Tiefgründigkeit durch die Renaissance. Volkmann, L. Bilderschrift der Renaissance, S. 3.
11. Vgl. Janssen, J., Athanase Kircher, S. 240.
12. Volkmann, L., Bilderschrift der Renaissance, S. 3.
13. ebd., S. 6.
14. ebd.

15. „Ainsi ils representoient la providence divine par une baguette sur laquelle estoit un oeil." Zitiert nach Volkmann, L. Bilderschrift der Renaissance, S. 104.
16. Entstehungsgeschichte, Zuschreibung und Beschreibung des Chorgestühls siehe Krause, Katharina, Der „Vœu de Louis XIII". Die Chorausstattung von Notre-Dame in Paris unter Ludwig XIV, München 1989.
17. Vgl. Volkmann, L., Bilderschrift der Renaissance, S. 6.
18. Vgl. Enciclopedismo in Roma Barocca. Athanasius Kircher e il Museo del Collegio Romano tra Wunderkammer e museo scientifico, Venedig 1986, Abb. 2.
19. Vgl. Couturat, Louis (Hrsg.), Opuscules et Fragment inédit de Leipniz, Extrait des manuscrits de la Bibliothèque royale de Hanovre, Paris 1903, S. 277-331.
20. Rupprecht, Bernhard, Plastisches Ideal und Symbol im Bilderstreit der Goethezeit, in: Kunstgeschichte und Kunsttheorie im 19. Jahrhundert, Berlin 1963. Problem der Kunstwissenschaft, Bd.1. S. 195 ff.
21. Herder, Über Denkmale der Vorwelt, 1792, Bd.16, 74. Zitiert nach Rupprecht, Plastisches Ideal und Symbol S. 211.
22. ebd., S. 212.
23. ebd., S. 195 ff.
24. ebd., S. 213. Zu Kannes Begriff siehe: Kanne, Johann Arnold, Erste Urkunden der Geschichte oder allgemeine Mythologie, Bayreuth 1808, S. 31.
25. ebd., S. 32.
26. ebd., S. 33.
27. ebd., S. 34.
28. ebd., S. 44.
29. Vgl. Greuzer, Friedrich, Symbolik und Mythologie, S. 8.
30. ebd., S. 16 ff.
31. ebd., S. 18
32. ebd., S. 62
33. Schlegel, Friedrich, Kritische Friedrich-Schlegel-Ausgabe hrsg. von Ernst, Behler, Bd. IV, Dritter Nachtrag alter Gemälde, S. 151.

I.3. Jean-Louis Viel de Saint-Maux. Architektur und „Le Poème parlant de l' »Agriculture«"

1. Viel de Saint-Maux, Jean-Louis, L'architecture, Brüssel 1779, 1780.
2. ebd., Brief I, S. 13.
3. „...car n'ayant dans la tête que des mesures de palmes ou de pieds, ils ont cru que les Anciens, pour embellir les pilliers d'une cabane, auraient pu prendre modèle sur le corps de l'homme, sans autre forme de procès." ebd., Brief II, S. 24.
4. ebd., Brief II, S. 26.

5. ...à son Traité de l'Art de bâtir, où il joint des étymologies sur l'Architecture, il a uni la mort au rats, le secret de guérir les fièvres,...en un mot, son Traité est une pièce de Carnaval, qu'un livre d'Architecture." ebd., Brief II, S. 28.
6. ebd., Brief I, S. 8.
7. ebd., Brief II, S. 16.
8. ebd., Buch I, S. 16.
9. ebd., Brief II, S. 8.
10. ebd., Brief I, S. 25 f.
11. ebd., Brief II, S. 7.
12. ebd., Brief I, S. 16.
13. ebd., Brief II, S. 7, f., S. 22.
14. ebd., Brief II, S. 9.
15. „Les monuments deviendront un livre dont on ne se doutoit nullement; leur langage sera une source féconde d'instruction & d'agrément...", ebd. Brief II, S. 10.
16. ebd., Brief II, S. 12.
17. ebd., Brief I, S. 16 f.
18. ebd., Brief I, S. 17 f., Brief II, S. 21.
19. ebd., Brief I, S. 18. Zur Sonnenbahn als architektonische Kategorie siehe auch Brief II, S. 12.
20. ebd., Brief II, S. 11, 16, 20.
21. „En effet, l'Antiquité la plus reculée, nous disent les Historiens, ne représenta la Divinité & ses attributs que par des pierres non taillées, c'est-à-dire, privées de sculpture: une forme de colonne suffisoit, à l'aide de quelque hieroglyphes, pour exprimer les bienfaits du Créateur, bienfaits qu'ils designoient par tout ce qui contribue à la fécondité de la terre. Une pierre pyramidale étoit l'emblême de la flamme divine, ainsi que l'observe Porphyre; & une pierre noire, nous dit-il, exprimoit encore de son temps que la Nature & la Divinité ne tomboient pas sous le sens de la vue." ebd., Brief II, S. 14.
22. ebd., Brief II, S. 15.f.
23. ebd., Brief II, S. 23.

I.4. Zusammenfassung. Architektur als Abbildung und Symbol im späten 18. Jahrhundert

I.5.1. Boullée. Architektur, Welt und Unendlichkeit

1. Vgl. Volkmann, L., Bilderschrift der Renaissance, S. 114. Sedlmayr, Hans, Verlust der Mitte. Die bildende Kunst des 19. und 20. Jahrhunderts als Symptom der Zeit, Salzburg 1948, S. 96 ff.
2. Boullée, Architektur, S. 45.
3. Ruskin, John, Die sieben Leuchter der Baukunst, S. 18.
4. „The history of architecture, as usually written, with its theory of utilitarian origins from the hut and the tumulus, and further developments in that way,[...], is rather a history of building: of 'Architecture' it may be, in the sense we so often use the word, but not the Architecture which is the synthesis of the fine arts, the commune of all the crafts. Lethaby, W.R., Architecture, Mysticism and Myth, Introductory, 1891, Nachdruck London 1974, S. 1.

5. Boullée, E.-L. Architektur, S. 76 ff.
6. Boullée, Architektur, S. 98.
7. ebd. S. 101.
8. Zum Begriff „Mégalomanie“ siehe Vogt, A.M., Revolutionsarchitektur und Nazi-Klassizismus, in: Argo. Festschrift für Kurt Badt, Köln 1970, S. 354 ff.; Sedlmayer, Hans, Verlust der Mitte, Salzburg 1948, S. 26; zur akademischen Gegenreaktion: Pérouse de Montclos, Jean Marie, E.L. Boullée, Paris 1969, S. 222 f.
9. Boullée, E.L., Architektur, S. 101.
10. Vgl. Vogt, A.M., Boullées Newton-Denkmal, S. 144 ff. Siehe zur Zweckwidrigkeit gegenüber der „économie“ Durands am Beispiel des Opernhauses von Boullée: ebd., S. 154.
11. Boullée, Architektur, S. 46.
12. ebd., S. 54 ff.
13. Vgl. Boullées „Métropole“. Die Leistung des Innenraums machte Boullée nach Ansicht von A.M.Vogt zum Vorläufer des romantischen Wolkenbildes. Vgl. Vogt, A.M., Boullées Newton-Denkmal, S. 178.
14. Vgl. ebd., S. 15.
15. ebd., S. 129.
16. ebd., S. 125.
17. Abb. siehe Volkmann, L., S. 38, Abb 29.
18. Vgl. die Projekte in Boullée, É-L., Abhandlung über Kunst, Abb. 31: „Konisches Leergrab“, Abb. 32, „Leergrab als gekappte Pyramide“, Abb. 34, „Pyramidenförmiges Grabmonument mit Säulenportikus in der Zugangsnische.
19. Vgl. Vogt, A.M., Revolutionsarchitektur und Nazi-Klassizismus, S. 360.
20. Vgl. Terrasson, J., Sethos, S. 83.
21. ebd., S. 342.
22. ebd., S. 344.
23. ebd., S. 346. Über die Dimensionen siehe: Pevsner, N., Lexikon der Weltarchitektur, München 1992, Artikel Boullée.
24. Zum „planetarischen Naturbegriff“ siehe Vogt, A.M., Boullées Newtondenkmal, S. 209.
25. Zitiert nach Vogt, A.M., Boullées Newton-Denkmal, S. 272. Zum Präzedenzfall dieses Verfahrens, der „Sternenhimmel“ des Haman, siehe Vogt, Revolutionsarchitektur und Nazi-Klassizismus, S. 361.
26. Vgl. Boullée, Architektur, S. 134.
27. ebd., S. 131.
28. So zum Beispiel die sternenbesetzte Mosaikdecke des Mausoleums der Galla Placidia in Ravenna und die bereits besprochene barocke Illusionistik. Zum Newton-Kenotaph als kosmologische Abbildung, sprich zu den Weltmodellen, Himmelsglobus, Armillarsphäre und Erdglobus, siehe Vogt, Adolf Max, Boullées Newton-Denkmal, Sakralbau und Kugelidee, Stuttgart 1969, S. 268. Zu Boullées Zeitgenossen, die sich dem Kugelgedanken der abbildenden Architektur anschlossen, und den Kenotaphprojekten siehe die Beispiele von Großgloben zusammengestellt in: Lechner, Alfred, Sphärische Bauten, Räume und Gebäude, Wien 1971, S. 30 ff. und S. 83 ff. Siehe in diesem Zusammenhang auch Schinkels Entwurf zur „Zauberflöte“ von W.A. Mozart.
29. Und nicht wie Vogt anmerkt: „[...]die größte Oberfläche ist in Palladios Bestimmungen »forte e capace« (stark und geräumig) mindestens mitgemeint.“ Vogt, A.M., Boullées Newton-Denkmal, S. 299. Vgl. auch ebd. S. 295. Palladio meint mit „forte“ die Eigenschaft der Wirkung und mit „capace“ den größten Rauminhalt, nicht mehr und nicht weniger. Zu Palladio sie-

he Palladio, Andrea, I quattro libri dell'architectura di Andrea Palladio, Quarto libro, Venedig, 1570, S. 6.

30. Boullée, Architektur, S. 57.
31. Es hat wenig Sinn, die Einschränkung des Nutzungswerts, wie Sedlmayr dies tat, generell als „unsinnig" zu bewerten, wobei derselbe Einwand, bezogen auf das „Flurwächterhaus" von Ledoux, sicherlich nicht unerheblich ist. Vgl.: Sedlmayer, Hans, Verlust der Mitte, S. 9. Auch meint Sedlmayr: „Die neue Architektur der Revolution wäre also die von jenen fremden Beimengungen nach Möglichkeit gereinigte, eine „pure", eine „absolute", eine „befreite" Architektur. Diese Auffassung ist aber nicht annehmbar. Wir haben erkannt, daß die Revolutionsarchitektur sich unter eine andere und viel unmenschlichere Heteronomie begeben hat: eben unter die der puren Geometrie.". Siehe ebd. S. 99. Zur Idealform der Kugel siehe Boullée, Architektur, S. 57.
32. Vgl. Herder, Älteste Urkunde des Menschengeschlechts, S. 417.
33. Boullée, Architektur, S. 153.

I.5.2. Formale Eigenschaften des Architekturbildes von Boullée. Modus der Verewigung im Vergleich zum Grabmalprojekt von Pierre Marin Giraud

1. Herder, Älteste Urkunde des Menschengeschlechts, S. 417.
2. Zu Giraud siehe Giraud, Pierre Marin, Les Tombeaux ou Essai sur les sépultures, Paris 1801. Vgl. auch Messerer, W., Zu extremen Gedanken über Bestattung und Grabmahl um 1800, in: Kunstgeschichte und Kunsttheorie im 19. Jahrhundert, Probleme der Kunstwissenschaft Bd.1, Berlin 1963, S. 172 ff.
3. Messerer, W., Zu extremen Gedanken..., S. 178 f.
4. Vgl. Terrasson, Jean, Sethos, Bd.1, S. 69. Zum Totenkult siehe ebd. S. 32 ff.

II. Kosmologische Architektur in Symbolismus und Arts-and-Crafts-Bewegung

II.1.1. Albert Trachsel. Dichterische und zeremonielle Architektur-Vision. Synästhesie und „wahre Feste"

1. Zum Werk Trachsels siehe den Ausstellungskatalog Albert Trachsel, Ausstellungskatalog, Musée d'art et d'histoire, Genf 1.12.1984 - 17.2.1985; Kunstmuseum Solothurn 9.3. - 5.5.1985; Städtische Galerie Schwarzes Kloster, Freiburg i.Br. 16.11-15.12.1985.
2. Vgl. hierzu Vogt, Adolf Max, Revolutionsarchitektur und Nazi-Klassizismus, S. 356.
3. Vgl. Trachsel, A., Notes autobiographiques, in: Aust.Kat. Neue Kunst in der Schweiz zu Beginn unseres Jahrhunderts, hrsg. von Jura Brüschweiler, Kunsthaus Zürich, 1967, S. 42.
4. Vgl. zur Bedeutung und Eingrenzung des Symbolismus-Begriffs: Hofstätter, Hans H., Symbolismus und die Kunst der Jahrhundertwende. Voraussetzungen, Erscheinungsformen, Bedeu-

tungen, Köln 1983, S. 9 ff. Zum „état d'âme“ siehe: Legrand, Francine-Claire, Le symbolisme en Belgique, Brüssel 1971, S. 9 ff. Delville, Jean, La mission de l'art, Etude d'Esthétique Idéaliste, Brüssel 1900. Im Falle von Jean Delville führte eine theosophische Weltanschauung zu ästhetischen Auffassungen, die mit missionarischem Eifer vertreten wurden. In „La mission de l'art“ wendet er sich gegen Neoimpressionismus und die akademische Malerei des 19. Jahrhunderts: „Les uns et les autres sont les esclaves de la méthode et restent sans inspiration, sans idéal.“ Vgl. Delville, La mission de l'Art, S. 43.

5. Vgl. Notes autobiographiques, S. 42.
6. „Péladan avait réuni à son exposition des artistes, dont les œuvres cadraient avec ses théories artistiques, les confirmaient, les corroboraient... J'étais du reste, je crois, le premier architecte ayant exposé de l'architecture en dehors des salons officiels de Paris.“ Trachsel, Albert, Notes autobiographiques, S. 42. o.a.O. Ausstkat. Genf 1984/1985. S. 8.
7. Péladan nannte sich „grand maître de l'Ordre de la Rose-Croix catholique, ein Orden, den Péladan in Zusammenarbeit mit Stanislas de Guaita erneuerte und dem „Rose-Croix du Temple et du Graal“ widmete. Péladan war Bewunderer des Magiers Eliphas Lévy. Vgl. hierzu die von Lévy in der Zeitschrift „L'initiation“ veröffentlichten Briefe an seinen Schüler M.Montaut, wiedergegeben in: Papus, La Cabbale, Paris 1903. Deutsche Übertragung: Papus, Die Kabbala, hrsg. von Julius Nestler, Wiesbaden 1980, S. 25 ff. Siehe auch biographische Angaben in: Legrand, Francine-Claire, Le Symbolisme en Belgique, Brüssel 1971, 48 ff., S. 227. Gershom Scholem spricht im Zusammenhang mit Eliphas Lévy und Aleister Crowley von Phantasten und Scharlatanen, die das Feld der Kabbala „für sich beschlagnahmten“ und von „legitimen Deutungen“ der Kabbala weit entfernt waren. Vgl. Scholem, Gershom, Die jüdische Mystik in ihren Hauptströmungen, Frankfurt a.M. 1967, S. 3. Die Einschätzung des Religionsforschers verdeutlicht die fast verschrobene Exzentrik geistiger Autoritäten und der geistigen Bedürfnisse bestimmter Kreise des ausgehenden 19. Jahrhunderts, deren Einfluß sich auf die Kunst ausbreitete.
8. Zur Dichtung u.a. von Baudelaire und de Gourmont und zu ihrer Wirkung auf die Kunst siehe Delevoy, Robert, Journal du Symbolisme, Genf 1977, S. 134 ff; Vgl. auch: Legrand, Le Symbolisme en Belgique, S. 48 ff.
9. Sàr Mérodack Joséphin Péladan, Manifest der Rosenkreuzer. Vorwort der 1.Ausstellung des Salon de la Rose-Croix 1892 bei Durand-Ruel, Paris. Zitiert nach Hofstätter Hans. H., Symbolismus und die Kunst der Jahrhundertwende, Voraussetzungen, Erscheinungsformen, Bedeutungen, Köln 1983, S. 230.
10. Zu Entstehung und sukzessivem Erscheinen der Alben siehe Trachsel, Albert, Préface pour «Les Fêtes réelles», Paris 1897, abgedruckt in Albert Trachsel, Ausstellungskatalog Genf 1.12.1984 - 17.2.1985, S. 37.
11. „L'AUTEUR s'est proposé par «LES FETES REELLES», de réaliser un poème architectural, d'échafauder un rêve de pierre. Donc, au lieu d'utiliser les modes verbaux d'expression, il s'est servi de la forme architectural, chacune des planches de l'album étant pour cet album, ce que sont pour le poème verbal les pièces ou parties diverses composant ce poème.“ Trachsel, Albert, Préface, S. 30.
12. Zu Poesie und Architektur siehe Möseneder, K., „Aedificata Poesis“, zum Begriff „poesiestiftende Leistung“ siehe S. 172.
13. „une humanité fictive, en dehors du Temps et de l'Espace“. Trachsel, A., Préface, S. 30.
14. Kuhn, Helmut, Wesen und Wirken des Kunstwerks, München, 1960, S. 50.
15. ebd., S. 67.

II.1.2. Die werkübergreifende Darstellungsweise der „Fêtes réelles"

1. Das Motto siehe Boullée, É.L., Essai sur l'Art, hrsg. von Pérouse de Montclos, Paris 1968, S.45.
2. Vgl. Merrill, Stuart, Albert Trachsel, in: La plume, 1893, S. 53 ff.

II.1.3. Modi der Proportionen

1. Harald Siebenmorgen sieht hierin eine hauptsächliche Übereinstimmung zwischen Boullée, Trachsel und der Postmoderne. Fragwürdig erscheint die angeblich analoge „symbolische Anwendung von Formen" durch die Postmoderne: „Les visions d'architecture de Trachsel semblent impensables sans référence à «l'architecture revolutionnaire» de la fin du XVIIIe siècle. Certes, on ne connaît guère l'accueil réservé au projets idéaux architectoniques d'Etienne-Louis Boullée (1728-1799) et de Claude-Nicolas Ledoux (1736-1806) aux XIXe siècle, mais les dessins d'architectures de Trachsel ont ici des modèles de grande portée dans l'isolement monumental des constructions, l'échelle mégalomane, le pathos de la géométrie et l'utilisation symbolique des formes, de nouveau actuelle chez les «postmodernes» contemporains." Vgl. Siebenmorgen, Harald «Les Fêtes réelles» d'Albert Trachsel, L'éclatement subjectif des limites de l'architecture dans le symbolisme, in: Trachsel, Albert, Ausstkat. Genf 1984/85, S. 19.
2. Zu den „progressiven Größen" bei Boullée siehe Vogt, A.M., Revolutionsarchitektur und Nazi-Klassizismus, S. 357 ff.

II.1.4. Evidenz und Emblematik

1. Zitiert nach Henkel und Albrecht Schöne, S. 7 ff.
2. ebd., S. 7.
3. ebd., S. 8. Gabrielis Rollenhagii/selecrorum/ Emblematum/ Centuria/Secunda AOMDCXIII.
4. Trachsel, Albert, Préface, S. 33.
5. Zum Begriff „lourdes arcades" siehe Vogt, A.M., Boullées Newton-Denkmal, S. 172.
6. Eine in dieser Hinsicht gegensätzliche Architektur stellt Ferdinand Chevals „Palais Idéal" in Hauterives dar. Hier überlagert orientalisierendes Dekor den Baukörper, dessen Kernform zwar nach geometrischen Gesichtspunkten organisiert ist, jedoch durch anthropomorphes, vegetabiles und zoomorphes Blendwerk überwuchert und somit nicht betont, sondern verschleiert wird. Abb. siehe Pevsner, Lexikon der Weltarchitektur, S. 467.
7. „la même ligne ou forme pouvant avoir aussi selon les circonstances, une signification plutôt émotionelle, impressionnelle ou intellectuelle. Une ellipse par example, selon les cas, pouvant avoir une valeur d'expression simplement émotive, ou bien plutôt intellectuelle, devant figurer par exemple la courbe de rotation d'une planète autour de son soleil." Trachsel, Albert, Préface, S. 33.

II.1.5. Der radiale Grundriß

1. Harald Siebenmorgen sieht einen generellen Bezug der „Fêtes réelles" zur Tradition der Idealstadt. Vgl. Albert Trachsel, Ausstellungskatalog Genf 1984-1985, S. 22.
2. Abb. siehe Pevsner, Lexikon der Weltarchitektur, S.287 und S.555. Siehe zur Idealstadt der Renaissance insbesondere auch Argan, Giulio Carlo, The Renaissance City, New York 1969, S.14.
3. Müller, Werner, Die heilige Stadt, S. 16.
4. Abb. siehe Pevsner, Lexikon der Weltarchitektur, S. 375.
5. Vgl. hierzu die Untersuchung von Rezeption in: Müller, W., Die heilige Stadt.
6. Semper, Gottfried, Der Stil in den technischen und tektonischen Künsten oder praktische Ästhetik, Bd.1, München 1878, 2.Aufl., Prolegomena XV und XXII.
7. ebd., Prolegomena XXV und die dazugehörigen Darstellungen der Schneeflocken.
8. ebd., Prolegomena XXV ff.
9. ebd., Prolegomena XXIV.
10. ebd., Prolegomena XXXIII.

II.1.6. Systematik und Umwandlungsprozesse des symbolischen Formenrepertoires. Der kosmologische Ansatz

1. Zu Durand siehe Vogt, A.M., Boullées Newton-Denkmal, S. 154.
2. La première planche «Le semeur» montrera donc un DIEU créateur de toutes choses, de toute origine, et faisant le geste du haute de son trône de pierre, de lancer des Mondes, de répandre, de «semer» autour de lui des germes cosmiques répresentés architecturalement par des sphères rayonnant en demi-cercle autour du centre, du foyer élaborateur." Trachsel Albert, Préface, S. 31.
3. Terrasson, J., Sethos, Bd.1, S. 20.
4. Iversen, Erik, The myth of Egypt..., S. 95.
5. Vgl., Trachsel, A., Préface, S. 31.
6. ebd. „Nous aurons donc là, en continuant, et partant toujours des idées générales, des quantités contenantes pour aboutir aux quantités contenues, aux divisions et subdivisions...Nous aurons ici par conséquent: Fête Nuptiale, le Palais des Extases, le Palais de la Fécondité, Fête de la Maternité, avec les symboles architecturés des éléments générateurs masculin et féminins." Trachsel, A., Préface, S. 31. Vgl. zu dieser Verfahrensweise einen Präzedenzfall der physiognomischen Gestaltung einer Turmarchitektur aus der ersten Hälfte des 17. Jahrhunderts: Johann Wilhelm Baur, „Liebesgarten". Siehe Pevsner, Lexikon der Weltarchitektur, S. 38. Zu einem außereuropäischen Beispiel einer Architektur mit Geschlechtsmerkmalen siehe den Herrscherpalast in Logo Birni, Sudan (Westafrika). Es besitzt einen Durchgang „als Bauch der Frau, dem die Menschheit entsprossen ist". Siehe Müller, Werner, Die heilige Stadt, S. 166.
7. L'Homme de cette Humanité, par la réunion, l'équilibre harmonieux des moyens de l'Art et de l' Intelligence, apprendrait donc là à mieux percevoir les causes, le Monde des faits de la Pensée pure et le monde des faits organiques ou inorganiques...Cette Humanité se développerait donc d'une harmonieuse façon, elle développerait en toute liberté, fierté, indépendance et fraternité, et dégagée de toute servitude, elle développerait tout son Cœur, son Cerveau, ses Sens, son

Imagination, par ces Fêtes et ces Temples, qui seraient comme les symboles éternels de tous ses désirs d'une Vie complète et forte, de toutes ses aspirations de Beauté et de Justice, de Vérité, et de Joie fraternelle et débordante." Trachsel, Préface, S.32.

8. Hierzu Ausstkat. Kalenderbauten, Kern, Hermann (Hrsg.), München 1976, S. 44. Hermann Kern stellt im Zusammenhang mit Kalenderarchitektur keinen bloßen Zweck der Messung und Fixierung fest, sondern auch eine Reflexion von Himmelsmechanik. Die Architektur wird dadurch zu „einem Stück Himmel auf Erden", ebd. S. 3.
9. Vgl. die bei Hofstätter wiedergegebene Beschreibung Schurés von Moreaus „Ödipus und die Sphinx", Hofstätter, Symbolismus und die Kunst der Jahrhundertwende, S. 189.
10. „Cet album montrera tous les faits imaginatifs, les visions de nature ou conceptions cosmiques"... Siehe Préface, S. 30.
11. „Quant à ce monstre fait de courbes et de cercles, n'est-il pas le signe de l'Horreur devant le Mystère? Vgl. La plume 1893, S. 56 ff.

II.1.7. Nachwirkungen in der Jugendstilarchitektur

1. Mayer, Peter, Umfang und Verdienste des Jugendstils, in: Hermand, Jost, Jugendstil, Darmstadt 1971, S. 81.
2. Diese Forderung erhebt, wie Pehnt darlegt, insbesondere August Thiersch, Die Proportion in der Architektur, in: Handbuch der Architektur 1883. Vgl. hierzu Pehnt, Wolfgang, Die Architektur des Expressionismus, Stuttgart 1973, S. 43 ff.

II.2.1. Dächer: die neue Einfachheit im englischen Kirchenbau

1. Lethaby, W.R., Architecture, Mysticism and Myth, London 1891, Nachdr. Thetford, Norfolk, 1974.
2. Vgl. hierzu die Entwürfe Trachsels: „Projet de la salle d'auditions musicals de Mme la Comtesse de Béarn" (1897). Die Kosmologie beschränkt sich hier auf die ikonographische Ebene. Sie besteht in einem Bildprogramm mit Himmelskörpern und den Darstellungen der Tageszeiten. (Abb. 29)
3. Zur Biographie siehe Pevsner, N., Lexikon der Weltarchitektur, S. 380.
4. Deutsche Ausgabe des Romans von Morris: Morris, William, Kunde von Nirgendwo. Eine Utopie der vollendeten kommunistischen Gesellschaft und Kultur aus dem Jahre 1890, hrsg. von Gert Selle, 2. Aufl., Reutlingen 1977.
5. Lethaby, William Richard, Form in Civilization, Collected papers on Art and Labour, (Erstveröffentlichung 1922, London 1957.
6. „the history of architecture, as usually written, with its theory of utilitarian origins"..."the synthesis of fine art", Lethaby, W.R., Architecture, Mysticism and Myth, S. 1.
7. Ruskin, J., Die Sieben Leuchter der Baukunst, S. 39 ff., S. 99, 325, 393.

8. „...such an architecture is not for us, nor for the future. What, then, will this art of the future be? The message will still be of nature and man, of order and beauty, but all will be sweetness, simplicity, freedom, confidence, and light; the other is past, and well is it, for its aim was to crush life: the new, the future, is to aid life and train it, 'so that beauty may flow into soul like a breeze'." Lethaby, W.R. Architecture, Mysticism and Myth, S. 8.
9. Ruskin, Die sieben Leuchter der Baukunst, S. 41. „Ich entsinne mich keines einzigen Kirchenbaus unbeholfenster Art in entlegenen Dörfern, der durch peinliche Häßlichkeit die Andacht gestört hätte, wo rauhe Steine oder Holz unbedeckt verwendet wurden, und die Gitterfenster mit weißen Scheiben gefüllt waren." ebd. S. 91.
10. ebd., S. 149.
11. Vom Eigentümer nach seiner Frau „Lululand" benannt. Siehe hierzu Ochsner, Jeffrey Karl, H.H.Richardson, Complete Architectural Works, Massachusetts 1982, S. 144.
12. Vgl. etwa die Kirche in Freilingsdorf bei Köln. Abb. Hatje-Lexikon der Architektur des 20. Jahrhunderts, hrsg. von Magnago Lampugnani, Vittorio, Stuttgart 1983, S. 34. Zu Lethabys Kirchenbau als Vorläufer Böhmscher Architektur siehe Pehnt, W., Die Architektur des Expressionismus, S. 153.
13. Die Wirkung der Arts-and-Crafts-Ideen auf die deutsche Architektur wurde von Lethaby selbst in einem Aufsatz, „Modern German Architecture and what we may learn from it", angedeutet, der in „Form in Civilization" veröffentlicht wurde. Lethaby beklagt die mangelnde Umsetzung von Ideen junger englischer Architekten im eigenen Land, welche im späten 19. Jahrhundert entwickelt wurden, stellt dagegen aber deren Verwertung in der deutschen Architektur fest. „The first thing in the arts which we should learn from Germany is how to appreciate English originality." Lethaby leitet so einen Abschnitt ein, in dem er Muthesius als Kenner der englischen „Free architecture" würdigt. Vgl. Lethaby, Form in Civilization, S. 78 ff. Siehe besonders S. 80 ff.
14. Semper, Gottfried, Über Baustile, in: Wissenschaft, Industrie und Kunst und andere Schriften über Architektur, Kunsthandwerk und Kunstunterricht, ausgewählt und redigiert von Hans M. Wingler, Mainz 1966., S. 109.
15. Abb. siehe Rubens, G., His Life and Work 1857-1931, London 1986, oder Service, A., Edwardian Architecture and Its Origins, London 1975, S. 140 f.

II.2.2 Lethabys Eagle Insurance Buildings Colmore Row Façade, Birmingham (1900) . Die Fassade als Bild

1. Davey, P., Arts-and-Crafts-Architektur, aus dem Englischen übertragen von Antje Pehnt, Stuttgart 1996, S. 65.
2. Abb. der Eagle Insurance Building mit angrenzenden Gebäuden siehe auch: Service, A., Edwardian Architecture, S. 137, Abb. 12.
3. Zu Mauer und Linie siehe Ruskin, J., Die sieben Leuchter der Baukunst, S. 140. Der englische Perpendicular Style habe die Mauer beseitigt, um das Auge ganz und gar auf das Linienmaßwerk zu lenken. Ruskin lehnte ihn daher ab.
4. Ruskin, J., Die Sieben Leuchter der Baukunst S. 201.

5. Es ist also kein Gebäude, „das jedes Stilzitat vermeidet", wie Kruft anmerkt. Kruft, W., Geschichte der Architekturtheorie, S. 390.
6. Vgl. Boase, T.S.R. (Hrsg.), The Oxford History of English Art. Evans, Joan Evans, English Art 1307-1461, Oxford 1949, Abb. 38 b.
7. Vgl. besonders das Beispiel Hardwick New Hall, Derbyshire, West Front (1590-1597). Abb. 44 oder siehe auch Evans, Joan, English Art, 1553-1625, Abb. 3b ferner auch Abb. 5, 7 a,b, 9a, 10a bis 11c.
8. Eine späte Verwendung des Fenstergitters: Castle Drogo, Devon, Cyril Farey, 1923 nach dem Entwurf von Edwin Lutyens. Abbildung siehe Aldrich, Megan, Gothic Revival, London 1994, S. 225.
9. Einen Zinnenkranz mit konsolenartigem Spitzbogenfries besitzt das Hurstmonceux Castle, Sussex, 1440. Siehe als Beispiel auch Tallershall Castle, Lincs., 1434-43. Abbildungen siehe Boase, op. cit, 1307-1461, Abb. 60a,b und 61. Siehe als Beispiel in der posthumen Gotik das Vanbrugh Castle, Greenwich, 1717. Abbildung siehe Davis, Terence, The Gothic Taste, London 1974, Abb. 5.
10. Ruskin, Die Sieben Leuchter der Baukunst, S. 188.
11. Die Ableitung von Godfrey Rubens, der die Torbauten des Stupa in Sanchi, die Lethaby in seinem Architekturbuch „Architecture, Mysticism and Myth" graphisch wiedergibt, als Grundlage vermutet, ist nicht überzeugend. Vgl. Rubens, Godefrey, William Richard Lethaby, S. 168.
12. Vgl. das in der Einleitung verwendete Beispiel des neuzeitlichen Orgelprospekts.
13. Abb. siehe Rubens, G., Lethaby, S. 141.
14. Ausstkat., William Richard Lethaby 1857-1931, Architecture, Design and Education, London 22.12.1984, S. 59.
15. Eine Untersuchung dieses Phänomens, des „Weltnabels" als städtebauliche Kategorie, siehe Müller, W., Die heilige Stadt. Zum Palatin als Mittelpunkt der Stadt Rom und zur dort befindlichen sagenhaften Opfergrube mit dem Namen „mundus" mit Omphalosdenkmälern siehe S. 22 ff.
16. Lethaby, W. R., Architecture, Mysticism and Myth, S. 179.
17. Ruskin, John, The Stones of Venice, Vol. II, Kap. VI, in: The Works of John Ruskin, ed. by A. Wedderburn, London 1904, S. 252, fig. 11; o.a.O. Rubens, Godfrey, S. 143.

II.2.3. „Gothic Revival" und Lethabys neues Geschichtsbild in „Architecture, Mysticism and Myth"

1. So bildete John Carter 1777 in „The Builder's Magazine" einen Entwurf zu einer „Egyptian Pyramidical Diary" (Molkerei in Form einer ägyptischen Pyramide) ab. Vgl. Kauffmann, Emil, Architecture in the Age of Reason, Harvard 1955, S. 50.
2. „Entrance Gateway for a New Cemetery". Siehe: Pugin, A.Welby, An Apology for the Revival of Christian Architecture, Edinburgh 1895, Plate III.
3. Siehe einführend hierzu Denkmalpflege, Deutsche Texte aus drei Jahrhunderten, hrsg. von Norbert Huse, München 1984, S. 21 ff.

4. „Moreover, the architects of the middle ages were the first who turned the natural properties of the various materials to their full account, and made their mechanism a vehicle for their Art." Pugin, A.W., The True Principles of Pointed or Christian Architecture, Edinburgh 1895, S. 2.
5. Lethaby, W.R., Architecture, Mysticism ans Myth, S. 1.
6. ..."Vitruvius shews that their buildings were formaly trunks of tree." Pugin, A.W., The True Principles..., S. 2.
7. Lethaby, W.R., Architecture, Mysticism and Myth, S. 1.
8. Pugin, A.W, The True Principles..., S. 37.
9. „We should never make a building erected to God appear better than it really is by artificid means." ebd. S. 37.
10. Ruskin, John, Die Sieben Leuchter der Baukunst, S. 71, S. 201 ff., S. 387.
11. Vgl. ebd. S. 41.
12. „Churches are now built without the least regard to tradition, to mystical reasons, or even common propriety." Pugin, The True Principles..., S. 37 f.
13. Ruskin, J., Die Sieben Leuchter der Baukunst, S. 393.
14. „The history of architecture, as usually written, with its Theorie of utilitarian origins from the hut and the tumulus, and further developments in that way - the adjustment of forms to the conditions of local circumstance; the clay of Mesopotamia, the granite of Egypt, and the marble of Greece- is rather the history of building: of 'Architecture' it may be, in the sense we so often use the word, but not the Architecture which is the synthesis of the fine arts, the commune of all the crafts. Lethaby, „Architecture, Mysticism and Myth" S. 1. Anzumerken ist, daß diese Vorstellung vom historischen Baubetrieb in der Folgezeit weiter fortbesteht. So ist für Otto Bartning die Kirche fast dreißig Jahre danach noch „Treffpunkt, Aufenthalt und Ruheort der Bürger am Markte (der „Messe") , selbstverständlich Werk-Vereinigung aller Handwerker und Künstler mit Einschluß der Gelehrten" Bartning, Otto, Vom Raum der Kirche, Baukunst des 20. Jahrhunderts. Quellen und Monographien, Forschungen und Berichte, Osnabrück 1958, S. 46.
15. Siehe hierzu etwa die Artikel „Mill, John Stuart", in: Enzyklopädie Philosophie und Wissenschaftstheorie, Bd. 2, S. 891, und Artikel „Utilitarismus", ebd. Bd. 4, S. 461.
16. Semper, Der Stil in den Technischen und Tektonischen Künsten, Prolegomena XXI.
17. „What then, I want to ask, are the ultimate facts behind all architecture which has given it form? Mainly three: First, the similar needs and desires of men; secondly, on the side of structure, the necessities imposed by materials, and the physical laws of their erection and combination; and thirdly on the side of style, nature. It is of this last that I propose to write;..." Lethaby, Architectur, Mysticism and Myth, S. 3.
18. „Symmetria" bedeutet die rechten, weitgehend von den menschlichen Proportionsverhältnissen entlehnten Maßverhältnisse. Die „eurythmia" beschreibt Vitruv im Hinblick auf die Zusammenstellung der Glieder: „eurythmia ist das anmutige Aussehen und der in der Zusammensetzung der Glieder angemessene Anblick." Der „decor" bezieht sich auf die Säulenordnungen, die bestimmten Göttern zugeordnet werden. Zu den vitruvianischen Kategorien siehe Kruft, H.W., Geschichte der Architekturtheorie, S. 24 ff. o.a.O. Germann, G., Einführung in die Geschichte der Architekturtheorie, S. 17 ff.
19. „...the influence of the known and imagined facts of the universe on architecture, the connection between the world as a structure, and the building, not of the mere details of nature and the ornaments of architecture, but of the whole - the Heavenly Temple and the Earthly Tabernacle." ebd., S. 3.

20. Zu den Begriffen siehe: Frankl, Paul, Baukunst des Mittelalters. Die frühmittelalterliche und romanische Baukunst, Wildpark-Potsdam 1926, S. VI ff.
21. Lethaby, W.R., Architecture, Mysticism and Myth, S. 5 ff.
22. ebd., S. 196.
23. ebd., S. 201.
24. ebd.
25. ebd., S. 1.
26. „Inventions, strictly speaking, is little more than a new combination of those images, that have been previously gathered and deposited in the memory: nothing can come of nothing: he who has laid up no materials can produce no combinations." ebd.
27. „Adhering tenaciously to all his elders taught him, the primitive mandeviates into novelty only through unintended modifications. Every one knows that languages are not devised but evolve; and the same is true of usages", ebd., S. 2.
28. Semper, Gottfried, Der Stil in den Technischen und Tektonischen Künsten, S. 5.
29. Lethaby, W.R., Architecture, Mysticism and Myth, S. 3.
30. ebd., S. 5.
31. „The commonplaces of poetry, in which the world is likened to a building, 'heavenly vaults' or 'azure domes', 'gates of sunrise' and the rest, are survivals of a time when the earth was not a tiny ball, projected at immeasurable speed through infinite space...", ebd.
32. „...its form governed by the science of the time..." ebd.
33. ebd., S. 5.
34. „The main purpose and burthen of sacred architectur - and all architecture, temple, tomb, or palace, was sacred in the early days - is thus inextricably bound up with a people's thought about God and the universe.", ebd., S. 2.
35. „Customs have many explanations. I claim that, given the idea of a universe and universe gods, the phase here set out was a necessary one;...", ebd., S. 6.
36. „...especially the sacred buildings set apart, as they mostly were, for a worship that thought it found its object in earth, sky and stars." ebd., S. 12.
37. ebd., S. 127.
38. ebd., S. 2.
39. ebd., S. 6 ff.
40. ebd., S. 16 ff. Zu Grundsteinlegung und Bauen als Wiederholung der Kosmogonie im indischen Wohnbau siehe auch Müller, W., Die heilige Stadt, S. 120.
41. ebd., S. 44.
42. Lethaby, Architecture, Mysticism and Myth, S. 9 ff.
43. ebd., S. 33 ff.
44. „The golden gem-bearing tree is the natural growth of traditions of that all-embracing world tree which carries the stars for its fruit in the dark heaven of night.", ebd., S. 108.
45. ebd., S. 115 ff.
46. ebd., S. 12 ff.
47. ebd., S. 13.
48. „...sometimes the system is a compromise, the earth square, the sky circular, and they do not seem to have realised the difficulty of the pendentifs!" ebd., S. 14.
49. ebd., S. 15 ff.
50. ebd., S. 19 ff.
51. ebd., S. 13.

52. ebd., S. 28.
53. ebd., S. 17.
54. ebd., S. 18.
55. ebd., S. 32 ff.
56. ebd., S. 13.
57. ebd., S. 123.
58. ebd., S. 132 ff., S. 143.
59. ebd., S. 235 ff.
60. ebd., S. 246.
61. ebd., S. 251.
62. ebd., S. 41 ff.
63. ebd., S. 53.
64. ebd., S. 45.
65. ebd., S. 63.
66. ebd., S. 48.
67. ebd., S. 53 ff.
68. ebd., S. 176.
69. ebd., S. 181.ff.
70. ebd. S. 51.
71. ebd. S. 169, 172.
72. ebd., S. 211, 21.
73. Vgl. zu dieser Hieroglyphe Iversen, E., The Myth of Egypt, S. 97.
74. Ein solches Beispiel der Buchmalerei ist die Darstellung „Sturm auf dem Meer" aus einem, gegen Mitte des 11. Jahrhunderts in Salzburg entstandenen Perikopenbuch, Clm.15713, fol.22r., München, Abb. siehe Propyläen Kunstgeschichte, Das Mittelalter I, S. 51.
75. Lethaby, W.R., Architecture, Mysticism and Myth, S. 221 ff.
76. ebd., S. 255 ff.
77. ebd., S. 257.
78. Vgl. ebd., S. 239.

II.2.4. Die Wirkung von „Architecture, Mysticism and Myth" auf den Entwurf von Lethaby

1. Abb. siehe Rubens, G., W.R.Lethaby, S. 121.
2. Abb. siehe Service, A., Edwardian Architecture and Its Origins, Abb. 4.
3. Muthesius, Hermann, Das englische Haus. Einrichtung, Bedingungen, Anlage, Aufbau, Einrichtung und Innenraum, Berlin 1908-1911, Bd.1, S. 152.
4. Abb. Rubens, G., W.R. Lethaby, S. 143.
5. Abb. ebd. S. 168, o.a.O, Ausstkat. W.R. Lethaby, London 1984, Titelblatt.
6. Vgl. Lethaby, W.R., Architecture, Mysticism and Myth, S. 93.
7. Vgl. ebd., S. 196.
8. Above the firmament is the over-sea, and the rain falls from it through perforations; it serves as the floor of the upper regions, and flowing down the firmament, or down the sides of the moun-

tain supplies earthly seas; the stars are either attached to the firmament or float on this over-sea." Lethaby, W.R., Architecture, Mystcism and Myth, S. 15.
9. Muthesius, Hermann, Das englische Haus, Bd.2, S. 114.

II.2.5. Die Wirkung auf das Umfeld

1. Ausst. Kat., William Richard Lethaby, London 1984, S. 56 ff.
2. Rubens, G., W.R. Lethaby, S. 83 ff.
3. Ausst. Kat. W.R.Lethaby, London 1984, S. 60.
4. Vgl. Lethaby, W.R., Architecture, Mysticism and Myth, S. 201.
5. Ruskin, John, Die Steine von Venedig. Aus dem Englischen von Hedwig Jahn, Bd.II, Jena 1904, S. 62.
6. Größe und Dominanz wurden dem Royal Liver Building, Pier Head, Liverpool, durch massige Formen verliehen. Abb. Gray, A.Stuart, Edwardian Architecture. A Bibliographical Dictionary, London 1985, S. 16. Das hypertrophe Gebäude über rechteckigem Grundriß ist an den Kanten durch Risalite verstärkt. Über diesen Risaliten sind über einem Hauptgesims weitere Stockwerke aufgesetzt, welche an allen vier Kanten durch ungegliederte Halbkugeln eingewölbt sind.
7. ebd., S. 108.
8. So etwa der Torturm von Bury St. Edmunds (1130). Abb. siehe Propyläen Kunstgeschichte. Das Mittelalter I, S. 196.
9. Ruskin, J. Die Sieben Leuchter der Baukunst, S. 188.
10. Lethaby, W.R., Architecture, Mysticism and Myth, S. 254 ff.
11. Ruskin, J., Die Sieben Leuchter der Baukunst, S. 143.
12. The Studio, Bd.24, 1902, S. 198.
13. Vgl. Semper, G., Der Stil in den Technischen und Tektonischen Künsten, Prolegomena XXXVIII ff.
14. Muthesius, Hermann, Das englische Haus, Bd.1, S. 162.
15. Bereits Ruskin merkte an: „Der zylindrische Pfeiler ist immer schön, weil Gott so den Stamm eines jeden Baums gebildet hat, der das Auge erfreut." Ruskin, J., Die Sieben Leuchter der Baukunst, S. 193.
16. Abb. siehe Davey, Peter, Arts-and-Crafts-Architektur, 1996, S. 118.
17. The Studio, Bd.24, 1902, S. 199.

II.2.6. „Astrale" Formen in der Edwardianischen Architektur

1. Sternförmige Fenster waren bis dahin in der abendländischen Baukunst selten. Siehe etwa die Wallfahrtskirche El Pocito. Guadalupe bei Mexiko-Stadt, 18. Jh., Abb. siehe Pevsner, Lexikon der Weltarchitektur, S. 420.
2. Abb. ebd., S. 48.
3. Lethaby, W.R., Architecture, Mysticism and Myth, S. 8.
4. Zur „Dreiecksmoderne" siehe Pehnt, Die Architektur des Expressionismus, S. 203, Abb. 203.

III. Die Affirmation des Weltgebäudes durch die deutsche Architektur

III.1. Beobachtungen zum Motiv des Sterns im Expressionismus

1. Taut, Bruno, Stadtkrone. Mit Beiträgen von Paul Scheerbart, Erich Baron, Adolf Behne, Jena 1919, S. 52.
2. Pehnt, W., Die Architektur des Expressionismus, S. 34.
3. So setzte bereits Desiderius Lenz, der Gründer der Beuroner Kunstschule, aus den Maßverhältnissen des Menschen „Grundzahlen der Kunst“ fest. Sein „Urmaß“ war das gleichseitige Dreieck, welches er „zum Wesen Gottes“ in Beziehung setzte, ebd., S. 44.
4. ebd., S. 21.
5. Prange, Regine, Das Kristalline als Kunstsymbol. Bruno Taut und Paul Klee, Hildesheim, Zürich, New York, 1991, S. 26. Hier wird bei Bruno Taut und Paul Klee eine Verwertung moderner Kunstwissenschaft, insbesondere Riegls „Historische Grammatik“ (1897-1899) und Worringers Theorie vom „Abstraktionsdrang“, bei der Bildung von Kristallsymbolen festgestellt. ebd., S. 26.
6. ebd., S. 2., S. 22 ff.
7. Taut, Bruno, Die Auflösung der Städte oder die Erde eine gute Wohnung oder auch der Weg zur Alpinen Architektur, Hagen/Westf. 1920.
8. Pehnt, W., Die Architektur des Expressionismus, S. 18.
9. Abb. siehe Pehnt, Wolfgang, Architekturzeichnungen des Expressionismus, Stuttgart 1985, S. 31.
10. Abb. siehe ebd., S. 42 o.a.O. Pevsner, N., Lexikon der Weltarchitektur, S. 381.
11. Vgl. Ruskin, J., Die Sieben Leuchter der Baukunst, Aus dem Englischen von Wilhelm Schoelermann, Leipzig 1900, S. 200 ff.
12. ebd., S. 107 ff.
13. „Wir brauchen keinen neuen Stil in der Baukunst.“ ebd., S. 378.
14. Pehnt, W., Die Architektur des Expressionimus, S. 80 f.

III.2. Otto Linder. Traditionelle Bauformen und der Stern

1. Zu dieser „Dreiecksmoderne“ siehe Pehnt, Die Architektur des Expressionismus, S. 203.
2. Siehe in diesem Zusammenhang das von Pehnt beschriebene Verfahren einer Übertragung von „Dorfgotik“ auf monumentale Bauten, Peder Vilhelm Jensen-Klints, Pehnt, W., Die Architektur des Expressionismus, S. 52.
3. Zum Wohnungsbau siehe: Ehmann, Eugen, A. Otto Linder. Neue Kirchenbauten (1926), in: Architektur der Gegenwart, Bd. I, Hannover, Stuttgart 1926, S. 61 ff.
4. Taut, Bruno, Frühlicht 1920-1922. Eine Folge für die Verwirklichung des neuen Baugedankens, herausgegeben von Ulrich Conrads, Berlin, Frankfurt/M, Wien, 1963. Heft 2 (Winter 1921/22), S. 113.

III.3. Otto Bartning „liturgische Spannung" und „Baubesonderheit"

1. Bartning, Otto, Vom Monismus der Kunst, 1909, in: Spannweite, Baukunst des 20. Jahrhunderts. Quellen und Monographien, Forschungen und Berichte, Osnabrück 1958, S. 26 ff.
2. Abb. von Grundriß und Modell der Sternkirche siehe auch Mayer, Hans K.F., Der Baumeister Otto Bartning und die Wiederentdeckung des Raums, Heidelberg 1951, S. 33 ff. Sphärische Erfindungen solcher Art wirken noch in viel späteren sphärischen Schalenkonstruktionen nach, so besonders bis zu Utzons Oper in Sydney (1957, vollendet 1972).
3. Zur architektonischen und liturgischen Spannung und den Begriffen siehe Bartning, O., Vom Raum der Kirche, Baukunst des 20. Jahrhunderts. Quellen und Monographien, Forschungen und Berichte, Bd.2, Osnabrück 1958, S. 120 ff.
4. ebd., S. 57 ff.
5. ebd., S. 34.
6. ebd.
7. Scheffler, Karl, Der Geist der Gotik, Leipzig 1917, S. 31., S. 42 ff.
8. ebd. S. 103 ff.
9. Bartning, O., Vom Raum der Kirche, S. 34 ff.
10. ebd., S. 33.
11. ebd., S. 69.
12. ebd., S. 61.
13. Bartning, O., Der heutige Mensch und die Kunst, in: Spannweite, S. 115.
14. ebd., S. 117 ff.
15. ebd., S. 109 ff.
16. Kayser, Hans, Orpheus. Von Klang der Welt. Morphologische Fragmente einer allgemeinen Harmonik, Potsdam 1926
17. Spitta, Philipp, Johann Sebastian Bach, Erster Band, Leipzig 1873, S. 258 ff.
18. Spitta, P., Kunstwissenschaft und Kunst, in: Zur Musik. Sechzehn Aufsätze, Berlin 1892, S. 3.
19. Bartning, O., Musik und Raum, in: Spannweite, S. 90 ff.
20. Bartning, O., Vom Schönen ein Gestammel, in: Spannweite, S. 112.

III.4. Bruno Taut. Die Kosmologie des Sterns und des Kristalls

1. Pehnt, W., Die Architektur des Expressionismus, S. 36.
2. Vgl. hierzu die bereits erwähnte Zeichnung mit dem Titel „Die große Blume" aus „Die Auflösung der Städte. (Abb. 67)
3. Müller, W., Die heilige Stadt.
4. Zu Stadtgrundrissen mit Vierteilung siehe Taut, B., Die Stadtkrone, S. 71 ff.
5. Taut, Bruno, Frühlicht S. 33 ff. o.a.O. Künstlerschriften der 20er Jahre. Dokumente und Manifeste aus der Weimarer Republik, hrsg. von Uwe M. Schneede, Köln 1986, S. 126 ff.
6. Taut, Bruno, Frühlicht, S. 34.
7. ebd., S. 33.
8. Taut, Bruno, Die Auflösung der Städte, S. 18.

9. Vgl. ebd., S. 27.
10. Taut, Bruno, Frühlicht, S. 40.
11. ebd., S. 33.
12. ebd.
13. Zitiert nach Schneede, U.M., Künstlerschriften der 20er Jahre, S. 125.
14. ebd., S. 124.
15. Taut, Bruno, Die Auflösung der Städte, Abb. 17.
16. Vollständiger Titel: Der Architektenkongreß. Eine Parlamentsgeschichte, ein Bericht einer fingierten Debatte über die Demontage der traditionellen Stadt, in: Taut, Bruno, Frühlicht, Heft 1 (Herbst 1921), S. 94 ff. (Zitat).
17. ebd., S. 65.

III.5.1. Rudolf Schwarz. Stern, der Leib des Menschen, der Leib der Kirche und das Weltgebäude

1. Schwarz, Rudolf, Vom Bau der Kirche (1938) , Heidelberg 1947.
2. ebd., S. 1.
3. ebd., S. 2.
4. ebd., S. 6 ff.
5. ebd., S. 2.
6. ebd., S. 4.
7. ebd., S. 11.
8. ebd., S. 12.
9. ebd.
10. ebd., S. 29.
11. ebd., S. 17.
12. ebd., S. 21.
13. ebd., S. 25.
14. ebd., S. 31.
15. ebd.
16. ebd., S. 33.
17. ebd., S. 36.
18. ebd., S. 37.
19. ebd., S. 42.
20. ebd., S. 38.
21. ebd.
22. ebd., S. 39 ff.
23. ebd., S. 72.
24. ebd., S. 45 ff.
25. ebd., S. 56.
26. ebd., S. 50.
27. ebd., S. 65 ff.
28. ebd., S. 74.
29. ebd., S. 58. ff.

III.5.2. Rudolf Schwarz, Welt als Richtung. Die Fronleichnamskirche in Aachen (1928-30). Heilig-Kreuz in Bottrop (1952-57)

1. Schwarz, Rudolf, Kirchenbau, Heidelberg 1960.
2. ebd., S. 24.
3. ebd., vgl. auch die artverwandte Kapelle der Burg Rothenfels als „Weltenbau", ebd. S. 45 ff.
4. Schwarz, R., Vom Bau der Kirche, S. 78 ff.
5. ebd.
6. ebd., S. 79.
7. ebd., S. 78 ff.
8. ebd., S. 84.
9. ebd., S. 67.
10. ebd., S. 90
11. ebd., S. 106 ff.
12. ebd., S. 107 f.
13. ebd., S. 109.
14. ebd., S. 111.
15. ebd., S. 116.
16. ebd., S. 121.
17. ebd., S. 114.

III.5.3. Spekulative und abbildende Form bei Rudolf Schwarz

1. Schwarz, R., Kirchenbau, S. 107.
2. Die Arts-and-Crafts-Architektur nimmt, wie bereits dargestellt, die Ästhetik rauhen Bruchsteinmauerwerks und kahler weißer Wände im Innenraum vorweg. Deutsche Architekten scheinen, wie wir bereits am Beispiel der Kirchen Otto Linders beobachten konnten, hiervon beeinflußt.
3. Schwarz, Rudolf, Kirchenbau, S. 34.
4. Abb. siehe: Schwarz, R., Kirchenbau, S. 173 ff.
5. ebd., S. 179.
6. ebd., S. 272.
7. Schwarz, R., Vom Bau der Kirche S. 124.
8. ebd., S. 127.

IV. Die Ablösung des Weltgebäudes durch die Kosmologie des Organischen

IV.1. Das Organische Schaffen im ersten Goetheanum von Rudolf Steiner

1. Schwarz, R., Vom Bau der Kirche S. 134.
2. Steiner, Rudolf, Der Baugedanke des Goetheanum, Stuttgart 1958, S. 29.
3. Steiner, Rudolf, Der Dornacher Bau als Wahrzeichen geschichtlichen Werdens und künstlerischer Umwandlungsimpuls. Fünf Vorträge gehalten in Dornach vom 10. bis 25. Oktober 1914, Dornach 1985, S. 9.
4. Vgl. Steiner, R., Der Baugedanke des Goetheanums, S. 20.
5. ebd., S. 144.
6. ebd., S. 21. Siehe hier die als Strichzeichnungen vorgestellten Zeichen.

IV.2. Das „Stil-Spiel" von Herrmann Finsterlin als Auflösungsprozeß des Weltgebäudes.

1. Finsterlin, Hermann, Die Genesis der Weltarchitektur oder die Deszendenz der Dome als Stilspiel. Ein Lehr-, Spiel- und Versuchsbaukasten, in: Frühlicht S. 149 ff.
2. ebd.
3. ebd., S. 152.
4. ebd.
5. ebd., S. 154.
6. ebd., S. 158.
7. ebd., S. 156.
8. ebd., S. 157. Zu einem, mit den Äußerungen Finsterlins schwer zu vereinbarenden Verständnis der Entwürfe Finsterlins als abbildende Architektur siehe Langner, Johannes, »Seelengletschermühlensystem«, Hermann Finsterlin und die Tradition architektonischer Mimesis, in: Döhl, Reinhard, Hermann Finsterlin. Eine Annäherung, Stuttgart 1988, S. 143 ff.
9. Finsterlin, Die Genesis der Weltarchitektur, S. 157.
10. ebd., S. 157.
11. Taut, B., Frühlicht S. 175.
12. ebd., S. 179.

IV.3. Das „Organ" beziehungsweise „Organhafte" im „Gestaltschaffen" von Hugo Häring.

1. Häring, Hugo, Schriften, Entwürfe, Bauten. Dokumente der modernen Architektur. Beiträge zur Interpretation und Dokumentation der Baukunst. hrsg. von Heinrich Lauterbach und Jürgen Joedicke, Stuttgart 1965, S. 67. („geometrie und organik")

2. ebd., S. 13 ff. Die für Härings Texte typische Kleinschreibung sei in den Zitaten übernommen. („wege zur form“)
3. Häring, Hugo, Schriften, Entwürfe, Bauten S. 26. („kunst und strukturprobleme des bauens“)
4. Häring, H., die ausbildung des geistes zur arbeit an der gestalt, fragmente, Schriftenreihen der Akademie der Künste, Berlin 1968, S. 155.
5. Häring, H., Schriften, Entwürfe Bauten, S. 27. („kunst und strukturprobleme des bauens“)
6. ebd., S. 39. („probleme der stilbildung“)
7. ebd., S. 62 f. („die welt ist noch nicht ganz fertig“)
8. Zu Poelzig siehe Pehnt, Wolfgang, Die Architektur des Expressionismus, S. 16 ff.
9. Gropius, Walter, Wohnhausidee, zitiert nach: Probst, Hartmut; Schädlich, Christian, Walter Gropius, Bd. 3, Ausgewählte Schriften, Berlin 1987, S. 102.
10. Häring, Hugo, die ausbildung des geistes..., S. 39.
11. ebd., S. 155.
12. ebd., S. 156.
13. ebd., S. 61.
14. Häring, H., Schriften, Entwürfe, Bauten, S. 38. („probleme der stilbildung“)
15. ebd., S. 26. („kunst und strukturprobleme des bauens“)
16. Häring, H., die ausbildung des geistes..., S. 148.
17. Häring, H., Schriften, Entwürfe, Bauten, S. 27. („kunst und strukturprobleme des bauens“)
18. ebd.
19. Siehe das dem Kapitel voranstehende Zitat.
20. Häring, H., versuch einer orientierung 1932, in: Häring, Hugo, Schriften, Entwürfe, Bauten, S. 29. („versuch einer orientierung“)
21. ebd., S. 29.
22. Abb. siehe, Häring, H., Schriften, Entwürfe, Bauten, S. 110.

Zusammenfassung

1. Bartning, O., Das Zelt in der Wüste, in: Spannweite, S. 65.

Literatur

Quellenschriften

Alberti, Leon Battista, Zehn Bücher über die Baukunst. Ins Deutsche übertragen, eingel. und mit Anm. und Zeichnungen versehen von Max Theurer, Wien, Leipzig 1912.
Bartning, Otto, Vom Raum der Kirche, Baukunst des 20. Jahrhunderts. Quellen und Monographien, Forschungen und Berichte, Osnabrück 1958.
ders., Spannweite, Baukunst des 20. Jahrhunderts. Quellen und Monographien, Forschungen und Berichte, Osnabrück 1958.
Boullée, Etienne-Louis, Architektur. Abhandlung über die Kunst (mit Einführung und Kommentar von Max Vogt), Zürich, München 1987.
ders., Essai sur l'Art, hrsg. von Pérouse de Montclos, Paris 1968.
Couturat, Louis (Hrsg.), Opuscules et Fragment inédit de Leipniz, Extrait des manuscrits de la Bibliothèque royale de Hanovre, Paris 1903.
Delville, Jean, La mission de l'art, Etude d'Esthétique Idéaliste, Brüssel 1900.
Emblemata. Handbuch zur Sinnbildkunst des 16. und 17. Jahrhunderts. Hrsg. v. *Arthur Henkel und Albrecht Schöne*, Stuttgart 1967.
Finsterlin, Hermann, Die Genesis der Weltarchitektur oder die Deszendenz der Dome als Stilspiel. Ein Lehr-, Spiel- und Versuchsbaukasten, in: Taut, Bruno, Frühlicht 1920-1922. Eine Folge für die Verwirklichung des neuen Baugedankens, herausgegeben von Ulrich Conrads, Berlin, Frankfurt/M, Wien, 1963.
Giraud, Pierre Marin, Les Tombeaux ou Essai sur les sépultures, Paris 1801.
Görres, Johann Joseph, Mythengeschichte der Asiatischen Welt, Heidelberg 1810.
Greuzer, G.F., Symbolik und Mythologie der alten Völker besonders der Griechen, 3.Aufl., 1.Theil, Leipzig und Darmstadt 1837.
Gropius, Walter, Wohnhausidee, in: Probst, Hartmut; Schädlich, Christian, Walter Gropius, Bd. 3, Ausgewählte Schriften, Berlin 1987.
Häring, Hugo, Schriften, Entwürfe, Bauten. Dokumente der modernen Architektur. Beiträge zur Interpretation und Dokumentation der Baukunst, hrsg. von Heinrich Lauterbach und Jürgen Joedicke, Stuttgart 1965.
ders., die ausbildung des geistes zur arbeit an der gestalt, fragmente, Schriftenreihen der Akademie der Künste, Berlin 1968. Herder, Johann Gottfried, Älteste Urkunde des Menschengeschlechts, 1774 in: Herder, Johann, Gottfried, Sämtliche Werke, Bd. VI, Hildesheim, New York, 1967, Nachdruck der Ausgabe von 1883.
Kanne, Johann Arnold, Erste Urkunden der Geschichte oder allgemeine Mythologie, Bayreuth 1808.
Kayser, Hans, Orpheus. Von Klang der Welt. Morphologische Fragmente einer allgemeinen Harmonik, Potsdam 1926.
Laugier, Marc-Antoine, Das Manifest des Klassizismus. Nach dem Originaltitel Essai sur l'architecture (1753), Zürich, München 1989.
Lethaby, William.Richard, Architecture, Mysticism and Myth, London 1891, Nachdr.: Thetford, Norfolk 1974.
ders., Form in Civilization, Collected papers on Art and Labour, (Erstveröffentlichung 1922), London 1957.
Merrill, Stuart, Albert Trachsel, in : La plume, 1893.

Morris, William, Kunde von Nirgendwo. Eine Utopie der vollendeten kommunistischen Gesellschaft und Kultur aus dem Jahre 1890, hrsg. von Gert Selle, 2. Aufl., Reutlingen 1977.
Papus, Die Kabbala, hrsg. von Julius Nestler, Wiesbaden 1980.
Péladan, Sàr Mérodack Joséphin , Manifest der Rosenkreuzer. Vorwort der 1.Ausstellung des Salon de la Rose-Croix, Paris 1892.
Picinelli, Filippo, Mundus Symbolicus, herausgegeben von August Erath, Bd. I, New York und London 1976.
Poelzig, H., Gesammelte Schriften und Werke, hrsg. von Julius Posener. Schriftenreihe der Akademie der Künste, Bd.6, Berlin 1970.
Pugin, A.W., The True Principles of Pointed or Christian Architecture, Edinburgh 1895.
ders., An Apology for the Revival of Christian Architecture, Edinburgh 1895.
Ruskin, John, Sieben Leuchter der Baukunst, (The Seven Lamps of Architecture), dt. Ausgabe: J.R., Ausgewählte Werke, Bd.I, Leipzig 1900.
ders., The Stones of Venice, Vol. II, Kap. VI, in: The Works of John Ruskin, ed. by A. Wedderburn, London 1904.
ders., Die Steine von Venedig. Aus dem Englischen von Hedwig Jahn, Bd.II, Jena 1904.
Schlegel, Friedrich, Kritische Friedrich-Schlegel-Ausgabe hrsg. von Ernst, Behler, Bd. IV, Dritter Nachtrag alter Gemälde.
Schwarz, Rudolf, Vom Bau der Kirche (1938), Heidelberg 1947.
ders., Kirchenbau, Heidelberg 1960.
Semper, Gottfried, Der Stil in den Technischen und Tektonischen Künsten oder Praktische Ästhetik. Bd.1, München 1878, 2. Aufl.
ders., Über Baustile, in: Wissenschaft, Industrie und Kunst und andere Schriften über Architektur, Kunsthandwerk und Kunstunterricht, ausgewählt und redigiert von Hans M. Wingler, Mainz 1966.
Steiner, Rudolf, Der Baugedanke des Goetheanum, Stuttgart 1958.
ders., Der Dornacher Bau als Wahrzeichen geschichtlichen Werdens und künstlerischer Umwandlungsimpuls. Fünf Vorträge gehalten in Dornach vom 10. bis 25. Oktober 1914, Dornach 1985.
Taut, Bruno, Die Auflösung der Städte oder die Erde eine gute Wohnung oder auch der Weg zur Alpinen Architektur, Hagen/Westf. 1920.
ders, Frühlicht 1920-1922. Eine Folge für die Verwirklichung des neuen Baugedankens, herausgegeben von Ulrich Conrads, Berlin, Frankfurt/M, Wien, 1963.
ders., Stadtkrone. Mit Beiträgen von Paul Scheerbart, Erich Baron, Adolf Behne, Jena 1919. ders., Die Auflösung der Städte oder die Erde eine gute Wohnung oder auch der Weg zur Alpinen Architektur, Hagen/ Westf. 1920.
Terrasson, Jean, Sethos, Geschichte des ägyptischen Königs Sethos, Aus dem Französischen übersetzt von Matthias Claudius, Breslau 1777.
Trachsel, Albert, Préface pour «Les Fêtes réelles», Paris 1897, abgedruckt in Albert Trachsel, Ausstellungskatalog Genf 1.12.1984-17.2.1985.
ders., Notes autobiographiques, in: Ausstkat. Neue Kunst in der Schweiz zu Beginn unseres Jahrhunderts, hrsg. von Jura Brüschweiler, Kunsthaus Zürich 1967.
Viel de Saint-Maux, Jean, Lettres sur l'architecture, Brüssel 1779, 1780.
Vitruvius, De Architectura Libri Decem/Zehn Bücher über Architektur, hrsg. und übersetzt von Curt Fensterbusch, Darmstadt 1964.
Winckelmann, Johann Joachim, Geschichte der Kunst des Altertums, 1764, hrsg. von Victor Fischer, Berlin, Wien 1913.

Sekundärliteratur

Ausstkat. Albert Trachsel, Ausstellungskatalog, Redaktion und Gestaltung: *Marcel Baumgartner*, Musée d'art et d'histoire, Genf 1.12.1984-17.2.1985; Kunstmuseum Solothurn 9.3.-5.5.1985; Städtische Galerie Schwarzes Kloster, Freiburg i.Br. 16.11-15.12.1985.
Ausstkat. Kalenderbauten, herausgegeben von *Kern, Hermann*, München 1976.
Ausstkat. William Richard Lethaby 1857-1931, Architecture, Design and Education, London 22.12.1984.
Aldrich, Megan, Gothic Revival, London 1994.
Argan, Giulio, The Renaissance City, New York 1969.
Bauer, Hermann, Der Himmel im Rokoko. Das Fresko im deutschen Kirchenraum des 18. Jahrhunderts, Regensburg 1965.
ders., Rokokomalerei, Mittenwald 1980.
Bergmann, Eckart, Architektur und Natur. Laugiers architektonische Prinzipien und ihre Wirkung, in: Empfindung und Reflexion. Ein Problem des 18. Jahrhunderts. Münchner Beiträge zur Geschichte und Theorie der Künste, Bd.1, herausgegeben von Hans Körner, Hildesheim, Zürich, New York 1986.
Bialostocki, Jan, Das Modusproblem in den bildenden Künsten, in: Stil und Ikonographie, Studien zur Kunstwissenschaft, Dresden 1966.
Biesantz, Hagen; Klingborg, Arne (u.a.), Das Goetheanum. Der Bau-Impuls Rudolf Steiners, Dornach 1978.
Boase, T.S.R. (Hrsg.), The Oxford History of English Art. Evans, Joan Evans, English Art 1307-1461, Oxford 1949.
ders. English Art, 1553-1625.
Bøe, Alf, From Gothic Revival to Functional Form, Oslo 1957.
Braun, Gerd, Beitrag zur Herkunft und Bedeutung der Treppenhausfresken des Schlosses Rosenau in Niederösterreich, in: Burgen und Schlösser, Zeitschrift der deutschen Burgenvereinigung e.V. für Burgenkunde und Denkmalpflege, 23. Jg., Heft 1882/1.
Die christliche Kunst, 28 (1932). Der Schwäbische Kirchenbauer Albert Otto Linder.
Davey, Peter, Arts-and-Crafts-Architektur, The Search for an Earthly Paradise, London 1980.
ders., Arts-and-Crafts-Architektur. Aus dem Englischen übertragen von Antje Pehnt, Stuttgart 1996.
Davis, Terence, The Gothic Taste, London 1974.
Delevoy, Robert, Journal du Symbolisme, Genf 1977.
Ehmann, Eugen, A. Otto Linder. Neue Kirchenbauten (1926), in: Architektur der Gegenwart, Bd. I, Hannover, Stuttgart 1926.
Enciclopedismo in Roma Barocca. Athanasius Kircher e il Museo del Collegio Romano tra Wunderkammer e museo scientifico, Venedig 1986.
Enzyklopädie Philosophie und Wissenschaftstheorie, Mannheim, Wien, Zürich.
Forssman, Erik, Dorisch, jonisch, korinthisch: Studien über den Gebrauch der Säulenordnung in der Architektur des 16. und 17. Jahrhunderts, Uppsala 1961.
Frankl, Paul, Baukunst des Mittelalters. Die frühmittelalterliche und romanische Baukunst, Wildpark-Potsdam 1926.
Gaus, Joachim, Die Urhütte, über ein Modell in der Baukunst und ein Motiv in der Bildenden Kunst, in: Wallraf-Richartz-Jahrbuch, Bd. XXXIII, Köln 1971.
Germann, Georg, Einführung in die Geschichte der Architekturtheorie, Darmstadt 1993.
Gray, A.Stuart, Edwardian Architecture. A Bibliographical Dictionary, London 1985.

Hatje-Lexikon der Architektur des 20. Jahrhunderts, hrsg. von *Magnago Lampugnani, Vittorio*, Stuttgart 1983.
Hautecœur, Louis, Mystique et Architecture, Symbolisme du Cercle et de la Coupole, Paris 1954.
Heckscher, William, Goethe im Banne der Sinnbilder. Ein Beitrag zur Emblematik, in: Penkert Sibylle (Hrsg.), Emblem und Emblematikrezeption. Vergleichende Studien zur Wirkungsgeschichte vom 16. bis 20. Jahrhundert, Darmstadt 1978.
Hofstätter, Hans H., Symbolismus und die Kunst der Jahrhundertwende. Voraussetzungen, Erscheinungsformen, Bedeutungen, Köln 1983.
Horn-Oncken, Alste, Über das Schickliche, Studien zur Geschichte der Architekturtheorie (Abhandlungen der Akademie der Wissenschaften in Göttingen, Philosophisch-historische Klasse, 3.Folge, Nr.70), Göttingen 1967.
Huse, Norbert (Hrsg.), Deutsche Texte aus drei Jahrhunderten, München 1984.
Iversen, Erik, The Myth of Egypt and Its Hieroglyphes in European Tradition, Kopenhagen 1961.
Janssen, Josef, Athanase Kircher «Égyptologue», in: Chronique d'Égypte 18, Brüssel 1943.
Jaspers, Reinhard (Hrsg.) , Handbuch moderner Architektur, Berlin 1957.
Kauffmann, Emil, Architecture in the Age of Reason, Harvard 1955.
Körner, Hans, Auf der Suche nach der »wahren Einheit«. Ganzheitsvorstellungen in der französischen Malerei und Kunstliteratur vom mittleren 17. bis zum mittleren 19. Jahrhundert, München 1988.
Krause, Katharina, Der „Vœu de Louis XIII". Die Chorausstattung von Notre-Dame in Paris unter Ludwig XIV, München 1989.
Kruft, Hanno-Walter, Geschichte der Architekturtheorie, München 1985.
Kuhn, Helmut, Wesen und Wirken des Kunstwerks, München, 1960.
Langner, Johannes, »Seelengletschermühlensystem«, Hermann Finsterlin und die Tradition architektonischer Mimesis, in: Döhl, Reinhard, Hermann Finsterlin. Eine Annäherung, Stuttgart 1988.
Lechner, Alfred, Sphärische Bauten, Räume und Gebäude, Wien 1971.
Legrand, Francine-Claire, Le symbolisme en Belgique, Brüssel 1971.
Mayer, Hans K.F., Der Baumeister Otto Bartning und die Wiederentdeckung des Raums, Heidelberg 1951.
Mayer, Peter, Umfang und Verdienste des Jugendstils, in: Hermand, Jost, Jugendstil, Darmstadt 1971.
Messerer, W., Zu extremen Gedanken über Bestattung und Grabmahl um 1800, in: Kunstgeschichte und Kunsttheorie im 19. Jahrhundert, Probleme der Kunstwissenschaft Bd.1, Berlin 1963.
Möseneder, Karl, „Aedificata Poesis". Devisen in der französischen und österreichischen Barockarchitektur, in: Wiener Jahrbuch für Kunstgeschichte, Bd. XXXV, Wien, Köln, Graz 1982.
Müller, Werner, Die heilige Stadt. Roma Quadrata, himmlisches Jerusalem und die Mythe vom Weltnabel, Stuttgart 1961.
Muthesius, Hermann, Das englische Haus. Einrichtung, Bedingungen, Anlage, Aufbau, Einrichtung und Innenraum, Berlin 1908-1911, 3. Bd..
Ochsner, Jeffrey Karl, H.H.Richardson, Complete Architectural Works, Massachusetts 1982.
Oechslin, Werner, Pyramide et sphère. Notes sur l'architecture révolutionnaire du XVIIIe siècle et ses sources italiennes, in: Gazette des Beaux-Arts, 113, 1971.
Pehnt, Wolfgang, Die Architektur des Expressionismus, Stuttgart 1973.
ders., Architekturzeichnungen des Expressionismus, Stuttgart 1985.
Pérouse de Montclos, Jean Marie, E.L.Boullée, Paris 1969.
Pevsner, Nikolaus, Architektur und Design, Von der Romantik zur Sachlichkeit, München 1968.
ders., Lexikon der Weltarchitektur, München 1992.

Piel, Friedrich, Anamorphose und Architektur, in: Festschrift für W.Braunfels zum 65.Geburtstag, Tübingen 1978.
Prange, Regine, Das Kristalline als Kunstsymbol. Bruno Taut und Paul Klee, Hildesheim, Zürich, New York, 1991.
Propyläen Kunstgeschichte, Das Mittelalter I.
Rubens, Godefrey, William Richard Lethaby, His Life and Work 1857-1931, London 1986.
Rupprecht, Bernhard, Plastisches Ideal und Symbol im Bilderstreit der Goethezeit, in: Kunstgeschichte und Kunsttheorie im 19. Jahrhundert, Berlin 1963. Problem der Kunstwissenschaft, Bd.I.
Scheffler, Karl, Der Geist der Gotik, Leipzig 1917.
Schneede, Uwe M. (Hrsg.), Künstlerschriften der zwanziger Jahre. Dokumente und Manifeste aus der Weimarer Republik, Köln 1986.
Scholem, Gershom, Die jüdische Mystik in ihren Hauptströmungen, Frankfurt/M. 1967.
Sedlmayer, Hans, Architektur als abbildende Kunst, Wien 1948, Österreichische Akademie der Wissenschaften. Phil.-Hist. Klasse. Sitzungsberichte 225,3.
ders., Verlust der Mitte. Die bildende Kunst des 19. und 20. Jahrhunderts als Symptom der Zeit, Salzburg 1948.
Service, Alastair, Edwardian Architecture and Its Origins, London 1975.
Siebenmorgen, Harald, «Les Fêtes réelles» d'Albert Trachsel, L'éclatement subjectif des limites de l'architecture dans le symbolisme, in: Trachsel, Albert, Ausstkat. Genf 1984/85.
ders., Edwardian Architecture. A handbook to building design in Britain 1890-1914, London 1977.
Smith, Earl Baldwin, Architectural Symbolism of Imperial Rome and the Middle Ages, Princeton, New Jersey 1956.
Spitta, Philipp, Johann Sebastian Bach, Erster Band, Leipzig 1873.
ders., Kunstwissenschaft und Kunst, in: Zur Musik. Sechzehn Aufsätze, Berlin 1892, S. 3.
Steiner, Reinhard, Die Wirksamkeit des Raums. Zum Verständnis des Innenraumes in der Sakralbaukunst Böhmens und Bayerns von 1700-1770, in: Empfindung und Reflexion. Ein Problem im 18. Jahrhundert. Münchner Beiträge zur Geschichte und Theorie der Künste. Bd.1, hrsg. von Hans Körner, Hildesheim, Zürich, New York 1986.
Merrill, Stuart, Albert Trachsel, in: The Studio, Bd.24, 1902
Tintelnot, H., Die barocke Freskomalerei in Deutschland, München 1951.
Vogt, Adolf Max, Boullées Newton-Denkmal. Sakralbau und Kugelidee (Schriftenreihe des Instituts für Geschichte und Theorie der Architektur an der Eidg. Technischen Hochschule Zürich, Bd.3), Basel, Stuttgart 1969.
ders., Revolutionsarchitektur und Nazi-Klassizismus, in: Argo. Festschrift für Kurt Badt, Köln 1970.
Volkmann, Ludwig, Bilderschrift der Renaissance. Hieroglyphik und Emblematik in ihren Beziehungen und Fortwirkungen, Leipzig 1923.
Wittkower, Rudolf, Grundlagen der Architektur im Zeitalter des Humanismus, München 1969.

Abbildungsnachweis

Möseneder, Karl, „Aedificata poesis". Devisen in der französischen und österreichischen Barockarchitektur, in: Wiener Jahrbuch für Kunstgeschichte, Bd. XXXV, Wien, Köln, Graz 1882: Abb. 1

Emblemata. Handbuch zur Sinnbildkunst des 16. und 17. Jahrhunderts. Hrsg. v. *Arthur Henkel* und *Albrecht Schöne*, Stuttgart 1967: Abb. 4

Penkert, Sibylle (Hrsg.), Emblem und Emblematikrezeption. Vergleichende Studien zur Wirkungsgeschichte vom 16. bis 20. Jahrhundert, Darmstadt 1978: Abb. 2, 5, 6

Couturat, Louis (Hrsg.), Opuscules et Fragment inédit de Leipniz, Extrait des manuscrits de la Bibliothèque royale de Hanovre, Paris 1903: Abb. 7

Pevsner, N., Lexikon der Weltarchitektur, München 1992: Abb. 8, 13, 24, 37, 44

Pérouse de Montclos, Jean Marie, E.L. Boullée, Paris 1969: Abb. 9, 10, 11

Ausstkat. Albert Trachsel, Ausstellungskatalog, Redaktion und Gestaltung: *Marcel Baumgartner*, Musée d'art et d'histoire, Genf 1.12.1984-17.2.1985; Kunstmuseum Solothurn 9.3.-5.5.1985; Städtische Galerie Schwarzes Kloster, Freiburg i.Br. 16.11-15.12.1985: Abb. 12, 14 – 23, 25 - 27 , 29

Pehnt, Wolfgang, Die Architektur des Expressionismus, Stuttgart 1973: Abb. 28, 65

Lethaby, William Richard, Architecture, Mysticism and Myth, London 1891, Nachdr.: Thetford, Norfolk 1974: Abb. 30

Rubens, Godfrey, William Richard Lethaby, His Life and Work 1857 - 1931, London 1986: Abb. 31-35, 41- 43, 45-50, 52, 56

Muthesius, Hermann, Das englische Haus. Einrichtung, Bedingungen, Anlage, Aufbau, Einrichtung und Innenraum, Berlin 1908-1911, 3. Bd.: Abb. 51

Gray, A. Stuart, Edwardian Architecture. A Bibliographical Dictionary, London 1985: Abb. 57, 61, 64

Bartning, Otto, Vom Raum der Kirche, Baukunst des 20. Jahrhunderts. Quellen und Monographien, Forschungen und Berichte, Osnabrück 1958: Abb. 76

Biesantz, Hagen; Klingborg, Arne (u.a.), Das Goetheanum. Der Bau-Impuls Rudolf Steiners, Dornach 1978: Abb. 92, 93

Bøe, Alf, From Gothic Revival to Functional Form, Oslo 1957: Abb. 63

Die christliche Kunst, 28 (1932). Der Schwäbische Kirchenbauer Albert Otto Linder: Abb. 73

Ehmann, Eugen, A. Otto Linder. Neue Kirchenbauten (1926), in: Architektur der Gegenwart, Bd. I, Hannover, Stuttgart 1926: Abb. 69 - 72

Häring, Hugo, Schriften, Entwürfe, Bauten. Dokumente der modernen Architektur. Beiträge zur Interpretation und Dokumentation der Baukunst, hrsg. von *Heinrich Lauterbach* und *Jürgen Joedicke*, Stuttgart 1965: Abb. 96 - 99

Schwarz, Rudolf, Vom Bau der Kirche (1938), Heidelberg 1947.

ders., Kirchenbau, Heidelberg 1960: Abb. 83, 8486

ders., Kirchenbau, Heidelberg 1960: Abb. 85 - 90

Steiner, Rudolf, Der Baugedanke des Goetheanum, Stuttgart 1958: Abb. 91

Taut, Bruno, Die Auflösung der Städte oder die Erde eine gute Wohnung oder auch der Weg zur Alpinen Architektur, Hagen/Westf. 1920: Abb. 66, 67, 77, 80

ders., Frühlicht 1920-1922. Eine Folge für die Verwirklichung des neuen Baugedankens, herausgegeben von Ulrich Conrads, Berlin, Frankfurt/M, Wien, 1963: Abb. 62, 74, 79, 81, 82, 94, 95

ders., Stadtkrone. Mit Beiträgen von Paul Scheerbart, Erich Baron, Adolf Behne, Jena 1919. ders., Die Auflösung der Städte oder die Erde eine gute Wohnung oder auch der Weg zur Alpinen Architektur, Hagen/ Westf. 1920: Abb. 78

Ausstkat. Albert Trachsel, Ausstellungskatalog, Redaktion und Gestaltung: *Marcel Baumgartner*, Musée d'art et d'histoire, Genf 1.12.1984-17.2.1985; Kunstmuseum Solothurn 9.3.-5.5.1985; Städtische Galerie Schwarzes Kloster, Freiburg i.Br. 16.11-15.12.1985.

Poelzig, H., Gesammelte Schriften und Werke, hrsg. von Julius Posener. Schriftenreihe der Akademie der Künste, Bd.6, Berlin 1970: Abb. 68

Service, Alastair, Edwardian Architecture and Its Origins, London 1975: Abb. 36, 40, 58, 59

ders., Edwardian Architecture. A Handbook to Building Design in Britain 1890 – 1914, London 1977: Abb. 38, 39, 55

Davey, Peter, Arts-and-Crafts-Architektur, Stuttgart 1996: Abb.53, 54, 60.

Jaspers, Reinhard (Hrsg.) , Handbuch moderner Architektur, Berlin 1957: Abb. 75